教育部推荐教材

21世纪高职高专系列规划教材

软件设计基础

主　编　于莉莉　刘竹林

副主编　曾金发　高　英　杨振娟

北京师范大学出版集团
BEIJING NORMAL UNIVERSITY PUBLISHING GROUP
北京师范大学出版社

图书在版编目（CIP）数据

软件设计基础／于莉莉，刘竹林主编．—北京：北京师范大学出版社，2010.8
ISBN 978-7-303-11206-7

Ⅰ．①软… Ⅱ．①于… ②刘… Ⅲ．①软件设计－高等学校－教材 Ⅳ．① TP311.5

中国版本图书馆 CIP 数据核字(2010)第 130413 号

出版发行：北京师范大学出版社 www.bnup.com.cn
北京新街口外大街 19 号
邮政编码：100875
印　　刷：北京京师印务有限公司
经　　销：全国新华书店
开　　本：184 mm × 260 mm
印　　张：19.5
字　　数：426 千字
版　　次：2010 年 8 月第 1 版
印　　次：2010 年 8 月第 1 次印刷
定　　价：29.50 元

策划编辑：周光明　　责任编辑：周光明
美术编辑：高　霞　　装帧设计：华鲁印联
责任校对：李　菡　　责任印制：李　丽

前　言

随着计算机行业的飞速发展，其领域划分也越来越细致。对于软件设计领域的专业人员而言，仅仅掌握一门编程语言已经远远不能满足当今社会的需求。在这个岗位上工作和学习的人们，必须要掌握足够广泛的和软件设计相关的知识，才能将自己的综合能力提升到更高的层次上。

为了适应当前高职教育教学改革的要求，针对社会对于软件设计人才的需求状况，本书大胆整合了和软件设计相关的多门基础知识，采用任务驱动的方式，将枯燥的理论知识的介绍趣味化，实践内容的设置实用化。注重基础，突出实用，从多方位、多角度、多层次立体式地对学生的各种能力进行培养。

本书的特色在于：

第一，“全”。全书涵盖了计算机体系基础、微机系统、Windows 操作系统基础、程序设计语言基础、C 语言设计基础、数据结构基础、软件设计常用算法、数据库基础、软件设计过程和 Visio 绘制工具这 10 门相关专业知识。不仅保证了知识体系的完整，还节省了阅读和学习多本书籍所耗费的时间。

第二，“新”。

首先是内容新。众所周知，计算机行业的知识更新是最迅速的，所以我们对于内容的选取和任务的确定都是立足于最新、最实用的东西，比如 Windows 操作系统基础这一章是以 Windows 7 操作系统为基础来介绍的。

其次是思路新。本书中的所有章节的开始部分都提出了明确的知识目标、能力目标和重点难点，为学习指明了方向。每一章的内容都由知识和任务组成，按照【知识储备】—【任务说明】—【任务分析】—【技术支持】—【参考代码】—【能力拓展】的思路来编写，用实际的任务来保证对基础知识的理解和掌握程度。其中用能力拓展模块来替代原有书籍中的基础知识习题也是一个崭新的尝试。

第三，“简”。用简练的语言将复杂的知识简单化，力求达到理论知识与实际应用能力的简约且完美的结合。

参与本书编写的人员有于莉莉、刘竹林、曾金发、高英和杨振娟。

由于本书涉及知识内容较为广泛，加之编者水平有限，如有不妥之处，敬请各位读者不吝赐教。

编　者

2010 年 7 月

目录

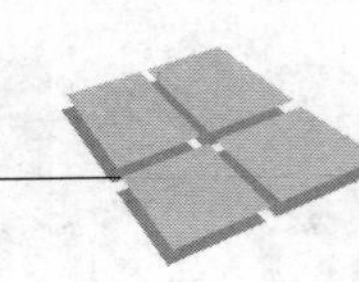

第 1 章　计算机体系基础

【知识目标】

1. 了解计算机的发展历程
2. 掌握计算机的特点及应用
3. 理解计算机系统结构概述
4. 掌握计算机的内部数据表示

【能力目标】

1. 了解计算机发展的历史和现状
2. 熟悉计算机基本应用领域
3. 熟悉计算机系统结构
4. 掌握计算机内部数据表示

【重点难点】

1. 计算机的发展历史
2. 计算机的应用领域
3. 计算机内部数据表示

1.1　计算机的发展历程

【知识储备】

现代电子计算机技术的飞速发展，离不开人类科技知识的积累，离不开许许多多热衷于此并呕心沥血的科学家的探索，正是这一代代的积累才构筑了今天的“信息大厦”。从下面这个按时间顺序展现的计算机发展简史中，我们可以感受到科技发展的艰辛及科学技术的巨大推动力。

1. 机械计算机的诞生

在西欧，由中世纪进入文艺复兴时期的社会大变革，极大地促进了自然科学技术的发展，人们长期被神权压抑的创造力得到了空前的释放。而在这些思想创意的火花中，制造一台能帮助人进行计算的机器则是最耀眼、最夺目的一朵。从那时起，一个又一个科学家为了实现这一伟大的梦想而不懈努力着。但限于当时的科技水平，多数试验性的创造都以失败而告终，这也就昭示了拓荒者的共同命运：往往在倒下去之前见不到自己努力的成果。而后人在享用这些甜美成果的时候，往往能够从中品味出汗水与泪水交织的滋味。

1614 年，苏格兰人 John Napier(1550—1617)发表了一篇论文，其中提到他发明了一种可以进行四则运算和方根运算的精巧装置。

1623 年，Wilhelm Schickard(1592—1635)制作了一个能进行 6 位数以内加减法运

算，并能通过铃声输出答案的“计算钟”。该装置通过转动齿轮来进行操作。

1625 年，William Oughtred(1575—1660)发明计算尺。

1668 年，英国人 Samuel Morl(1625—1695)制作了一个非十进制的加法装置，适宜计算钱币。

1671 年，德国数学家 Gottfried Leibniz 设计了一架可以进行乘法运算，最终答案长度可达 16 位的计算工具。

1822 年，英国人 Charles Babbage(1792—1871)设计了差分机和分析机，其设计理论非常超前，类似于百年后的电子计算机，特别是利用卡片输入程序和数据的设计被后人所采用。

1834 年，Babbage 设想制造一台通用分析机，在只读存储器(穿孔卡片)中存储程序和数据。Babbage 在以后的时间里继续他的研究工作，并于 1840 年将操作位数提高到了 40 位，并基本实现了控制中心(CPU)和存储程序的设想，而且程序可以根据条件进行跳转，能在几秒内做出一般的加法，几分钟内做出乘、除法。

1848 年，英国数学家 George Boole 创立二进制代数学，提前近一个世纪为现代二进制计算机的发展铺平了道路。

1890 年，美国人口普查部门希望能得到一台机器帮助提高普查效率。Herman Hollerith (后来他的公司发展成了 IBM 公司)借鉴 Babbage 的发明，用穿孔卡片存储数据，并设计了机器。结果仅用 6 周就得出了准确的人口统计数据(如果用人工方法，大概要花 10 年时间)。

1896 年，Herman Hollerith 创办了 IBM 公司的前身。

2. 电子计算机问世

在以机械方式运行的计算器诞生百年之后，随着电子技术的突飞猛进，计算机开始了真正意义上的由机械向电子时代的过渡，电子器件逐渐演变成为计算机的主体，而机械部件则渐渐处于从属位置。二者地位发生转化的时候，计算机也正式开始了由量到质的转变，由此导致电子计算机正式问世。下面就是这一过渡时期的主要事件：

1906 年，美国人 Lee De Forest 发明电子管，为电子计算机的发展奠定了基础。

1924 年 2 月，IBM 公司成立，从此一个具有划时代意义的公司诞生。

1935 年，IBM 推出 IBM 601 机。这是一台能在一秒钟内算出乘法的穿孔卡片计算机。这台机器无论是在自然科学还是在商业应用上都具有重要的地位，大约制造了 1500 台。

1937 年，英国剑桥大学的 Alan M. Turing(1912—1954)出版了他的论文，并提出了被后人称为“图灵机”的数学模型。

1937 年，Bell 实验室的 George Stibitz 展示了用继电器表示二进制的装置。尽管仅仅是个展示品，但却是第一台二进制电子计算机。

1940 年 1 月，Bell 实验室的 Samuel Williams 和 Stibitz 制造成功了一个能进行复杂运算的计算机。该机器大量使用了继电器，并借鉴了一些电话技术，采用了先进的编码技术。

1941 年夏季，Atanasoff 和学生 Berry 完成了能解线性代数方程的计算机，取名叫“ABC ”(Atanasoff-Berry Computer)，用电容作存储器 ，用穿孔卡片作辅助存储器 ，那些孔实际上是“烧”上去的，时钟频率是60Hz，完成一次加法运算用时一秒。

1943年1月，Mark I 自动顺序控制计算机在美国研制成功。整个机器有51英尺长，5吨重，75万个零部件。该机使用了3304个继电器，60个开关作为机械只读存储器。程序存储在纸带上，数据可以来自纸带或卡片阅读器。Mark I 被用来为美国海军计算弹道火力表。

1943年9月，Williams 和 Stibitz 完成了“Relay Interpolator”，后来命名为“Model Ⅱ Re-lay Calculator”的计算机。这是一台可编程计算机，同样使用纸带输入程序和数据。它运行更可靠，每个数用7个继电器表示，可进行浮点运算。

1946年，ENIAC(Electronic Numerical Integrator And Computer)诞生，这是第一台真正意义上的数字电子计算机。开始研制于1943年，完成于1946年，负责人是John W. Mauchly 和 J. Presper Eckert，重30吨，用了18000个电子管，功率25千瓦，主要用于计算弹道和氢弹的研制。

3. 晶体管计算机的发展

真空管时代的计算机尽管已经步入了现代计算机的范畴，但因其体积大、能耗高、故障多、价格贵，从而制约了它的普及和应用。直到晶体管被发明出来，电子计算机才找到了腾飞的起点。

1947年，Bell 实验室的 William B. Shockley，John Bardeen 和 Walter H. Brattain 发明了晶体管，开辟了电子时代新纪元。

1949年，剑桥大学的 Wilkes 和他的小组制成了一台可以存储程序的计算机，输入/输出设备仍是纸带。

1949年，EDVAC(Electronic Discrete Variable Automatic Computer——电子离散变量自动计算机)——第一台使用磁带的计算机问世。这是一个突破，可以多次在磁带上存储程序。这台机器是 John von Neumann 提议建造的。

1950年，日本东京帝国大学的 Yoshiro Nakamats 发明了软磁盘，其销售权由IBM公司获得。由此开创了存储时代的新纪元。

1951年，Grace Murray Hopper 完成了高级语言编译器。

1951年，UNIVAC-1——第一台商用计算机系统诞生，设计者是 J. Presper Eckert 和 JohnMauchly。被美国人口普查部门用于人口普查，标志着计算机进入了商业应用时代。

1953年，磁芯存储器被开发出来。

1954年，IBM 的 John Backus 和他的研究小组开始开发 FORTRAN(FORmula TRANslation)，1957年完成。这是一种适合科学研究使用的计算机高级语言。

1957年，IBM 开发成功第一台点阵式打印机。

4. 集成电路为现代计算机铺平道路

尽管晶体管的采用大大缩小了计算机的体积、降低了价格、减少了故障，但与用户的实际要求仍相距甚远，而且各行业对计算机也产生了较大的需求，生产性能更强、重量更轻、价格更低的机器成了当务之急。集成电路的发明解决了这个问题。高集成度不仅使计算机的体积得以减小，也使速度加快、故障减少。从此，人们开始制造革命性的微处理器。

1958 年 9 月 12 日，在 Robert Noyce(Intel 公司创始人)的领导下，集成电路诞生，不久又发明了微处理器。但因为在发明微处理器时借鉴了日本公司的技术，所以日本对其专利不承认，因为日本没有得到应有的利益。过了 30 年，日本才承认，这样日本公司可以从中得到一部分利润。但到 2001 年，这个专利就失效了。

1959 年，Grace Murray Hopper 开始开发 COBOL(Common Business-Oriented Language)语言，完成于 1961 年。

1960 年，ALGOL ——第一个结构化程序设计语言推出。

1961 年，IBM 的 Kennth Iverson 推出 APL 编程语言。

1963 年，DEC 公司推出第一台小型计算机——PDP-8。

1964 年，IBM 发布 PL/1 编程语言。

1964 年，发布 IBM 360 首套系列兼容机。

1964 年，DEC 发布 PDB-8 小型计算机。

1965 年，摩尔定律发表，处理器的晶体管数量每 18 个月增加一倍，价格下降一半。

1965 年，Lofti Zadeh 创立模糊逻辑，用来处理近似值问题。

1965 年，Thomas E. Kurtz 和 John Kemeny 完成 BASIC(Beginner's All-Purpose SymbolicIn-Struction Code)语言的开发。特别适合计算机教育和初学者使用，得以广泛推广。

1965 年，Douglas Englebart 提出鼠标的设想，但没有进一步研究，直到 1983 年才被苹果电脑公司大量采用。

1965 年，第一台超级计算机 CD6600 开发成功。

1967 年，Niklaus Wirth 开始开发 Pascal 语言，1971 年完成。

1968 年，Robert Noyce 和他的几个朋友创办了 Intel 公司。

1968 年，Seymour Paper 和他的研究小组在 MIT 开发了 LOGO 语言。

1969 年，ARPANet(Advanced Research Projects Agency Network)计划开始启动，这是现代 Internet 的雏形。

1969 年 4 月 7 日，第一个网络协议标准 RFC 推出。

1970 年，第一块 RAM 芯片由 Intel 推出，容量 1KB。

1970 年，Ken Thomson 和 Dennis Ritchie 开始开发 UNIX 操作系统。

1970 年，Forth 编程语言开发完成。

1970 年，Internet 的雏形 ARPANet 基本完成，开始向非军用部门开放。

1971 年 11 月 15 日，Marcian E. Hoff 在 Intel 公司开发成功第一块微处理器 4004，含 2300 个晶体管，字长为 4 位，时钟频率为 108kHz，每秒执行 6 万条指令。

1972 年，1972 年以后的计算机习惯上被称为第四代计算机。基于大规模集成电路及后来的超大规模集成电路。这一时期的计算机功能更强，体积更小。此时人们开始怀疑计算机能否继续缩小，特别是发热量问题能否解决。同时，人们开始探讨第五代计算机的开发。

1972 年，C 语言开发完成。其主要设计者是 UNIX 系统的开发者之一 Dennis Ritche。这是一个非常强大的语言，特别受人喜爱。

1972年，Hewlett Packard 发明了第一个手持计算器。

1972年4月1日，Intel 推出8008微处理器。

1972年，ARPANet 开始走向世界，Internet 革命拉开序幕。

1973年，街机游戏 Pong 发布，受到广泛欢迎。发明者是 Nolan Bushnell(Atari 的创立者)。

1974年，第一个具有并行计算机体系结构的 CLIP-4 推出。

5. 当代计算机技术渐入辉煌

在此之前，应该说计算机技术还是主要集中于大型机和小型机领域的发展。随着超大规模集成电路和微处理器技术的进步，计算机进入寻常百姓家的技术障碍逐渐被突破。特别是在 Intel 公司发布了其面向个人用户的微处理器8080之后，这一浪潮终于汹涌澎湃起来，同时也催生出了一大批信息时代的弄潮儿，如 Stephen Jobs(史缔芬·乔布斯)、Bill Gates(比尔·盖茨)等，至今他们对整个计算机产业的发展还起着举足轻重的作用。在此时段，互联网技术和多媒体技术也得到了空前的应用与发展，计算机真正开始改变我们的生活。

1974年4月1日，Intel 发布其8位微处理器芯片8080。

1975年，Bill Gates 和 Paul Allen 完成了第一个在 MIT(麻省理工学院)的 Altair 计算机上运行的 BASIC 程序。

1975年，Bill Gates 和 Paul Allen 创办 Microsoft 公司(现已成为全球最大、最成功的软件公司)。3年后就收入50万美元，员工增加到15人。1992年达28亿美元，1万名雇员。1981年 Microsoft 为 IBM 的 PC 机开发操作系统，从此奠定了在计算机软件领域的领导地位。

1976年，Stephen Wozinak 和 Stephen Jobs 创办苹果计算机公司，并推出其 Apple Ⅰ计算机。

1978年6月8日，Intel 发布其16位微处理器8086。1979年6月又推出准16位的8088来满足市场对低价处理器的需要，并被 IBM 的第一代 PC 机所采用。该处理器的时钟频率为4.77MHz、8MHz 和10MHz，大约有300条指令，集成了29000个晶体管。

1979年，低密软磁盘诞生。

1979年，IBM 公司眼看个人计算机市场被苹果等电脑公司占有，决定开发自己的个人计算机。为了尽快推出自己的产品，IBM 将大量工作交给第三方来完成(其中微软公司就承担了操作系统的开发工作，这同时也为微软后来的崛起奠定了基础)，于1981年8月12日推出了 IBM-PC。

1980年，“只要有1兆内存就足够 DOS 尽情表演了”，微软公司开发 DOS 初期时说。今天来听这句话有何感想呢?

1981年，Xerox 开始致力于图形用户界面、图标、菜单和定位设备(如鼠标)的研制。结果研究成果为苹果所借鉴，而苹果电脑公司后来又指控微软剽窃了它们的设计，开发了 Windows 系列软件。

1981年8月12日，MS-DOS 1.0 和 PC-DOS 1.0 发布。Microsoft 受 IBM 的委托开发 DOS 操作系统，他们从 Tim Paterson 那里购买了一个叫86-DOS 的程序并加以改

进。由 IBM 销售的版本叫 PC-DOS，由 Microsoft 销售的叫 MS-DOS。Microsoft 与 IBM 的合作一直到 1991 年的 DOS 5.0 为止。最初的 DOS 1.0 非常简陋，每张盘上只有一个根目录，不支持子目录，直到 1983 年 3 月的 2.0 版才有所改观。MS-DOS 在 1995 年以前一直是与 IBM-PC 兼容的操作系统，Windows 95 推出并迅速占领市场之后，其最后一个版本命名为 DOS 7.0。

1982 年，基于 TCP/IP 协议的 Internet 初具规模。

1982 年 2 月，80286 发布，时钟频率提高到 20MHz 、增加了保护模式、可访问 16MB 内存、支持 1GB 以上的虚拟内存、每秒执行 270 万条指令、集成了 13.4 万个晶体管。

1983 年春季，IBM XT 机发布，增加了 10MB 硬盘、128KB 内存、一个软驱、单色显示器、一台打印机，可以增加一个 8087 数字协处理器。当时的价格为 5000 美元。

1983 年 3 月，MS-DOS 2.0 和 PC-DOS 2.0 增加了类似 UNIX 分层目录的管理形式。

1984 年，DNS(Domain Name Server)域名服务器发布，互联网上有 1000 多台主机运行。

1984 年年底，Compaq 开始开发 IDE 接口，能以更快的速度传输数据，并被许多同行采纳，后来在此基础上开发出了性能更好的 EIDE 接口。

1985 年，Philips 和 SONY 合作推出 CD-ROM 驱动器。

1985 年 10 月 17 日，80386 DX 推出。时钟频率达到 33MHz、可寻址 1GB 内存、每秒可执行 600 万条指令、集成了 275000 个晶体管。

1985 年 11 月，Microsoft Windows 发布。该操作系统需要 DOS 的支持，类似苹果机的操作界面，以致被苹果公司控告，该诉讼到 1997 年 8 月才终止。

1985 年 12 月，MS-DOS 3.2 和 PC-DOS 3.2 发布。这是第一个支持 3.5 英寸磁盘的系统，但只支持到 720KB，3.3 版才支持 1.44MB。

1987 年，Microsoft Windows 2.0 发布。

1988 年，EISA 标准建立。

1989 年，欧洲物理粒子研究所的 Tim Berners-Lee 创立 World Wide Web 雏形。通过超文本链接，新手也可以轻松上网浏览。这大大促进了 Internet 的发展。

1989 年 3 月，EIDE 标准确立，可以支持超过 528MB 的硬盘，能达到 33.3MB/s 的传输速度，并被许多 CD-ROM 所采用。

1989 年 4 月 10 日，80486 DX 发布。该处理器集成了 120 万个晶体管，其后继型号的时钟频率达到 100MHz。

1989 年 11 月，Sound Blaster Card(声卡)发布。

1990 年 5 月 22 日，微软发布 Windows 3.0，兼容 MS-DOS 模式。

1990 年 11 月，第一代 MPC(多媒体个人电脑标准)发布。该标准要求处理器至少为 80286/12MHz(后来增加到 80386SX/16MHz)及一个光驱，至少 150KB/s 的传输率。

1991 年，ISA 标准发布。

1991 年 6 月，MS-DOS 5.0 和 PC-DOS 5.0 发布。为了促进 OS/2 的发展，Bill Gates 说 DOS 5.0 是 DOS 的终结者，今后将不再花精力于此。该版本突破了 640KB 的

基本内存限制。这个版本也标志着微软与IBM在DOS上合作的终结。

1992年，Windows NT发布，可寻址2GB内存。

1992年4月，Windows 3.1发布。

1993年，Internet开始商业化运行。

1993年，经典游戏Doom发布。

1993年3月22日，Pentium发布，该处理器集成了300多万个晶体管、早期版本的核心频率为60～66MHz、每秒钟执行1亿条指令。

1993年5月，MPC标准2发布，要求CD-ROM传输率达到300KB/s，在320×240的窗口中每秒播放15帧图像。

1994年3月7日，Intel发布90～100MHz Pentium处理器。

1994年，Netscape 1.0浏览器发布。

1994年，著名的即时战略游戏Command&Conquer(命令与征服)发布。

1995年3月27日，Intel发布120MHz的Pentium处理器。

1995年6月1日，Intel发布133MHz的Pentium处理器。

1995年8月23日，纯32位的多任务操作系统Windows 95发布。该操作系统大大不同于以前的版本，完全脱离MS-DOS，但为照顾用户习惯还保留了DOS模式。Windows 95取得了巨大成功。

1995年11月1日，Pentium Pro发布，主频可达200MHz、每秒可执行4.4亿条指令、集成了550万个晶体管。

1995年12月，Netscape发布其JavaScript。

1996年1月，Netscape Navigator 2.0发布。这是第一个支持JavaScript的浏览器。

1996年1月4日，Intel发布150～166MHz的Pentium处理器，集成了310万～330万个晶体管。

1996年，Windows 95 OSR2发布，修正了部分BUG，扩充了部分功能。

1997年，Heft Auto、Quake 2和Blade Runner等著名游戏软件发布，并带动3D图形加速卡迅速崛起。

1997年1月8日，Intel发布Pentium MMX CPU，处理器的游戏和多媒体功能得到增强。

1997年4月，IBM的深蓝(Deep Blue)计算机战胜人类国际象棋世界冠军卡斯帕罗夫。

1997年5月7日，Intel发布Pentium Ⅱ，增加了更多的指令和Cache。

1997年6月2日，Intel发布233MHz Pentium MMX。

1998年2月，Intel发布333MHz Pentium Ⅱ处理器，采用0.25 μm工艺制造，在速度提升的同时减少了发热量。

1998年6月25日，Microsoft发布Windows 98，一些人企图肢解微软，微软回击说这会伤害美国的国家利益。

1999年1月25日，Linux Kernel 2.2.0发布，人们对其寄予厚望。

1999年2月22日，AMD公司发布K6-3 400MHz处理器。

1999 年 7 月，Pentium Ⅲ 发布，最初时钟频率在 450MHz 以上，总线速度在 100MHz 以上，采用 0.25μm 工艺制造，支持 SSE 多媒体指令集，集成有 512KB 以上的二级缓存。

1999 年 10 月 25 日，代号为 Coppermine(铜矿)的 Pentium Ⅲ处理器发布。采用 0.18 μm 工艺制造的 Coppermine 芯片内核尺寸进一步缩小，虽然内部集成了 256KB 全速 On-Die L2 Cache，内建 2800 万个晶体管，但其尺寸却只有 $106mm^2$。

2000 年 3 月，Intel 发布代号为"Coppermine 128 "的新一代的 Celeron 处理器。新款 Celeron 与老 Celeron 处理器最显著的区别就在于采用了与新 P Ⅲ处理器相同的 Coppermine 核心及同样的 FC-PGA 封装方式，同时支持 SSE 多媒体扩展指令集。

2000 年 4 月 27 日，AMD 宣布正式推出 Duron 作为其新款廉价处理器的商标，并以此准备在低端向 Intel 发起更大的冲击，同时，面向高端的 ThunderBird 也在其后的一个月间发布。

2000 年 7 月，AMD 领先 Intel 发布了 1GHz 的 Athlon 处理器，随后又发布了 1.2GMHz Athlon 处理器。

2000 年 7 月，Intel 发布研发代号为 Willamette 的 Pentium 4 处理器，管脚为 423 根或 478 根，其芯片内部集成了 256KB 二级缓存，外频为 400MHz，采用 0.18 μm 工艺制造，使用 SSE2 指令集，并整合了散热器，其主频从 1.4GHz 起步。

2001 年 5 月 14 日，AMD 发布用于笔记本电脑的 Athlon 4 处理器。该处理器采用 0.18μm 工艺造，前端总线频率为 200MHz，有 256KB 二级缓存和 128KB 一级缓存。

2001 年 5 月 21 日，VIA 发布 C3 处理器。该处理器采用 0.15μm 工艺制造(处理器核心大小仅为 $2mm^2$)，包括 192KB 全速缓存(128KB 一级缓存、64KB 二级缓存)，并采用 Socket370 接口。支持 133MHz 前端总线频率和 3DNow!、MMX 多媒体指令集。

2001 年 8 月 15 日，VIA 宣布其兼容 DDR 和 SDRAM 内存的 P4 芯片组 P4X266 将大量出货。该芯片组的内存带宽达到 4GB，是 i850 的两倍。

2001 年 8 月 27 日，Intel 发布主频高达 2GHz 的 P4 处理器。每片的批发价为 562 美元。

6. 计算机不同发展阶段的特点

世界上第一台计算机是 1946 年问世的。半个多世纪以来，计算机获得突飞猛进的发展。在人类科技史上还没有一种学科可以与电子计算机的发展相提并论。人们根据计算机的性能和当时的硬件技术状况，将计算机的发展分成几个阶段，每一阶段在技术上都是一次新的突破，在性能上都是一次质的飞跃。

第一阶段 电子管计算机(1946—1957 年) 主要特点是：

(1)采用电子管作为基本逻辑部件，体积大，耗电量大，寿命短，可靠性大，成本高。

(2)采用电子射线管作为存储部件，容量很小，后来外存储器使用了磁鼓存储信息，扩充了容量。

(3)输入/输出装置落后，主要使用穿孔卡片，速度慢，容易出去，使用十分不便。

(4)没有系统软件，只能用机器语言和汇编语言编程。

第二阶段 晶体管计算机(1958—1964 年) 主要特点是：

(1)采用晶体管制作基本逻辑部件，体积减小，重量减轻，能耗降低，成本下降，计算机的可靠性和运算速度均得到提高。

(2)普遍采用磁芯作为存储器，采用磁盘/磁鼓作为外存储器。

(3)开始有了系统软件(监控程序)，提出了操作系统概念，出现了高级语言。

第三阶段 集成电路计算机（1965—1969年）主要特点是：

(1)采用中、小规模集成电路制作各种逻辑部件，从而使计算机体积小，重量更轻，耗电更省，寿命更长，成本更低，运算速度有了更大的提高。

(2)采用半导体存储器作为主存，取代了原来的磁芯存储器，使存储器容量的存取速度有了大幅度的提高，增加了系统的处理能力。

(3)系统软件有了很大发展，出现了分时操作系统，多用户可以共享计算机软、硬件资源。

(4)在程序设计方面上采用了结构化程序设计，为研制更加复杂的软件提供了技术上的保证。

第四阶段 大规模、超大规模集成电路计算机（1970年至今） 主要特点是：

(1)基本逻辑部件采用大规模，超大规模集成电路，使计算机体积、重量、成本均大幅度降低，出现了微型机。

(2)作为主存的半导体存储器，其集成度越来越高，容量越来越大；外存储器除广泛使用软、硬磁盘外，还引进了光盘。

(3)各种使用方便的输入/输出设备相继出现。

(4)软件产业高度发达，各种实用软件层出不穷，极大地方便了用户。

(5)计算机技术与通信技术相结合，计算机网络把世界紧密地联系在一起。

(6)多媒体技术崛起，计算机集图像、图形、声音、文字、处理于一体，在信息处理领域掀起了一场革命，与之对应的信息高速公路正在紧锣密鼓地筹划实施当中。

从20世纪80年代开始，日本、美国、欧洲等发达国家和地区都宣布开始新一代计算机的研究。普遍认为新一代计算机应该是智能型的，它能模拟人的智能行为，理解人类自然语言，并继续向着微型化、网络化发展。

7. 微型机的发展

在计算机的发展历程中，微型机的出现开辟了计算机的新纪元。微型机因其体积小，结构紧凑而得名。它的一个重要特点是将中央处理器(CPU)制作在一块电路芯片上，这种芯片习惯上称作微处理器。根据微处理器的集成规模和处理能力，又形成了微型机的不同发展阶段，它以2～3年的速率迅速更新换代。

第一代微型机(1971—1972年)

1971年美国Intel公司首先研制成4004微处理器，它是一种4位微处理器，随后又研制出8位微处理器Intel 8008。由这种4位或8位微处理器制成的微型机都属于第一代。

第二代微型机(1973—1977年)

第二代微型机的微处理器都是8位的，但集成有了较大的提高。典型产品有Intel公司的8080，Motorola公司的6800和Zilog公司的Z80等处理器芯片。以这类芯片为CPU生产的微型机，其性能较第一代有了较大提高。

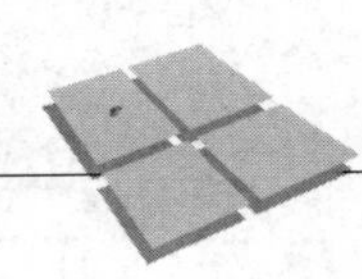

第三代微型机(1978—1981 年)

1978 年 Intel 公司生产出 16 位微处理器 8086，标志着微处理器进入第三代，其性能比第二代提高近 10 倍。典型产品有 Intel 8086、Z8000、M68000 等。用 16 位微处理器生产出的微处理器支持多种应用，如数据处理和科学计算。

第四代微型机(1981 年至今)

随着半导体技术工艺的发展，集成电路的集成度越来越高，众多的 32 位高档微处理器被研制出来，典型产品有 Intel 公司的 Pentium 系列；AMD 公司的 AMD K6、AMD K6-2；Cyrix 公司的 6X86 等。用 32 位微处理器生产的微型机，一般将归于第四代，其性能可与 20 世纪 70 年代的大、中型计算机相媲美。

1982 年以来，一些西方国家开始研制第五代计算机。其特点是以人工智能原理为基础，突破原有的冯·诺依曼体系结构，以大规模集成电路或其他新器件为逻辑部件。不仅可以进行数值计算，还可以进行推理及声音、图像、文字等多媒体信息的处理，研制工作已取得了一定的进展。

8. 现代计算机发展的趋势

今后计算机的发展将有如下几种趋势。

(1)巨型化。

目前一些技术部门要求计算机比现有的巨型机有更高的速度(如万亿次以上)和更大的存储容量，用它可以研究现在还无法研究的问题。如：更先进的国防及其他尖端技术；中长期天气预报；资源勘探等领域。

(2)微型化。

今后的微型机除了把运算器、控制器集成到一个芯片之外，还要逐步发展到对存储器、通道处理器、高速运算部件等的集成，使计算机的体积更小、价格更便宜。如：市场上已经出现的笔记本型、烟盒型等便携式计算机。微型机在性能上将朝着更快的处理速度(CPU 从 8086、80286、80386DX、80486DX、Pentium 到 MMX)，更大的存储容量(高档微机所配主存在 16MB 以上)和友好的人机界面等方面发展，预计不久的将来，微型机在家庭中将和电视机占有同等地位。

(3)网络化。

把计算机连成网络，可以实现机间通信和网上资源共享，使计算机具有更强大的系统功能。在信息化社会里，计算机网络将是不可缺少的社会环境，“上网”将成为社会时尚。目前公共数据网和国际互联网(Internet)已经形成规模，今后还要继续向更大范围发展。

(4)多媒体化。

计算机将集图形、图像、声音、文字处理为一体，使人们面对着有声有色、图文并茂的信息。

(5)智能化。

智能化是新一代计算机追求的目标。即让计算机模拟人的感觉、推理、思维过程的机理，使计算机真正突破“计算”这一含义，具有“视觉”、“语言”、“思维”、“逻辑推理”、“学习”、“证明”等能力，可以越来越多地代替或超越人的脑力劳动的某些方面。

另外，在现代计算机中，外围设备的价值一般已超过计算机硬件子系统的一半以上，其技术水平在很大程度上决定着计算机的技术面貌。外围设备技术的综合性很强，既依赖于电子学、机械学、光学、磁学等多门学科知识的综合，又取决于精密机械工艺、电气和电子加工工艺以及计量的技术和工艺水平等。

外围设备包括辅助存储器和输入/输出设备两大类。辅助存储器包括磁盘、磁鼓、磁带、激光存储器、海量存储器和缩微存储器等；输入/输出设备又分为输入、输出、转换、模式信息处理设备和终端设备。在这些品种繁多的设备中，对计算机技术面貌影响最大的是磁盘、终端设备、模式信息处理设备和转换设备等。

新一代计算机是把信息采集存储处理、通信和人工智能结合在一起的智能计算机系统。它不仅能进行一般的信息处理，而且能面向知识处理，具有形式化推理、联想、学习和解释的能力，将能帮助人类开拓未知的领域和获得新的知识。

任务 1.1　了解计算机的产生及发展历程

【任务说明】

1. 众所周知，计算机是人们在现代生活中不可或缺的一种工具，它能够完成许许多多不同种类的工作，那么什么是真正意义上的计算机呢？

2. 计算机是什么时候产生的？从产生到现在又经历了哪些重要的历史阶段呢？

3. 计算机在我国经历了哪些重要的发展过程？

【任务目标】

通过本节的学习，能够对计算机的概念及诞生有些系统性的了解，尤其对计算机的不同发展阶段有些初步的认识，同时了解计算机在我国的发展历程及现状。

【能力拓展】

计算机在我国的发展和应用

在人类文明发展的历史上中国曾经在早期计算工具的发明创造方面写下过光辉的一页。远在商代，中国就创造了十进制记数方法，领先于世界千余年。到了周代，发明了当时最先进的计算工具——算筹。这是一种用竹、木或骨制成的颜色不同的小棍。计算每一个数学问题时，通常编出一套歌诀形式的算法，一边计算，一边不断地重新布棍。中国古代数学家祖冲之，就是用算筹计算出圆周率在 3.1415926 和 3.1415927 之间。这一结果比西方早一千年。

珠算盘是中国的又一独创，也是计算工具发展史上的第一项重大发明。这种轻巧灵活、携带方便、与人民生活关系密切的计算工具，最初大约出现于汉朝，到元朝时渐趋成熟。珠算盘不仅对中国经济的发展起过有益的作用，而且传到日本、朝鲜、东南亚等地区，经受了历史的考验，至今仍在使用。

中国发明创造指南车、水运浑象仪、记里鼓车、提花机等，不仅对自动控制机械的发展有卓越的贡献，而且对计算工具的演进产生了直接或间接的影响。例如，张衡制作的水运浑象仪，可以自动地与地球运转同步，后经唐、宋两代的改进，遂成为世界上最早的天文钟。

记里鼓车则是世界上最早的自动计数装置。提花机原理对计算机程序控制的发展

有过间接的影响。中国古代用阳、阴两爻构成八卦，也对计算技术的发展有过直接的影响。莱布尼茨写过研究八卦的论文，系统地提出了二进制算术运算法则。他认为，世界上最早的二进制表示法就是中国的八卦。

经过漫长的沉寂，新中国成立后，中国计算技术迈入了新的发展时期，先后建立了研究机构，在高等院校建立了计算技术与装置专业和计算数学专业，并且着手创建中国计算机制造业。

1958年和1959年，中国先后制成第一台小型和大型电子管计算机。20世纪60年代中期，中国研制成功一批晶体管计算机，并配制了ALGOL等语言的编译程序和其他系统软件。60年代后期，中国开始研究集成电路计算机。70年代，中国已批量生产小型集成电路计算机。80年代以后，中国开始重点研制微型计算机系统并推广应用；在大型计算机，特别是巨型计算机技术方面也取得了重要进展；建立了计算机服务业，逐步健全了计算机产业结构。

在计算机科学与技术的研究方面，中国在有限元计算方法、数学定理的机器证明、汉字信息处理、计算机系统结构和软件等方面都有所建树。在计算机应用方面，中国在科学计算与工程设计领域取得了显著成就。在有关经营管理和过程控制等方面，计算机应用研究和实践也日益活跃。

1.2 计算机的特点及应用

【知识储备】

1. 计算机的特点

计算机的主要特点表现在以下几个方面：

(1)运算速度快。

计算机能以极快的速度进行计算。运算速度是计算机的一个重要性能指标。计算机的运算速度通常用每秒钟执行定点加法的次数或平均每秒钟执行指令的条数来衡量。运算速度快是计算机的一个突出特点。计算机的运算速度已由早期的每秒几千次(如ENIAC机每秒钟仅可完成5000次定点加法)发展到现在的最高可达每秒几千亿次乃至万亿次。这样的运算速度是何等的惊人！随着计算机技术的发展，计算机的运算速度还在提高。例如天气预报，由于需要分析大量的气象资料数据，单靠手工完成计算是不可能的，而用巨型计算机只需十几分钟就可以完成。

计算机高速运算的能力极大地提高了工作效率，把人们从浩繁的脑力劳动中解放出来。过去用人工旷日持久才能完成的计算，而计算机在“瞬间”即可完成。曾有许多数学问题，由于计算量太大，数学家们终其毕生也无法完成，使用计算机则可轻易地解决。

(2)计算精度高。

在科学研究和工程设计中，对计算的结果精度有很高的要求。一般的计算工具只能达到几位有效数字(如过去常用的四位数学用表、八位数学用表等)，而计算机对数据的结果精度可达到十几位、几十位有效数字，根据需要甚至可达到任意的精度。

(3)存储容量大。

计算机的存储系统由内存和外存组成，具有存储和“记忆”大量信息的能力，现代计算机的内存容量已达到上百兆甚至几千兆，而外存也有惊人的容量。目前计算机的存储容量越来越大。计算机具有“记忆”功能，是与传统计算工具的一个重要区别。

(4)具有逻辑判断功能。

人是有思维能力的。而思维能力本质上是一种逻辑判断能力。计算机的运算器除了能够完成基本的算术运算外，还具有进行比较、判断等逻辑运算的功能。这种能力是计算机处理逻辑推理问题的前提。计算机借助于逻辑运算，可以进行逻辑判断，并根据判断结果自动地确定下一步该做什么。如今的计算机不仅具有运算能力，还具有逻辑判断能力，可以使用其进行诸如资料分类、情报检索等具有逻辑加工性质的工作。

(5)自动化程度高，通用性强。

由于计算机的工作方式是将程序和数据先存放在机内，工作时按程序规定的操作，一步一步地自动完成，一般无须人工干预，因而自动化程度高。这一特点是一般计算工具所不具备的。计算机能在程序控制下自动连续地高速运算。由于采用存储程序控制的方式，因此一旦输入编制好的程序，启动计算机后，就能自动地执行下去直至完成任务。这是计算机最突出的特点。

计算机通用性的特点表现在几乎能求解自然科学和社会科学中一切类型的问题，能广泛地应用于各个领域。

(6)可靠性高。

随着微电子技术和计算机技术的发展，现代电子计算机连续无故障运行时间可达到几十万小时以上，具有极高的可靠性。例如，安装在宇宙飞船上的计算机可以连续几年时间可靠地运行。计算机应用在管理中也具有很高的可靠性，而人却很容易因疲劳而出错。另外，计算机对于不同的问题，只是执行的程序不同，因而具有很强的稳定性和通用性。用同一台计算机能解决各种问题，应用于不同的领域。

微型计算机除了具有上述特点外，还具有体积小、重量轻、耗电少、维护方便、可靠性高、易操作、功能强、使用灵活、价格便宜等特点。计算机还能代替人做许多复杂繁重的工作。

2. 计算机的基本用途

进入20世纪90年代以来，计算机技术作为科技的先导技术之一得到了飞跃发展，超级并行计算机技术、高速网络技术、多媒体技术、人工智能技术等相互渗透，改变了人们使用计算机的方式，从而使计算机几乎渗透到人类生产和生活的各个领域，对工业和农业都有极其重要的影响。计算机用途广泛，归纳起来有以下几个方面。

(1)数值计算。

数值计算即科学计算，是指用计算机完成科学研究和工程技术中所提出的数学问题。计算机作为一种计算工具，科学计算是它最早的应用领域，也是计算机最重要的应用之一。在科学技术和工程设计中存在着大量的各类数字计算，如求解几百乃至上千阶的线性方程组、大型矩阵运算等。这些问题广泛出现在导弹实验、卫星发射、灾情预测等领域，其特点是数据量大、计算工作复杂。在数学、物理、化学、天文等众多学科的科学研究中，经常遇到许多数学问题，这些问题用传统的计算工具是难以完

成的，有时人工计算需要几个月、几年，而且不能保证计算准确，使用计算机则只需要几天、几小时甚至几分钟就可以精确地解决。所以，计算机是发展现代尖端科学技术必不可少的重要工具。

(2)信息处理。

数据处理又称信息处理，它是指信息的收集、分类、整理、加工、存储、制表、检索、输出等一系列加工过程的总称。所谓信息是指可被人类感受的声音、图像、文字、符号、语言等。数据处理还可以在计算机上加工那些非科技工程方面的计算，管理和操纵任何形式的数据资料。其特点是要处理的原始数据量大，而运算比较简单，有大量的逻辑与判断运算。目前在计算机应用中，数据处理所占的比重最大。其应用领域十分广泛，如人口统计、办公自动化、企业管理、邮政业务、机票订购、情报检索、图书管理、医疗诊断、自动阅卷、图书检索、财务管理、生产管理、编辑排版、情报分析等。

(3)实时控制。

实时控制是指用计算机及时搜集检测数据，按最佳值迅速对控制对象进行自动控制或采用自动调节。利用计算机进行控制，不仅大大提高了控制的自动化水平，而且大大提高了控制的及时性和准确性。如工业生产的自动控制。利用计算机进行实时控制，既可提高自动化水平，保证产品质量，也可降低成本，减轻劳动强度。

实时控制的特点是及时收集并检测数据，按最佳值调节控制对象。在电力、机械制造、化工、冶金、交通等部门采用过程控制，可以提高劳动生产效率、产品质量、自动化水平和控制精确度，减少生产成本，减轻劳动强度。在军事上，可使用计算机实时控制导弹根据目标的移动情况修正飞行姿态，以准确击中目标。

(4)辅助设计。

计算机辅助设计为设计工作自动化提供了广阔的前景，受到了普遍的重视。利用计算机的制图功能，实现各种工程的设计工作，称为计算机辅助设计，即CAD。如桥梁设计、船舶设计、飞机设计、集成电路设计、计算机设计、服装设计等等。当前，人们已经把计算机辅助设计、辅助制造(CAM)和辅助测试(CAT)联系在一起，组成了设计、制造、测试的集成系统，形成了高度自动化的“无人”生产系统。

计算机辅助设计(Computer Aided Design，CAD)是指使用计算机的计算、逻辑判断等功能，帮助人们进行产品和工程设计。它能使设计过程自动化，设计合理化、科学化、标准化，大大缩短设计周期，以增强产品在市场上的竞争力。CAD技术已广泛应用于建筑工程设计、服装设计、机械制造设计、船舶设计等行业。使用CAD技术可以提高设计质量，缩短设计周期，提高设计自动化水平。

计算机辅助制造(Computer Aided Manufacturing，CAM)是指利用计算机通过各种数值控制生产设备，完成产品的加工、装配、检测、包装等生产过程的技术。将CAD进一步集成形成了计算机集成制造系统CIMS，从而实现设计生产自动化。利用CAM可提高产品质量，降低成本和降低劳动强度。

计算机辅助教学(Computer Aided Instruction，CAI)是指将教学内容、教学方法以及学生的学习情况等存储在计算机中，帮助学生轻松地学习所需要的知识。它在现代教育技术中起着相当重要的作用。

除了上述计算机辅助技术外，还有其他的辅助功能，如计算机辅助出版、计算机辅助管理、辅助绘制和辅助排版等。

(5)智能模拟。

智能模拟亦称人工智能。人工智能(Artificial Intelligence，AI)是用计算机模拟人类的智能活动，如判断、理解、学习、图像识别、问题求解等。它涉及计算机科学、信息论、仿生学、神经学和心理学等诸多学科。在人工智能中，最具代表性、应用最成功的两个领域是专家系统和机器人。

利用计算机模拟人类智力活动，以替代人类部分脑力劳动，这是一个很有发展前途的学科方向。第五代计算机的开发，将成为智能模拟研究成果的集中体现；具有一定“学习、推理和联想”能力的机器人的不断出现，正是智能模拟研究工作取得进展的标志。智能计算机作为人类智能的辅助工具，将被越来越多地用到人类社会的各个领域。

计算机专家系统是一个具有大量专门知识的计算机程序系统。它总结了某个领域的专家知识构建了知识库。根据这些知识，系统可以对输入的原始数据进行推理，做出判断和决策，以回答用户的咨询，这是人工智能的一个成功的例子。

机器人是人工智能技术的另一个重要应用。目前，世界上有许多机器人工作在各种恶劣环境，如高温、高辐射、剧毒等。机器人的应用前景非常广阔。现在有很多国家正在研制机器人。

(6)计算机网络。

把计算机的超级处理能力与通信技术结合起来就形成了计算机网络。人们熟悉的全球信息查询、邮件传送、电子商务等都是依靠计算机网络来实现的。计算机网络已进入到了千家万户，给人们的生活带来了极大的方便。

3. 计算机科学的研究领域

计算机科学是研究计算机及其周围各种现象与规模的科学，主要包括理论计算机科学、计算机系统结构、软件和人工智能等。计算机技术则泛指计算机领域中所应用的技术方法和技术手段，包括计算机的系统技术、软件技术、部件技术、器件技术和组装技术等。计算机科学与技术包括五个分支学科，即理论计算机科学、计算机系统结构、计算机组织与实现、计算机软件和计算机应用。

(1)理论计算机科学是研究计算机基本理论的学科。

在几千年的数学发展中，人们研究了各式各样的计算，创立了许多算法。但是，以计算或算法本身的性质为研究对象的数学理论，却是在20世纪30年代才发展起来的。

当时，由几位数理逻辑学者建立的算法理论，即可计算性理论或称递归函数论，对20世纪40年代现代计算机设计思想的形成产生过影响。此后，关于现实计算机及其程序的数学模型性质的研究，以及计算复杂性的研究等不断有所发展。

理论计算机科学包括自动机论、形式语言理论、程序理论、算法分析，以及计算复杂性理论等。自动机是现实自动计算机的数学模型，或者说是现实计算机程序的模型，自动机理论的任务就在于研究这种抽象机器的模型；程序设计语言是一种形式语言，形式语言理论根据语言表达能力的强弱分为0～3型语言，与图灵机等四类自动机

逐一对应；程序理论是研究程序逻辑、程序复杂性、程序正确性证明、程序验证、程序综合、形式语言学，以及程序设计方法的理论基础；算法分析研究各种特定算法的性质。计算复杂性理论研究算法复杂性的一般性质。

(2)软件的研究领域主要包括程序设计、基础软件、软件工程三个方面。

程序设计指设计和编制程序的过程，是软件研究和发展的基础环节。程序设计研究的内容，包括有关的基本概念、规范、工具、方法以及方法学等。这个领域发展的特点是：从顺序程序设计过渡到并发程序设计和分布程序设计；从非结构程序设计方法过渡到结构程序设计方法；从低级语言工具过渡到高级语言工具；从具体方法过渡到方法学。

基础软件指计算机系统中起基础作用的软件。计算机的软件子系统可以分为两层：靠近硬件子系统的一层称为系统软件，使用频繁，但与具体应用领域无关；另一层则与具体应用领域直接有关，称为应用软件；此外还有支援其他软件的研究与维护的软件，专门称为支援软件。

软件工程是采用工程方法研究和维护软件的过程，以及有关的技术。软件研究和维护的全过程，包括概念形成、要求定义、设计、实现、调试、交付使用，以及有关校正性、适应性、完善性三层意义的维护。软件工程的研究内容涉及上述全过程有关的对象、结构、方法、工具和管理等方面。

软件自动研究系统的任务是：在软件工程中采用形式方法，使软件研究与维护过程中的各种工作尽可能多地由计算机自动完成；创造一种适应软件发展的软件、固件与硬件高度综合的高效能计算机。

4. 计算机应用系统

计算机应用系统一般由计算机硬件系统、系统软件、应用软件组成。计算机基本硬件系统由运算器和控制器、存储器、外围接口和外围设备组成。系统软件包括操作系统、编译程序、数据库管理系统、各种高级语言等。应用软件由通用支援软件和各种应用软件包组成。

(1)计算机应用。

研究计算机应用于各个领域的理论、方法、技术和系统等，是计算机学科与其他学科相结合的边缘学科，是计算机学科的组成部分。计算机应用分为数值计算和非数值应用两大领域。非数值应用又包括数据处理、知识处理，例如信息系统、工厂自动化、办公室自动化、家庭自动化、专家系统、模式识别、机器翻译等领域。

计算机应用系统分析和设计是计算机应用研究普遍需要解决的课题。应用系统分析在于系统地调查、分析应用环境的特点和要求，建立数学模型，按照一定的规范化形式描述它们，形成计算机应用系统的技术设计要求。应用系统设计包括系统配置设计、系统性能评价、应用软件总体设计以及其他工程设计，最终以系统产品的形式提供给用户。

(2)应用领域。

计算机应用已深入到科学、技术、社会的广阔领域，按其应用问题信息处理的形态，大体上可以分为：

①科学计算。求取各种数学问题的数值解。

②数据处理。用计算机收集、记录数据，经处理产生新的信息形式。主要包括数据的采集、转换、分组、组织、计算、排序、存储、检索等。

③知识处理。用计算机进行知识的表示、利用、获取。

计算机的应用几乎渗透到社会各个领域，以下是一些重要的方面：

①计算机辅助设计、制造、测试(CAD/CAM/CAT)。用计算机辅助进行工程设计、产品制造、性能测试。

②办公自动化：用计算机处理各种业务、商务；处理数据报表文件；进行各类办公业务的统计、分析和辅助决策。

③经济管理 ：国民经济管理，公司企业经济信息管理，计划与规划，分析统计，预测，决策；物资、财务、劳资、人事等管理。

④情报检索：图书资料、历史档案、科技资源、环境等信息检索自动化；建立各种信息系统。

⑤自动控制：工业生产过程综合自动化，工艺过程最优控制，武器控制，通信控制，交通信号控制。

⑥模式识别：应用计算机对一组事件或过程进行鉴别和分类，它们可以是文字、声音、图像等具体对象，也可以是状态、程度等抽象对象。

⑦事务管理：面向事业单位，主要进行日常事务的处理，如医院管理信息系统、饭店管理信息系统、学校管理信息系统等。

(3)应用系统开发。

根据用户对应用系统的技术要求，分析手工处理的信息流程，设计计算机系统的内部结构，并加以实现和维护的过程。计算机应用系统的开发是计算机技术的二次开发。开发过程即系统生命周期一般分为5个阶段，即规划、分析、设计、实现和运行与维护。

①规划阶段。这一阶段的任务是对应用的环境、目标、现行系统的状况进行初步调查，明确问题，确定系统的发展战略，对建设系统的需求做出分析和预测，分析建设新系统所受的各种约束，研究建设新系统的必要性和可能性。写出可行性分析报告，提交用户批准后，将系统建议方案及实施计划编写成系统开发任务书，进入系统分析阶段。

②分析阶段。根据计算机用户对于输入、处理过程和输出特性的需要，对原有系统的现状进行调查分析，并在此基础上提出建立新系统或改造旧系统的初步建议，即对新系统的目标、功能、成本、效益、人员、进度等作出预测和描述。这一阶段也称为可行性研究阶段。

③设计阶段。首先根据调查确定系统的构成和软件、硬件环境的要求，并提出系统建议书。在进行方案论证并获得通过后转入物理设计，也就是对系统的输入/输出、处理过程、信息流向、数据结构、显示和打印格式，以及人机对话方式等逐层细化，进行设计。这时，应将系统划分为若干模块和过程，分析其相互关系和处理顺序，保证系统的完整性、正确性和适应性。经过仔细的分析和对各种方法的选择，在本阶段结束时提出实施计划和进度安排，写出系统用户手册和操作使用说明书。分析和设计工作均由系统分析员完成。

④实现阶段。按照系统设计方案实现应用系统，分别完成机器配置安装、系统调试与转化、程序编制、人员培训、数据准备和初始化等各方面的工作。这个阶段的工作由程序员和操作员完成。

⑤运行与维护阶段。系统开发成功后，交付用户正式使用、发挥效益的时期。包括系统的日常运行管理与维护，系统综合评价及系统开发项目的监理审计等。维护工作一般包括正确性、完整性、适应性和预防性 4 个方面。在系统运行过程中，可能由于环境变化导致系统功能不足，或者开发过程中未能发现或无法解决的功能要求，需要对系统进行修改、维护或者局部调整。这一工作通过向用户发出修改通知或更新版本来进行。

系统评价对计算机应用系统的开发有直接指导意义，需要对功能指标、性能指标、可用性、可靠性、易理解性、可维护性、可移植性和系统成本进行定性或定量的分析。这些指标的好坏决定系统寿命的长短。

任务 1.2　了解计算机的特点和应用领域

【任务说明】

1. 掌握计算机的主要特点。
2. 了解计算机在多个领域中的应用。

【任务目标】

通过本节的学习，能够对计算机主要特点有一个总体的认识，并熟悉计算机在各个领域的典型应用。

【能力拓展】

计算机的应用领域在不断壮大

计算机科学和技术与各门学科相结合，改进了研究工具和研究方法，促进了各门学科的发展。过去，人们主要通过实验和理论两种途径进行科学技术研究。现在，计算和模拟已成为研究工作的第三条途径。

计算机与有关的实验观测仪器相结合，可对实验数据进行现场记录、整理、加工、分析和绘制图表，显著地提高实验工作的质量和效率。计算机辅助设计已成为工程设计优质化、自动化的重要手段。在理论研究方面，计算机是人类大脑的延伸，可代替人脑的若干功能并加以强化。古老的数学靠纸和笔运算，现在计算机成了新的工具，数学定理证明之类的繁重脑力劳动，已可能由计算机来完成或部分完成。

计算和模拟作为一种新的研究手段，常使一些学科衍生出新的分支学科。例如，空气动力学、气象学、弹性结构力学和应用分析等所面临的“计算障碍”，在有了高速计算机和有关的计算方法之后开始有所突破，并衍生出计算空气动力学、气象数值预报等边缘分支学科。利用计算机进行定量研究，不仅在自然科学中发挥了重大的作用，在社会科学和人文学科中也是如此。例如，在人口普查、社会调查和自然语言研究方面，计算机就是一种很得力的工具。

计算机在各行各业中的广泛应用，常常产生显著的经济效益和社会效益，从而引起产业结构、产品结构、经营管理和服务方式等方面的重大变革。在产业结构中已出现了计算机制造业和计算机服务业，以及知识产业等新的行业。

微处理器和微计算机已嵌入机电设备、电子设备、通信设备、仪器仪表和家用电器中，使这些产品向智能化方向发展。计算机被引入各种生产过程系统中，使化工、石油、钢铁、电力、机械、造纸、水泥等生产过程的自动化水平大大提高，劳动生产率上升、质量提高、成本下降。计算机嵌入各种武器装备和武器系统中，可显著提高其作战效果。

经营管理方面，计算机可用于完成统计、计划、查询、库存管理、市场分析、辅助决策等，使经营管理工作科学化和高效化，从而加速资金周转，降低库存水准，改善服务质量，缩短新产品研制周期，提高劳动生产率。在办公自动化方面，计算机可用于文件的起草、检索和管理等，显著提高办公效率。

计算机还是人们的学习工具和生活工具。借助家用计算机、个人计算机、计算机网、数据库系统和各种终端设备，人们可以学习各种课程，获取各种情报和知识，处理各种生活事务(如订票、购物、存取款等)，甚至可以居家办公。越来越多的人的工作、学习和生活将与计算机发生直接的或间接的联系。普及计算机教育已成为一个重要的问题。

总之，计算机的发展和应用已不仅是一种技术现象而且是一种政治、经济、军事和社会现象。世界各国都力图主动地驾驭这种社会计算机化和信息化的进程，克服计算机化过程中可能出现的消极因素，更顺利地向高层次发展。

1.3 计算机系统结构概述

【知识储备】

1. 冯·诺依曼结构

计算机系统由硬件系统和软件系统两大部分组成。数学家冯·诺依曼结构(John von Neumann)奠定了现代计算机的基本结构。

程序设计者所见的计算机属性，着重于计算机的概念结构和功能特性，硬件、软件和固件子系统的功能分配及其界面的确定。使用高级语言的程序设计者所见到的计算机属性，主要是软件子系统和固件子系统的属性，包括程序语言以及操作系统、数据库管理系统、网络软件等的用户界面。使用机器语言的程序设计者所见到的计算机属性，则是硬件子系统的概念结构(硬件子系统结构)及其功能特性，包括指令系统(机器语言)，以及寄存器定义、中断机构、输入/输出方式、机器工作状态等。

硬件子系统的典型结构是冯·诺依曼结构，它由运算器、控制器、存储器和输入/输出设备组成，采用“指令驱动”方式。当初，它是为解非线性、微分方程而设计的，并未预见到高级语言、操作系统等的出现，以及适应其他应用环境的特殊要求。在相当长的一段时间内，软件子系统都是以这种冯·诺依曼结构为基础而发展的。但是，其间不相适应的情况逐渐暴露出来，从而推动了计算机系统结构的变革。

冯·诺依曼计算机的主要特点是：

• 使用单一的处理部件来完成计算、存储以及通信的工作。

• 存储单元是定长的线性组织。

• 存储空间的单元是直接寻址的。

• 使用低级机器语言，指令通过操作码来完成简单的操作。

• 对计算进行集中的顺序控制。

• 计算机硬件系统由运算器、存储器、控制器、输入设备、输出设备五大部件组成并规定了它们的基本功能。

• 采用二进制形式表示数据和指令。

• 在执行程序和处理数据时必须将程序和数据从外存储器装入主存储器中，然后才能使计算机在工作时能够自动地从存储器中取出指令并加以执行。这就是存储程序概念的基本原理。

数学家冯·诺依曼最新提出程序存储的思想，并成功将其运用在计算机的设计之中，根据这一原理制造的计算机被称为冯·诺依曼结构计算机，世界上第一台冯·诺依曼式计算机是1949年研制的EDSAC，由于他对现代计算机技术的突出贡献，冯·诺依曼又被称为"计算机之父"。

任务1.3　了解计算机的系统结构特点

【任务说明】

1. 了解计算机系统结构的基础概念、计算机系统结构的分类。
2. 了解什么是冯·诺依曼计算机。
3. 熟悉计算机的组织与实现。
4. 理解计算机体系结构，微处理器设计范畴的体系结构。
5. 了解系统结构的发展。

【任务目标】

通过本节的学习，了解计算机系统结构的基本概念。

【任务分析】

什么是计算机系统结构

计算机系统结构指的是什么？是一台计算机的外表？还是指一台计算机内部的一块板卡安放结构？都不是，那么它是什么呢？计算机系统结构就是计算机的机器语言程序员或编译程序编写者所看到的外特性。所谓外特性，就是计算机的概念性结构和功能特性。

传统机器级以上的所有机器都称为虚拟机，它们是由软件实现的机器。软、硬件的功能在逻辑上是等价的，即绝大部分硬件的功能都可用软件来实现，反之亦然。

计算机系统结构的外特性，一般应包括以下几个方面。

• 指令系统

• 数据表示

• 操作数的寻址方式

- 寄存器的构成定义
- 中断机构和例外条件
- 存储体系和管理
- I/O结构
- 机器工作状态定义和切换
- 信息保护

计算机系统结构的内特性就是将那些外特性加以“逻辑实现”的基本属性。所谓“逻辑实现”就是在逻辑上如何实现这种功能。

还有一个就是计算机实现，也就是计算机组成的物理实现。它主要着眼于硬件技术和微组装技术。

在所有系统结构的特性中，指令系统的外特性是最关键的。因此，计算机系统结构有时就简称为指令集系统结构。我们这门课注重学习的是计算机的系统结构，传统地讲，就是处在硬件和软件之间界面的描述，也就是外特性。

总之，计算机系统结构主要研究计算机系统的基本工作原理，以及在硬件、软件界面划分的权衡策略，建立完整的、系统的计算机软硬件整体概念。

【能力拓展】

改进后的冯·诺依曼计算机使其从原来的以运算器为中心演变为以存储器为中心。从系统结构上讲，主要是通过各种并行处理手段提高计算机系统性能。软件、应用和硬件对系统结构发展的影响：

1. 软件对系统结构发展的影响

软件应具有可兼容性，即可移植性。为了实现软件的可移植性，可用以下方法：

模拟：用软件方法在一台现有的计算机上实现另一台计算机的指令系统，这种用实际存在的机器语言解释实现软件移植的方法就是模拟。

仿真：用A机(宿主机)中的一段微程序来解释实现B机(目标机)指令系统中每一条指令而实现B机指令系统的方法称仿真，它是有部分硬件参与解释过程的。

一般将两种方法混合作用，对于使用频率高的指令用仿真方法，而对于频率低而且难于仿真实现的指令使用模拟的方法加以实现。

采用系列机的方法，可以这么说，系列机的系统结构都是一致的，如我们使用的INTEL的80x86微机系列及其兼容机，系统结构都是一致的，当然在发展过程中它的系统结构可能得到了新的扩充，比如原来的586机器不支持MMX多媒体扩展指令集，但是后来的芯片中扩充了这些指令，使指令系统集扩大，但它们仍是同一系列的机器。这种系列机的方法主要是为了软件兼容。如上面的扩展指令，将使得以后针对这些指令优化的软件不能在以前的机子上运行(或不能发挥相应功能)导致向前兼容性不佳。但重要的是保证做到向后兼容，也就是在按某个时期推到市场上的该档机上编制的软件能不加修改地在它之后投入市场的机器上运行。

在系列机上，软件的可移植性是通过各档机器使用相同的高级语言、汇编语言和机器语言，但使用不同的微程序来实现的。统一标准的高级语言，采用与机器型号无关的高级程序设计语言标准如FORTRAN、COBOL等，这种方法提供了在不同硬件

平台、不同操作系统之间的可移植性。

开放系统是指一种独立于厂商，且遵循有关国际标准而建立的，具有系统可移植性、交互操作性，从而能允许用户自主选择具体实现技术和多厂商产品渠道的系统集成技术的系统。

2. 应用需求对系统结构发展的影响

计算机应用对系统结构不断提出的基本要求是高的运算速度、大的存储容量和大的I/O吞吐率。我们要更快的主板、CPU和内存，我们要更大的硬盘，我们要更大的显示器、更多的色彩、更高的刷新频率……这就是需求。计算机应用从最初的科学计算向更高级的更复杂的应用发展，经历了从数据处理、信息处理、知识处理以及智能处理这四级逐步上升的阶段。

3. 硬件对系统结构发展的影响

由于技术的进步，硬件的性能价格比迅速提高，芯片的功能越来越强，从而使系统结构的性能从较高的大型机向小型机乃至微机下移。

综上所述，软件是促使计算机系统结构发展的最重要的因素，没有软件，机器就不能运行，所以为了能方便地使用现有软件，就必须考虑系统结构的设计。应用需求是促使计算机系统结构发展的最根本的动力。机器是给人用的，我们追求更快更好，机器就要做得更快更好，所以需求最根本。硬件是促使计算机系统结构发展最活跃的因素，没有硬件就产不出计算机，硬件的每一次升级就带来计算机系统结构的改进。

1.4 计算机内部数据表示

【知识储备】

1. 基本概念

要想了解计算机如何表示各种各样的数据，首先需要明确几个基本的概念。

(1)数据。

能被计算机接受和处理的符号的集合都称为数据。数据是计算机处理的对象，是信息的载体，或称编码了的信息；信息是数据经过加工处理以后的结果，是有意义的数据的内容。

(2)编码。

计算机要处理的数据除了数值数据以外，还有各类符号、图形、图像和声音等非数值数据。而计算机只能识别两个数字。要使计算机能处理这些信息，首先必须将各类信息转换成“0”和“1”表示的代码，这一过程称为编码。

(3)比特。

比特(bit：Binary Digit ——二进制数位)是指1位二进制的数码(即0或1)。比特是计算机中表示信息的数据编码中的最小单位。在计算机内部，数据的运算采用的是二进制数。一位二进制数只能表示两种状态：0或1。

(4)字节。

字节(Byte) 8个二进制位构成1个字节。字节表示被处理的一组连续的二进制数字。通常用8位二进制数字表示一个字节，即一个字节由8个比特组成。字节是存储器系统的最小存取单位。1个字节可以储存1个英文字母或半个汉字。字节是存储空间的基本计量单位。如计算机的内存和磁盘的容量等都是以字节为单位表示的。除用字节为单位表示存储空间的容量外，还可以用千字节(KB)、兆字节(MB)及吉字节(GB)等表示。

1KB＝1204B　　　1MB＝1024KB　　　1GB＝1024MB

2. 数值数据的表示

数据信息是计算机加工和处理的对象，数据信息的表示将直接影响到计算机的结构和性能。数值数据有大小和正负之分。通常在微型计算机中，用两个字节表示一个整数，用四个字节表示一个实数。在二进制数的最前面规定一个符号位："0"表示正数，"1"表示负数。

真值与机器码

真值：采用正、负号加上二进制绝对值，如：＋1001110。

机器码：将正、负分别用一位数码0和1来代替，连同数符一起数码化的数，如：01001110。

无符号数和带符号数

所谓无符号数，就是整个机器字长的全部二进制位均表示数值位，相当于数的绝对值，对于带符号数，最高位用来表示符号位，而不再表示数值位。

数的机器码表示

在计算机中根据运算方法的需要，机器数的表示方法往往会不相同。通常有原码、补码、反码和移码四种表示法。

原码表示法是一种比较直观的机器数表示法。原码的最高位作为符号位，用"0"表示正号，用"1"表示负号，有效值部分用二进制的绝对值表示。

补码的符号位表示方法与原码相同，其数值部分的表示与数的正负有关：对于正数，数值部分与真值形式相同；对于负数，将真值的数值部分按位取反，且在最低位上加上1。

反码表示法与补码表示法类似，对于正数，数值部分与真值形式相同；对于负数，将真值的数值部分按位取反。

3. 数值数据表示法的分类

数值数据有整数和实数的区分，有不同精确度的要求，有按值表示和按形表示的方式。因此，数值数据在计算机内也有几种不同的表示方法。值得强调的是，这里讨论数的表示都是指二进制数。

(1)定点表示(Fixed point)：是指在表示一个数时使小数点的位置固定不变，故曰定点。根据小数点位置固定的方法不同，定点表示有定点整数和定点小数两种。前者只能表示纯整数，故将小数点固定在数的最低位之后；后者只能表示纯小数，将小数点固定在数的最高位之前。因为小数点是固定的，所以只要考虑数的正负号和数的绝对值的表示。通常，计算机用字或半字来表示定点数。字或半字的最高一位(即字的第31位，或半字的第15位)用于表示正负号，称为符号位。0表示正号(＋)，1表示负号(－)。其余所有位(即字的第0位到第30位，或半字的第0位到第14位)都用于表示数的绝对

值。对于定点整数，小数点固定在绝对值最低位之后。而对于定点小数，小数点固定在符号位和绝对值的最高位之间。但是这两种表示方法中都不显式地表示出任何形式的小数点符号，只是一种“认为”或概念而已。如整数 +10011010010 和 -10011010010 的半字表示如图 1-1 所示。请注意，数的绝对值用 15 位表示，而原数未必满 15 位，要在数的高端用 0 填满。这不影响数值的大小。用半字表示的定点整数 X 的数值范围是：

$$-(2^{15}-1)\leqslant X\leqslant +(2^{15}-1) \text{ 或 } -16383 \leqslant X\leqslant +16383$$

0 可能表示为 +000000000000000 或 - 000000000000000，特别是在机内运算时产生的 0，但它们是等值的。

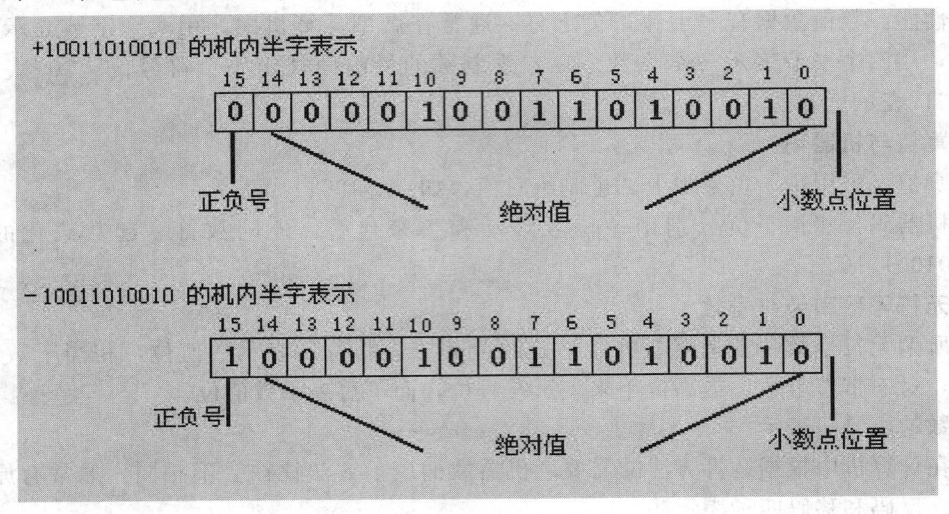

图 1-1　数的 16 位定点表示(整数)

如果是定点小数，如 + 0.100111，- 0.100111，则半字表示如图 1-2 所示。

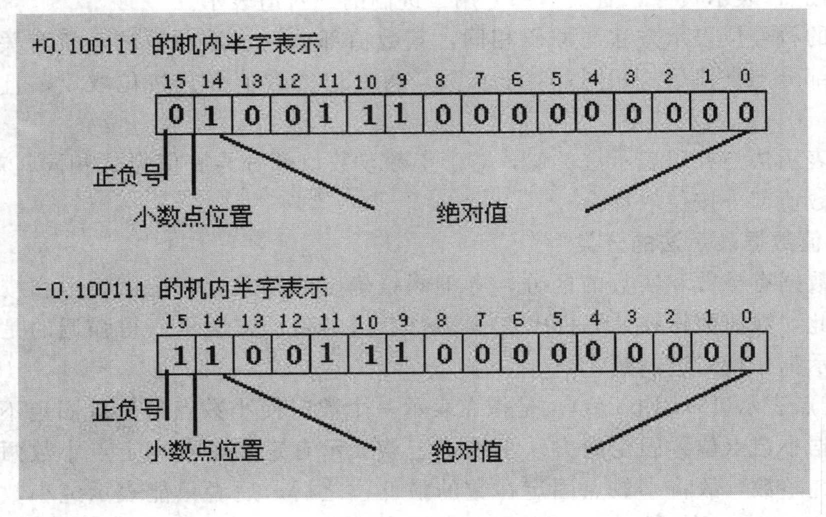

图 1-2　数的 16 位定点表示(小数)

同样，原数未必满 15 位，要在数的低端用 0 填满 15 位。这不影响数的值的大小。用半字表示的定点小数 X 的数值范围是：

$$-(1-2^{-15})\leqslant X \leqslant +(1-2^{-15}) \text{ 或 } -0.999939\leqslant X\leqslant +0.999939$$

同样有把0表示为 +0.000000000000000 或 − 0.000000000000000 的情况发生。

用半字表示的定点数，其绝对值的长度只有15位，相当于4.5位十进制。有时候这个精确度不能满足处理的需要。这时就要用字定点方式表示数，即用32位的定点方式表示。与半字方式类似，不同的是绝对值用31位。前者称为短定点数，后者称为长定点数。这相当于9.3位十进制位。读者试着自己画出定点的字表示示意图。

(2)浮点表示(Floating point)：早期的计算机仅用定点表示和存储数据，但现实中经常使用的是实数。尽管我们可以把一个实数缩小或放大若干倍，使之成为纯小数或纯整数的形式，以适应计算机提供的数据表示能力。但是对我们程序设计和对数据的处理带来很多困难。数的浮点表示提供了在机内表示任何实数的能力。所谓浮点是指小数点的位置不固定在某个位置上，而随实际的数据大小而变动位置，即根据数的具体值浮动表示。实际上，数的浮点表示还是借助定点的形式。任何一个实数 X 可以等值地表示为一个2的方幂和一个纯小数的乘积，称为记阶表示法，即

$$X = 2^{\pm p} \times (\pm m)$$

其中，$\pm p$ 称为 X 的阶码，$p \geqslant 0$ 且为整数。$\pm m$ 称为 X 的尾数，$1 > m \geqslant 0$。如：$X = +10110.01 = 2^{+101} \times (+0.1011001)$。由此可见，要在计算机内用浮点形式表示一个实数的关键是表示出数的阶码和尾数。一般地，计算机用32位的单元，即一个机器字表示一个实数。机器字的第一个字节表示数的阶码，其余三个字节表示尾数。实际上，阶码是一个八位长度的定点整数表示，其最高位表示阶的正负号(0为正1为负)，其余7位表示阶的绝对值；尾数用一个24位长度的定点小数表示，其最高位表示尾数的正负号(0为正1为负)，其余23位表示尾数的绝对值，尾数的小数点位置在尾数的正负号位和绝对值的第1位之间，如图1-3所示。

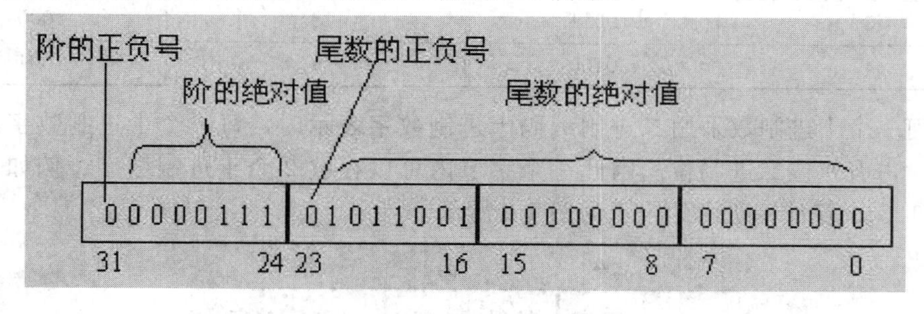

图1-3 数的浮点表示(短浮点)

又例如 $X = +0.001011001 = 2^{-010} \times (+0.1011001)$，其在计算机内表示如图1-4所示。

应注意到，此两例仅有的差别是小数点的位置不同，因此其阶码不同，而尾数相同。用一个机器字表示的浮点数又称为短浮点表示。显然，短浮点数的数值范围是：

$$2^{-127} \times (1-2^{-23}) \leqslant |X| \leqslant 2^{+127} \times (1-2^{-23})$$

其有效数字位相当于6.9位十进制数，适合于一般应用。为了有更高的精确度，可以增长尾数的长度，采用一个双字(8个字节，64位)来表示浮点数，如图1-5所示。显然，长浮点的数值范围并没有扩大，但是其数的精确度大大提高，为55位，有效数字位相当于16.5位十进制数。这个精确度是相当高的，适合于高精度计算。如数+10110.01用长浮点表示如图。

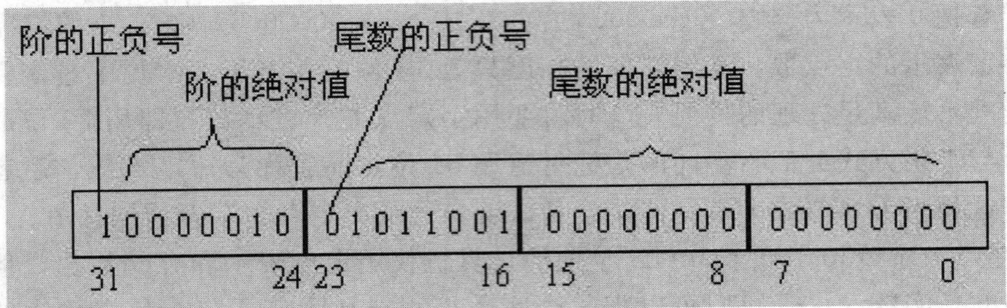

图 1-4　数的浮点表示

00000101	01011001	00000000	00000000	00000000	00000000	0000000	00000000
第7字节	第6字节	第5字节	第4字节	第3字节	第2字节	第1字节	第0字节

图 1-5　数的浮点表示(长浮点)

(3)十进制表示(Decimal)：近代计算机还直接提供了数的十进制数表示法。这种方法是用一个 4 位的二进制数表示出十进制数的十个数字字符，如表 1-1 所示。我们把十进制数字字符的二进制编码称为“二进制编码十进制数字”。

表 1-1　不同进制的转换

十进制数字字符	二进制编码	十进制数字字符	二进制编码
0	0000	5	0101
1	0001	6	0110
2	0010	7	0111
3	0011	8	1000
4	0100	9	1001

任何一个十进制数采用二进制编码十进制数字表示时，每一个十进制数字，包括正负号，占有 4 位二进制位。因此一个字节内可以存放 2 个十进制数字。例如，十进制数 ＋12345 在计算机内的表示为图 1-6 所示。

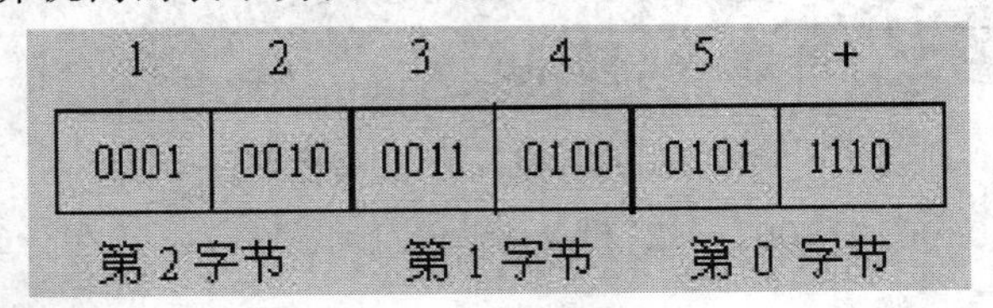

图 1-6　数的浮点表示(长浮点)

要注意的是，对每一个数字而言，对应的二进制是等值的，但是对整个数而言对应的若干位二进制与原数是不等值的。即 ＋12345 ≠＋00010010001101000101。这种表示常常是有用的。一方面，近代计算机可以直接对这样的十进制数进行运算；另一方面，常需要先将十进制数表示在机内，然后在机内对其向二进制数转换。

4. 字符数据的表示

计算机除了具有进行数值计算能力之外，还具有进行非数值计算的能力。现在，后者的应用领域已远远超过了前者的应用领域，如：文字处理、图形图像处理、信息检索、日常的办公管理等。所以，对非数值信息的编码就显得越加重要。字符是人与计算机交互过程中不可缺少的重要信息。要使计算机能处理、存储字符信息，首先也必须用二进制“0”和“1”代码对字符进行编码。

下面以西文字符和汉字字符为例，介绍常用的编码标准。

(1)ASCII 编码。

ASCII 编码是由美国国家标准委员会制定的一种包括数字、字母、通用符号和控制符号在内的字符编码集，全称叫美国国家信息交换标准代码(American Standard Code for Information Interchange)。ASCII 码是一种 7 位二进制编码，能表示 $2^7=128$ 种国际上最通用的西文字符，是目前计算机中，特别是微型计算机中使用最普遍的字符编码集。

ASCII 编码包括 4 类最常用的字符。

①数字“0”～“9”。ASCII 编码的值分别为 0110000B～0111001B，对应十六进制数为 30H～39H。

②26 个英文字母。大写字母“A”～“Z”的 ASCII 编码值为 41H～5AH，小写字母“a”～“z”的 ASCII 编码值为 61H～7AH。

③常用字符。如“＋”、“－”、“＝”、“＊”和“/”等共 32 个。

④制符号。如空格符和车符等共 34 个。

从 ASCII 码表(表 1-2)中可以看出，数字和英文字母都是按顺序排列的，只要知道其中一个的二进制代码，不要查表就可以推导出其他数字或字母的二进制代码，如 0～9 为 30～39，A：41，B：42 等。ASCII 码是一种 7 位编码，它存时必须占全一个字节，也即占用 8 位：b7b6b5b4b3b2b1b0，其中 b7 恒为 0，其余几位为 ASCII 码值。

表 1-2 ASCII 码的编码方案

高位 低位	000	001	010	011	100	101	110	111
0000	NUL	DEL	SP	0	@	P	`	p
0001	SOH	DC1	!	1	A	Q	a	q
0010	STX	DC2	“	2	B	R	b	r
0011	ETX	DC3	#	3	C	S	c	s
0100	EOT	DC4	$	4	D	T	d	t
0101	ENQ	NAK	%	5	E	U	e	u
0110	ACK	SYN	&	6	F	V	f	v
0111	BEL	ETB	‘	7	G	W	g	w
1000	BS	CAN	(	8	H	X	h	x
1001	HT	EM	)	9	I	Y	i	y
1010	LF	SUB	*	:	J	Z	j	z
1011	VT	ESC	+	;	K	[	k	{
1100	FF	FS		<	L	\	l	|
1101	CR	GS	—	=	M	]	m	}
1110	SO	RS	.	>	N	ˆ	n	～
1111	SI	US	/	?	O	_	o	Del

ASCII 码规定每个字符用 7 位二进制编码表示，表中横坐标是第 6、5、4 位的二进制编码值，纵坐标是第 3、2、1、0 位的十进制编码值，两坐标交点则是指定的字符。7 位二进制可以给出 128 个编码，表示 128 个常用的字符。其中 95 个编码，对应着计算机终端能敲入并且可以显示的 95 个字符，打印机设备也能打印这 95 个字符，如大、小写各 26 个英文字母，0 ～ 9 这 10 个数字符，通用的运算符和标点符号 ＝ 、－ 、∗、/、＜、＞、,、:、 ·、?、。、(、)、{、}等等。

【例】查表写出字母 A，字母 1 的 ASCII 码

查表得知字母 A 在第 1 行第 4 列的位置。行指示了 ASCII 码第 3、2、1、0 位的状态，列指示第 6、5、4 位的状态，因此字母 A 的 ASCII 码是 1000001B ＝ 41H。同理可以查到数字 1 的 ASCII 码是 0110001B ＝ 31H。

(2)汉字编码。

国家标准汉字编码集(GB2312-80)共收集和定义了 7445 个基本汉字。其中，使用频率较高的 3755 个汉字定义为一级汉字。使用频率较低的 3008 个汉字定义为二级汉字，共有 6763 个汉字。另外还定义了拉丁字母、俄文字母、汉语拼音字母、数字和常用符号等 682 个。

GB2312－80 规定每个汉字用 2 个字节的二进制编码，每个字节最高位为 0，其余 7 位用于表示汉字信息。

例如，汉字“啊”的国标码的 2 个字节的二进制编码 00110000B 和 00100001B，对应的十六进制数为 30H 和 21H。

另外，计算机内部使用的汉字机内码的标准方案是将汉字国标码的 2 个字节二进制代码的最高位置定为 1，从而得到对应的汉字机内码。

如汉字“啊”的机内码为 10110000B、10100001B(即 B0H、A1H)。

计算机处理字符数据时，当遇到最高位为 1 的字节，便可将该字节连同其后续最高位也为 1 的另一个字节看作 1 个汉字机内码；当遇到最高位为 0 的字节，则可看作一个 ASCII 码西文字符，这样就实现了汉字、西文字符的共存与区分。

2000 年 3 月 17 日，国家信息产业部和国家质量技术监督局联合颁布了 GB18030—2000《信息技术、信息交换用汉字编码字符集基本集的扩充》。在新标准中采用了单、双、四字节混合编码，收录了 27000 多个汉字和藏、蒙、维吾尔等主要的少数民族文字，总的编辑空间超过了 150 万个码位。新标准适用于图形字符信息的处理、交换、存储、传输、显示、输入/输出，并直接与 GB2312－1980 信息处理交换码所对应的事实上的内码标准相兼容。所以，新标准与现有的绝大多数操作系统、中文平台兼容，能支持现有的各种应用系统。

(3)汉字输入码。

汉字输入方法很多，如区位、拼音、五笔字型等。不同输入法有自己的编码方案，所采用的编码方案统称为输入码。输入码进入机器后必须转换为机内码进行存储和处理。

如，以全拼输入方案输入“neng”，或以五笔字型输入方案“ce”，都能得到“能”这个汉字所对应的机内码。这个工作由汉字代码转换程序依靠事先编制好的输入码对照表完成转换。

(4)汉字字形码。

汉字字形码是一种用点阵表示字形的码，是汉字的输出形式。它把汉字排成点阵。常用的点阵有16×16、24×24、32×32或更高。

一个16×16点阵的汉字字形要占32个字节，24×24点阵要占72个字节。

所有不同的汉字字体的字形构成汉字库，一般存储在硬盘上，当要显示输出时，才调入内存，检索到要输出的字形送到显示器输出。

(5)图像的表示。

一幅图像可认为是由一个个像点构成的，这些像点称为像素。每个像素必须用若干二进制位进行编码，才能表示出现实世界中的五彩缤纷的图像。

当将图像分解成一系列像点、每个点用若干bit表示时，我们就把这幅图像数字化了。数字图像数据量特别巨大，假定画面上有150000个点，每个点用24个bit来表示，则这幅画面要占用450000个字节。如果想在显示器上播放视频信息，一秒钟需传送25幅画面，相当于11250000个字节的信息量。因此，用计算机进行图像处理，对机器的性能要求是很高的。

(6)声音的表示。

声音是一种连续变化的模拟量，我们可以通过“模/数”转换器对声音信号按固定的时间进行采样，把它变成数字量。一旦转变成数字形式，便可把声音储存在计算机中并进行处理了。

5. 不同进制的表示方式

与我们日常生活习惯使用的十进制进位制不同，计算机内使用的是二进位制，即用二进制表示数据。十进制是我们十分熟悉和习惯的。所谓十进制是以“10”为基数的计数制。如十进制数1234表示为：

$$1234=1\times1000+2\times100+3\times10+4\times1=1\times10^3+2\times10^2+3\times10^1+4\times10^0$$

即每一个数位对应一个10的方幂。一般地，任意一个十进制数 $X=d_nd_{n-1}\cdots d_1d_0$ 的多项式表示是：

$$d_nd_{n-1}\cdots d_1d_0=d_n\times10^n+d_{n-1}\times10^{n-1}+\cdots+d_1\times10^1+d_0\times10^0$$

在十进制表示中，d_i 只能是10个数字符号0、1、2、…、9中的一个，即十进制数使用10个数字符号。从低位向较高位进位是“逢10进1”，即进位基数为10。不同数位上的值为数位上的数字和10的方幂的积 $d_i\times10^i$。十进制四则运算的每一个运算的运算规则有100(=10×10)条。

根据十进制的概念，我们可以抽象出 p 进制数 $X=x_nx_{n-1}\cdots x_1x_0$。其多项式表示是：

$$x_nx_{n-1}\cdots x_1x_0=x_n\times p^n+x_{n-1}p^{n-1}+\cdots+x_1\times p^1+x_0\times p^0$$

与十进制类似，p 进制使用 p 个数字符号：0、1、2、…、9、10、…、p，进位基数为 p，进位规则是“逢 p 进1”，运算规则是每个运算有 $p^2(=p\times p)$ 条规则。

显然，当 $p=10$ 时，X 为十进制数表示。当 $p=16$ 时，X 为十六进制数表示。当 $p=8$ 时，X 为八进制数表示。

因为计算机内部表示数据是用二进制形式；因此，有 $p=2$。设二进制数 $X=b_nb_{n-1\cdots2}b_1b_0$。其多项式表示是：

$$X = b_n b_{n-1} \cdots _2 b_1 b_0 = b_n \times 2^n + b_{n-1} \times 2^{n-1} + \cdots + b_1 \times 2^1 + b_0 \times 2^0$$

如，$X = 1234_{(10)} = 10011010010_{(2)} = 1\times 2^{10} + 0\times 2^9 + 0\times 2^8 + 1\times 2^7 + 1\times 2^6 + 0\times 2^5 + 1\times 2^4 + 0\times 2^3 + 0\times 2^2 + 1\times 2^1 + 0\times 2^0$

二进制只使用2个数字符号0和1(即0，2－1)，进位基数为2，进位规则是“逢2进1”，运算规则是每个运算仅有4(＝2×2)条规则，如：

$0+0=0$，$0+1=1$，$1+0=1$，$1+1=10$

$0\times 0=0$，$0\times 1=0$，$1\times 0=0$，$1\times 1=1$

上面的等号说明，十进制数1234和二进制数10011010010的值是相等的，仅仅表示形式不同而已。二进制显示出诸多优点。一是数字符号表示简单容易，只要选用双态元件，如单向导电元件，磁性元件，发光元件，就可以十分简单地表示出数位上的数字0和1了；因此代价低廉，容易实现和使用；二是运算规则简单，使计算机实现运算的逻辑结构构造简单；三是有利于逻辑运算的实现，可以用1表示真值，0表示假值，其运算是双值运算，与二进制完全一致。

任务1.4 “十进制”与“二进制”的相互转换

【任务说明】

1.“十进制”向“二进制”转换。

2.“二进制”向“十进制”转换。

【任务目标】

熟练掌握“十进制”与“二进制”的相互转换方法，并且能在实际中应用。

【任务分析】

对于一个十进制数 X，设定其等值的二进制数为：$b_n b_{n-1} \cdots _2 b_1 b_0$，其中 b_i 是二进制数的数位数字。则有

$$X_{(10)} = b_n b_{n-1} \cdots _2 b_1 b_0 = b_n \times 2^n + b_{n-1} \times 2^{n-1} + \cdots + b_1 \times 2^1 + b_0 \times 2^0$$

可见，要将这个十进制数转换为二进制数的关键是求出二进制数的每一位 b_i。分析这个式子，发现

$$X_{(10)} = (b_n \times 2^{n-1} + b_{n-1} \times 2^{n-2} + \cdots + b_1 \times 2^0) \times 2 + b_0$$

将等式两端同除以2得

$$X_{(10)} / 2 = b_n \times 2^{n-1} + b_{n-1} \times 2^{n-2} + \cdots + b_1 \times 2^0 \text{余数为 } b_0$$

因为除数是2，所以 $X_{(10)}/2$ 的余数 b_0 必为0或1，即为二进制的数字。第一次除法运算就求得了等值二进制的最低位上的数字。对 $X_{(10)}/2$ 的商再除以2，其余数即为 b_1。如此不断对前一个商除以2，取余数，直到商为0时停止，就求得了等值二进制数的所有数位，也即完成了十进制数到二进制数的转换。

例如，将十进制数1234转换为二进制数。

1234/2＝617 余 0

617/2＝308 余 1

308/2＝154 余 0

154/2＝77 余 0

77/2 =38 余 1

38/2 =19 余 0

19/2 =9 余 1

9/2 = 4 余 1

4/2 = 2 余 0

2/2 = 1 余 0

1/2 = 0 余 1

即，$1234_{(10)} = 10011010010_{(2)}$。实际上这里给出的是对整数的转换方法，具体实施转换时可按如图 1-7 所示过程进行。并称之为“除 2 取余法”。

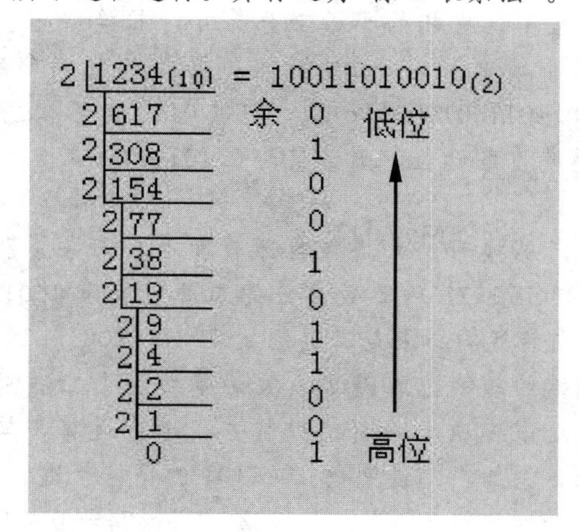

图 1-7　除 2 取余法

上面给出的是纯整数的转换方法。对于纯小数有不同的转换方法。还是先分析一下。例如，有纯小数 X，

$$X_{(10)} = 0.\ b_{-1}\, b_{-2} \cdots b_{-(m-1)}\, b_{-m}$$

$$= b_{-1} \times 2^{-1} + b_{-2} \times 2^{-2} + \cdots + b_{-(m-1)} \times 2^{-(m-1)} + b_{-m} \times 2^{-m}$$

将两端乘以 2 得：

$$X_{(10)} \times 2 = b_{-1} \times 2^{0} + (\, b_{-2} \times 2^{-1} + \cdots + b_{-(m-1)} \times 2^{-(m-2)} + b_{-m} \times 2^{-(m-1)})$$

可见，$X_{(10)} \times 2$ 的整数位与 b_{-1} 相等。因为 $b_{-1} \times 2^{0} = b_{-1} \times 10^{0}$，而且 $X_{(10)} \times 2$ 向整数位的进位只能是 0 或 1。即第一次乘 2 求得了第一位二进制数位。将积的小数部分再乘以 2 就求得第二位二进制数位。如此继续进行，求出所有的二进制数位。例如十进制数 0.71865 转换为二进制的过程是：

0.71875 × 2 =1.4375 整数部分为 1

0.4375 × 2 = 0.875 整数部分为 0

0.875 × 2 =1.75 整数部分为 1

0.75 × 2 =1.5 整数部分为 1

0.5 × 2 = 1.0 整数部分为 1

故有 $0.71875_{(10)} = 0.10111_{(2)}$。具体实施转换时可按图 1-8 所示过程进行。并称之为“乘 2 取整法”。

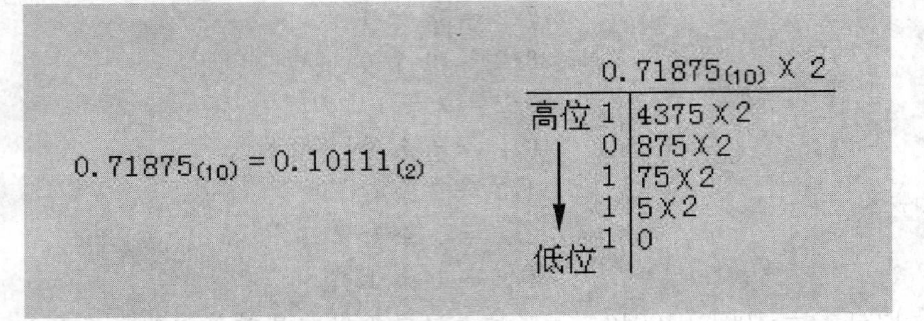

图 1-8　乘 2 取整法

在纯小数的转换过程中，当积的小数部分为 0 时转换终止。但有些小数转换时为无限循环小数，不出现小数部分为 0。这时根据转换的精确度决定终止的位数。如，0.7 转换时有 $0.7_{(10)}=0.101100110011\cdots_{(2)}$，它以 0110 循环。这时，若精确度取 4 位，则结果为 0.1011；若精确度取 6 位，则结果为 0.101101，第 7 位的 1 向高位进 1，即 0 舍 1 入。

对任意一个实数进行转换时，先将整数部分和小数部分分别进行转换，然后将两者并在一起。如实数 1234.71975 的整数部分的二进制数为 10011010010，小数部分的二进制数为 0.10111，则转换的结果是二进制数 10011010010.10111。

二进制数到十进制数的转换比较简单。方法是将一个二进制数表示为以 2 为基数的方幂的多项式，根据这个多项式采用十进制方式进行运算，其结果即为该二进制数转换成十进制数的结果。例如，二进制数 1001101 的等值十进制数转换是：

$1001101_{(2)}=1\times2^6+0\times2^5+0\times2^4+1\times2^3+1\times2^2+0\times2^1+1\times2^0=77_{(10)}$

又如带小数的二进制数 1001101.1011 的等值十进制数转换是：

$1001101.1011=1\times2^6+0\times2^5+0\times2^4+1\times2^3+1\times2^2+0\times2^1+1\times2^0+1\times2^{-1}+0\times2^{-2}+1\times2^{-3}+1\times2^{-4}=77.6875_{(10)}$。

【能力拓展】

“二进制”与“八进制”和“十六进制”的转换。

它是二进制向八进制和十六进制的转换及八进制和十六进制向二进制的转换。由于二进制数表示的数位比较长，不便于书写和阅读；因此考虑用既有较少的数位，又不失二进制的特点的进位制来表示。八进制和十六进制是常用于这一目的的进位制。二进制数向八进制数转换的方法是：先以小数点为基准分别向左向右每三位二进制数为一组，将数分成若干组。再把每一组看成一个独立的(整)二进制数用二进制向十进制转换的方法转换成一位数字，并按原分组的次序排列即得等值的八进制数。例如有二进制数 10011010010，其转换原理是：

例如，$10011010010_{(2)}=(010)(011)(010)(010)_{(2)}=(0\times2^{11}+1\times2^{10}+0\times2^9)+(0\times2^8+1\times2^7+1\times2^6)+(0\times2^5+1\times2^4+0\times2^3)+(0\times2^2+1\times2^1+0\times2^0)=(0\times2^2+1\times2^1+0\times2^0)\times2^9+(0\times2^2+1\times2^1+1\times2^0)\times2^6+(0\times2^5+1\times2^4+0\times2^3)\times2^3+(0\times2^2+1\times2^1+0\times2^0)\times2^0=2\times8^3+3\times8^2+2\times8^1+2\times8^0=2322_{(8)}$

因为三位二进制数计算的结果只能得到 0、1、2、…、7 的数，正好是八进制的数码。又从上式最后看到，每一位的位权正好是八进制数的位权。

又例如，二进制数1001101.1011是带小数的，其转换也类似。

$1001101.1011=(001)(001)(101).(101)(100)=(0\times2^8+0\times2^7+1\times2^6)+(0\times2^5+0\times2^4+1\times2^3)+(1\times2^2+0\times2^1+1\times2^0)+(1\times2^{-1}+0\times2^{-2}+1\times2^{-3})+(1\times2^{-4}+0\times2^{-5}+0\times2^{-6})=1\times8^2+1\times8^1+5\times8^0+5\times8^{-1}+4\times8^{-2}=115.54_{(8)}$

要把八进制数转换为二进制数采用相反的方法即可。即将每一个八进制数字用三位二进制表示出来，再按八进制数原来的次序排列这些二进制位组即得等值的二进制数。

为简化二进制和八进制之间的相互转换，把八进制数码与二进制分组的关系列表如表1-3所示。

表1-3　八进制数码与二进制分组的关系

八进制数码	0	1	2	3	4	5	6	7
二进制数	000	001	010	011	100	101	110	111

利用该表很容易实现二进制和八进制之间的相互转换，如图1-9所示。

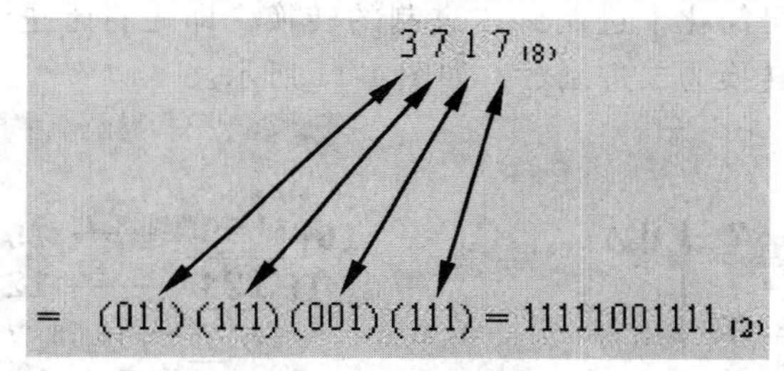

图1-9　二进制和八进制之间的相互转换

依向下箭头看是八进制向二进制的转换；依向上箭头看是二进制向八进制的转换。

二进制与十六进制之间的相互转换方法和二进制与八进制之间的相互转换方法基本一致。不同的是，以小数点为基准分别向左向右每四位二进制数为一组分组。另一个不同是，每组二进制数计算的结果有16个数字：0，1，…，9，10，11，12，13，14，15。也即十六进制有16个数字字符。从这个意义出发，用A，B，C，D，E，F表示数字字符10，11，12，13，14，15。

例如，$10011010010(2)=(0100)(1101)(0010)(2)=(0\times2^{11}+1\times2^{10}+0\times2^9+0\times2^8)+(1\times2^7+1\times2^6+0\times2^5+1\times2^4)+(0\times2^3+0\times2^2+1\times2^1+0\times2^0)=(0\times2^3+1\times2^2+0\times2^1+0\times2^0)\times16^2+(1\times2^3+1\times2^2+0\times2^1+1\times2^0)\times16^1+(0\times2^3+0\times2^2+1\times2^1+0\times2^0)\times16^0=4\times16^2+13\times16^1+2\times16^0=4\times16^2+D\times16^1+2\times16^0=4D2_{(16)}$

同样可以提供一张十六进制数字字符与四位二进制数位组的对应关系表(见表1-4)，以简化转换。根据该表就可以很容易地在十六进制数和二进制数之间进行转换。

表 1-4　十六进制数字字符与四位二进制数位组的对应关系表

十六进制数码	0	1	2	3	4	5	6	7
二进制数	0000	0001	0010	0011	0100	0101	0110	0111
十六进制数码	8	9	A	B	C	D	E	F
二进制数	1000	1001	1010	1011	1100	1101	1110	1111

例如，

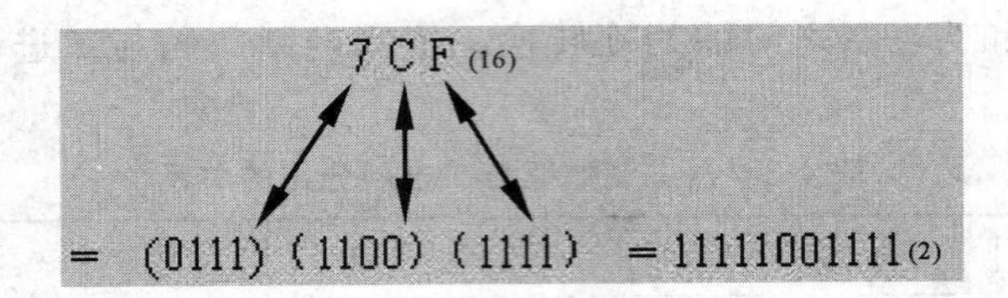

图 1-10　十六进制数和二进制数之间进行转换

八进制和十六进制表示的实质还是二进制。使用八进制和十六进制可缩短二进制表示的数位长度，也可简化十进制到二进制的转换。即先将十进制数转换为八进制或十六进制数，再将其转换为二进制数，如图 1-11 所示。

8 | 1999
8 | 249 —— 7 低位
8 | 31 —— 1
8 | 3 —— 7
0 —— 3 高位

$1999_{(10)} = 3717_{(8)} = 11111001111_{(2)}$

16 | 1999 —— 15 = F 低位
16 | 124 —— 12 = C
16 | 7 —— 7 高位

$1999_{(10)} = 7CF_{(16)} = 11111001111_{(2)}$

图 1-11　将十进制数转换为八进制或十六进制数

第2章 微机系统

【知识目标】

1. 了解计算机的工作原理
2. 熟悉微机硬件组成
3. 熟悉微机软件系统

【能力目标】

理解计算机的工作原理，掌握微机硬件组成和软件系统

【重点难点】

1. 微机硬件基础知识
2. 微机软件基础知识

2.1 计算机工作原理

【知识储备】

1. 计算机主要部件

计算机工作原理如图2-1所示，它同时反映了数据的基本流向。

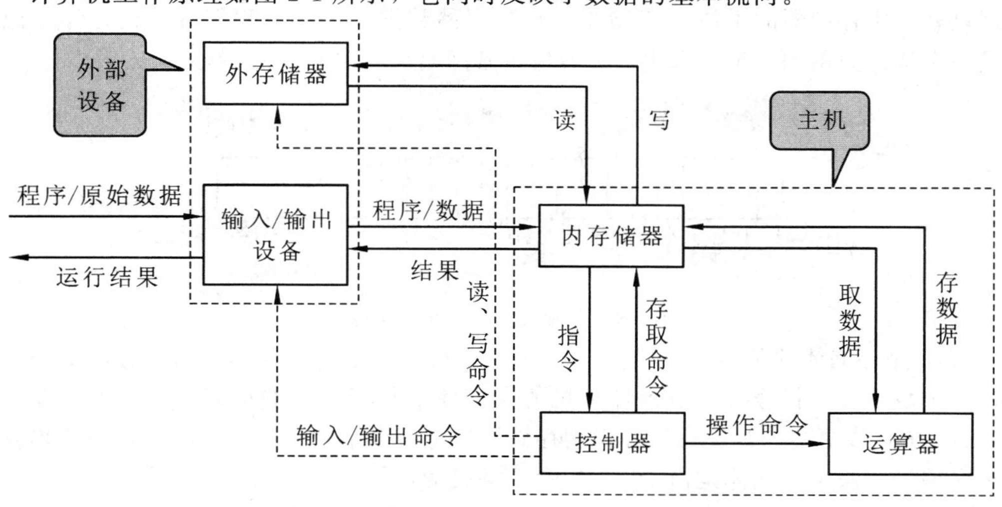

图2-1 计算机工作原理

由运算器、控制器、存储器、输入装置和输出装置五大部件组成计算机，每一部件分别按要求执行特定的基本功能。

2. 主存储器

存储器(Memory Unit)的主要功能是存储程序和各种数据信息，并能在计算机运行过程中高速、自动地完成程序或数据的存取。存储器是具有“记忆”功能的设备，它用

具有两种稳定状态的物理器件来存储信息。这些器件也称为记忆元件。由于记忆元件只有两种稳定状态，因此在计算机中采用只有两个数码“0”和“1”的二进制来表示数据。记忆元件的两种稳定状态分别表示为“0”和“1”。日常使用的十进制数必须转换成等值的二进制数才能存入存储器中。计算机中处理的各种字符，例如英文字母、运算符号等，也要转换成二进制代码才能存储和操作。

存储器是由成千上万个“存储单元”构成的，每个存储单元存放一定位数(微机上为8位)的二进制数，每个存储单元都有唯一的编号，称为存储单元的地址。“存储单元”是基本的存储单位，不同的存储单元是用不同的地址来区分的，就好像居民区的一条街道上的住户是用不同的门牌号码来区分一样。

计算机采用按地址访问的方式到存储器中存数据和取数据，即在计算机程序中，每当需要访问数据时，要向存储器送去一个地址指出数据的位置，同时发出一个“存放”命令(伴以待存放的数据)，或者发出一个“取出”命令。这种按地址存取方式的特点是，只要知道了数据的地址就能直接存取。但也有缺点，即一个数据往往要占用多个存储单元，必须连续存取有关的存储单元才是一个完整的数据。

计算机在计算之前，程序和数据通过输入设备送入存储器，计算机开始工作之后，存储器还要为其他部件提供信息，也要保存中间结果和最终结果。因此，存储器的存数和取数的速度是计算机系统的一个非常重要的性能指标。

我们这里说的存储器是指内存储器，或主存储器，又简称为内存或主存。它的作用是存储和记忆现场待操作的信息，包括处理过程信息和数据信息。只有存储在主存储器里的信息才能直接被CPU存取。因此，即将要处理的信息必须首先“传输”到主存储器里来。主存储器的主体是存储体。它是存储数据的部件。我们可以把存储体想象成是一个构造简单的，组织有序的大容器，其间是一连串有序的“单元”。

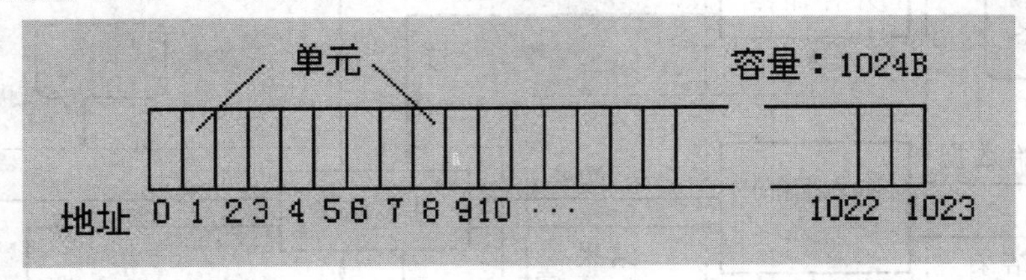

图 2-2　存储器的结构和单元地址

单元是存储体的基本组成单位。每一个单元只能存放一个单一的信息，如一个字母、一个数、一个符号等。一台计算机的存储体由相当数量的单元构成，如1024个、1048576个，或更多。为了标识和识别存储体的每一个个别的单元，就对每一个单元进行有序编号。假定存储体是由1024个单元组成的，第一个单元为“0”号单元、第二个单元为“1”号单元、…… 最后一个单元为“1023”号单元。我们把这些单元的编号称为单元的“地址”。因此，地址是标识和引用一个特定单元的唯一手段。现代计算机中把基本的存储单元称为“字节”，并以字节为单位进行计量，以“B”标志。故1024B表示1024个字节，1048576B表示1048576个字节。1024、1048576称为存储器的容量。因为1048576＝1024×1024，所以又把1048576B表示为(1024×1024)B。用K表示1024，则1048576B＝1024KB；又1024KB＝1KKB，把KK表示为M，故1048576B＝1MB，称为一兆字节。因此，在计算机领域中，计量存储器容量的单位有：B，KB，MB，

GB，TB 五个不同数量级的单位，它们的数量级关系列出如下：

$$1KB=1024B$$

$$1MB=1KKB=1024KB=1024^2B$$

$$1GB=1KMB=1024MB=1024^3B$$

$$1TB=1KGB=1024GB=1024^4B$$

从存储器中取出数据，或向存储器存入数据的活动称为对存储器的读/写操作。存储器的读/写具有这样的特点：从存储单元中“读出”信息时，存于其中的数据不变，称为读出时的“复制性”，或“不变性”；把数据“写入”存储单元中时，存于其中的原数据被写入的新数据替代，称为写入时的“替代性”，或“破坏性”。

按存储器在计算机中的功用、地位、工作方式和构成元器件的不同，同一台计算机中的内存储器可能有几种。根据内存的工作方式不同，内存有“随机存储器”(RAM：Random Access Memory)和“只读存储器”(ROM：Read-Only Memory)之分。随机存储器是对单元“可读/写”的，断电后信息立即丢失的存储器；只读存储器是对单元“只可读，不可写”的，断电后信息不丢失的存储器。根据功用和地位的不同，随机存储器又有高速缓冲存储器(Cache)和(主)存储器组成。高速缓冲存储器是使 CPU 能快速、直接存取信息的存储器，目的在于提高 CPU 的工作速度。相对于主存储器，高速缓冲存储器的存储容量很小，存取速度很快，成本价格很高；只用以存储正在运行的极小范围的那一部分信息，以提高整机的速度。

3. 运算器

运算器是对数据进行“算术运算”和“逻辑运算”的部件，故又简称为“数逻部件”(Arithmetical and Logical Unit)。运算器的主要功能是对数据进行各种运算。它在 CPU 的控制下对提供的分量进行指定的运算或操作，产生结果，并暂存于其中。这些运算除了常规的加、减、乘、除等基本的算术运算之外，还包括能进行“逻辑判断”的逻辑处理能力，即“与”、“或”、“非”这样的基本逻辑运算以及数据的比较、移位等操作。

4. 控制器

控制器(Control Unit)是统一指挥并控制计算机各部件协调工作的中心部件。这种指挥和控制的依据是指令，即是向计算机发出的执行某种操作的命令。也就是说计算机的工作由指令所控制；而指令是人发送到计算机中去的。为了完成某个特定的完整的处理任务，用一组指令表示出处理算法的全部过程和步骤，并输入、存储在计算机系统中，再由控制器自动地根据这些指令逐条指挥和控制计算机进行工作，最后完成预定的任务。控制器是整个计算机系统的控制中心，它指挥计算机各部分协调地工作，保证计算机按照预先规定的目标和步骤有条不紊地进行操作及处理。

控制器从存储器中逐条取出指令，分析每条指令规定的是什么操作以及所需数据的存放位置等，然后根据分析的结果向计算机其他部分发出控制信号，统一指挥整个计算机完成指令所规定的操作。因此，计算机自动工作的过程，实际上是自动执行程序的过程，而程序中的每条指令都是由控制器来分析执行的，它是计算机实现“程序控制”的主要部件。

通常把控制器与运算器合称为中央处理器(Central Processing Unit，CPU)。工业

生产中总是采用最先进的超大规模集成电路技术来制造中央处理器，即 CPU 芯片。它是计算机的核心部件。它的性能，主要是工作速度和计算精度，对机器的整体性能有全面的影响。

5. 输入设备

输入设备(Input device)：是外界向计算机系统内输送信息的设备。不同输入设备用于不同媒体信息的输入。例如，键盘用于字符信息的输入，扫描仪用于图形信息的输入等等。用来向计算机输入各种原始数据和程序的设备叫输入设备。输入设备把各种形式的信息，如数字、文字、图像等转换为数字形式的“编码”，即计算机能够识别的用 1 和 0 表示的二进制代码(实际上是电信号)，并把它们“输入”(Input)到计算机内存储起来。常用的输入设备还有鼠标、图形输入板、视频摄像机等。

6. 输出设备

输出设备(Output device)：从计算机输出各类数据的设备叫做输出设备。输出设备把计算机加工处理的结果(仍然是数字形式的编码)变换为人或其他设备所能接收和识别的信息形式如文字、数字、图形、声音、电压等。常用的输出设备有显示器、打印机、绘图仪、音箱等。

通常把输入设备和输出设备合称为 I/O 设备(输入/输出设备)。

7. 外存储设备

外存储设备是既能向计算机系统输送信息，又可以接受计算机系统向外界输送信息的设备。常见的有磁盘(硬盘、软盘)、磁带、光盘等。输入/输出设备的作用主要是存储信息，因此，也是一种存储器，通常称为外存储器，或辅助存储器，又简称外存或辅存。外存与内存有很大的区别：

一是不能由 CPU 直接从中读/写信息。外存只作为档案信息“长时间”的存储。因此，将对当前不需处理的信息就从内存输出到外存上，如硬盘或软盘上保存，这就是输出。当要对外存中的某些信息处理时，就将这些信息从外存输入到内存去，这就是输入。也就是说，外存既是输入设备，同时也是输出设备。

二是外存储器可以有很大的容量，可以存储大量的档案信息。犹如一个大仓库。而且外存的容量可以随时任意地扩充。可以认为外存的容量是“无穷大”的。

三是外存成本价格便宜。

四是其存取速度比内存慢。

我们把输入设备、输出设备和输入/输出设备统称为外部设备，或简称为外设。

任务 2.1　了解计算机的工作原理

【任务说明】

从冯·诺依曼结构入手了解计算机的基本工作原理。

【任务目标】

在人们的生活中，计算机表现出越来越重要的工作能力。那么，计算机是如何工作的呢？它的工作原理是如何确定的呢？在本节中我们将学习计算机的基本工作原理。

【任务分析】

1. 计算机的组成

计算机是信息技术的核心，利用计算机可以高效地处理和加工信息，随着计算机技术的发展，计算机的功能越来越强大，不但能够处理数值信息，而且还能处理各种文字、图形、图像、动画、声音等非数值信息。计算机之所以具有极其广泛的用途，与它巧妙的结构和设计有密切的关系。

2. 工作原理

1945 年，著名数学家冯·诺依曼提出了存储程序的设计思想，至今仍然采用冯·诺依曼结构。冯·诺依曼将计算机分成五大基本部分：输入设备、存储设备、运算器、控制器和输出设备。工作原理如图 2-3 所示。

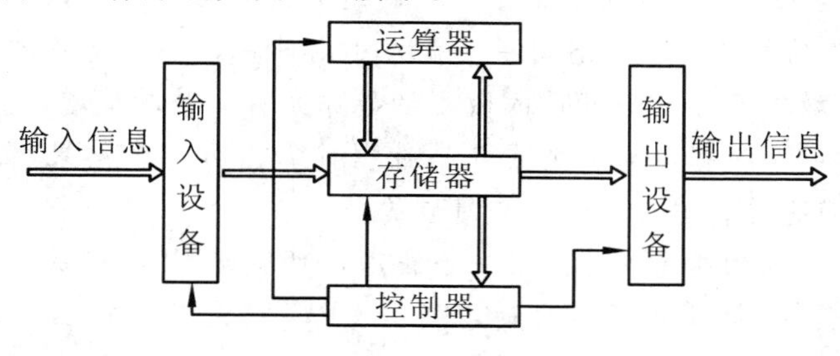

图 2-3　计算机工作原理

图中双线箭头线表示数据信息的流动和流向，单箭头线表示控制信息的流动和流向。可见，控制器在计算机中是一个控制中心。控制器使用的一个工具是运算器。它的任务是完成“运算”。两者构成一个整体，称为“处理器”，即通常称为的 CPU（Central Processing Unit ）。把 CPU 和主存储器（或称内存储器）集合在一起称为“主机”。相对于主机，我们把输入设备、输出设备和输入/输出设备集合在一起称为“外部设备”，简称“外设”。输入/输出设备又称为辅助存储器，或外存储器。计算机组成元素的组合如图 2-4 所示。

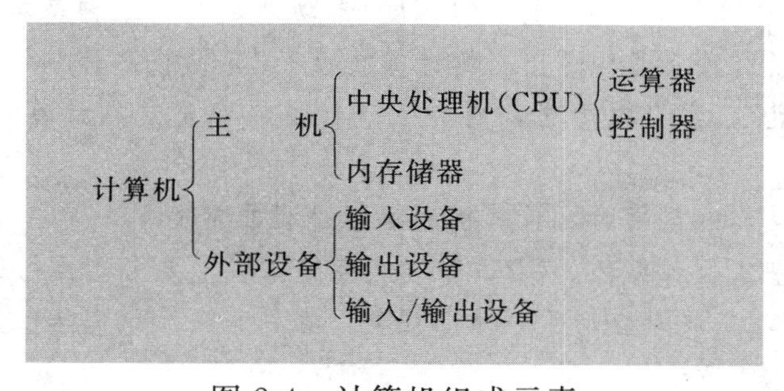

图 2-4　计算机组成元素

上面的结构，统称为计算机硬件系统。CPU 是计算机的核心部件，它承担所有的操作；主存储器是计算机的记忆部分，存储需要立即处理的信息；外部设备是计算机与外界联系的通道和大量档案信息的“永久性”保存装置。

【能力拓展】

计算机工作原理

“计算机”意味着这是一种能够做计算的机器。计算机能够完成的基本动作不过就是数的加、减、乘、除一类非常简单的计算动作。但是，当它在程序的指挥下，以电子的速度，在一瞬间完成了数以万亿计的基本动作时，就可能完成了某种重大的事情。我们在计算机的外部看到的是这些动作的综合效果。从这个意义上看，计算机本身并没有多少了不起的东西，唯一了不起的就是它能按照指挥行事，做得快。

计算机的核心处理部件是CPU(Central Processing Unit，中央处理器)。目前各类计算机的CPU都是采用半导体集成电路技术制造的，它虽然不大，但其内部结构却极端复杂。CPU的基础材料是一块不到指甲盖大小的硅片，通过复杂的工艺，人们在这样的硅片上制造了数以百万、千万计的微小半导体元件。从功能看，CPU能够执行一组操作，例如取得一个数据，由一个或几个数据计算出另一个结果(如做加、减、乘、除等)，送出一个数据等。与每个动作相对应的是一条指令，CPU接收到一条指令就去做对应的动作。一系列的指令就形成了一个程序，可能使CPU完成一系动作，从而完成一件复杂的工作。在计算机诞生之时，指挥CPU完成工作的程序还放在计算机之外，通常表现为一叠打了孔的卡片。计算机在工作中自动地一张张读卡片，读一张就去完成一个动作。实际读卡片的事由一台读卡机完成(有趣的是，IBM就是制造读卡机起家的)。采用这种方式，计算机的工作速度必然要受到机械式读卡机的限制，不可能很快。美国数学家冯·诺依曼最早看到问题的症结，据此提出了著名的“存储程序控制原理”，从而导致现代意义上的计算机诞生了。

计算机的中心部件，除了CPU之外，最主要是一个内部存储器。在计算机诞生之时，这个存储器只是为了保存正在被处理的数据，CPU在执行指令时到存储器里把有关的数据提取出来，再把计算得到的结果存回到存储器去。冯·诺依曼提出的新方案是：应该把程序也存储在存储器里，让CPU自己负责从存储器里提取指令，执行指令，循环式地执行这两个动作。这样，计算机在执行程序的过程中，就可以完全摆脱外界的拖累，以自己可能的速度(电子的速度)自动地运行。这种基本思想就是“存储程序控制原理”，按照这种原理构造出来的计算机就是“存储程序控制计算机”，也被称做“冯·诺依曼计算机”。到目前为止，所有主流计算机都是这种计算机，这里讨论的也都是这种计算机。

从CPU抽象动作的层次看，计算机的执行过程非常简单，是一个两步动作的简单循环，称为CPU基本执行循环。CPU每次从存储器取出要求它执行的下一条指令，然后就按照这条指令，完成对应动作，循环往复，直到程序执行完毕(遇到一条要求CPU停止工作的指令)，或者永无休止地工作下去。

CPU是一个绝对听话、服从指挥的服务生，它每时每刻都绝对按照命令行事，程序叫它做什么，它就做什么。一方面，CPU能完成的基本动作并不多，通常一个CPU能够执行的指令大约有几十种到一二百种。另一方面，实际社会各个领域里，社会生活的各个方面需要应用计算机情况则是千差万别、错综复杂。这样简单的计算机如何能应付如此缤纷繁杂的社会需求呢？答案实际上很简单：程序。通过不同指令的各种适当排列，人可以写出的程序数目是没有穷尽的。这就像英文字母只有26个，而用英文写的书信、文章、诗歌、剧作、小说却可以无穷的多一样。计算机从原理上看并不复杂，正是五彩缤纷的程序使计算机能够满足社会的无穷无尽的需求。

计算机的这种工作原理带来两方面的效果。一方面，计算机具有通用性，一种(或者不多的几种)计算机就能够满足整个社会的需求，这使得人们可以采用大工业生产的方式进行生产，提高生产效率，增强计算机性能，降低成本。这使得计算机变得越来越便宜，与此同时性能却越来越强；另一方面，通过运行不同的程序，不同的计算机，或者同一台计算机在不同的时刻可以表现为不同的专用信息处理机器，例如计算器、文字处理器、记事本、资料信息浏览检索机器、账本处理机器、设计图版、游戏机等等。甚至同一台计算机在一个时刻同时表现为多种不同的信息处理机器(只要在这台计算机中同时运行着多个不同的程序)。正是这种通用性和专用性的完美统一，使得计算机成为人类走向信息时代过程中最锐利的一件武器。

2.2 微机硬件组成

【知识储备】

1. 基本配置

计算机系统由主机、显示器、键盘、鼠标组成。具有多媒体功能的计算机配有音箱和话筒、游戏操纵杆等。除此之外，计算机还可以外接打印机、扫描仪、数码相机等设备。

2. 主机箱与外部设备的连接

我们首先来认识一下主机箱背面的插槽。各种机箱三个区域安排的位置大同小异，一般是电源接口和板卡接口分别在上下(立式机箱)或左右(卧式机箱)两端，串并口在中间位置。连接计算机各部分设备的电缆两端各有两个接头，分别与机箱和设备连接。各接头对应的接口是唯一的，不正确的接头插不进去。

(1) 将键盘插头插入机箱背面串并口区的键盘插口。

(2) 将鼠标插头插入机箱背面串并口区的鼠标插口。

(3) 将显示器的电源线一端与显示器相连，一端连到机箱背面电源区的显示器电源插口，或者直接接到电源上(显示器电源与主机相连，打开主机，显示器同时被打开；显示器直接接电源，则须单独按下显示器开关才能打开显示器)。

(4) 将显示器的数据线连接到机箱背面的显卡接口。

(5) 将音箱插头连接到声卡露出的SPEAKER插头上。

(6) 如果有打印机，根据打印机类型，将其接头连到并口LPT1或串口COM1上。

(7) 将主机电源线一头连到机箱电源插口上，另一头接电源。

至此连接完毕。

3. 认识机箱内部主要部件

计算机之所以能够具有如此强大的数据处理能力，是因为主机箱内的重要部件忠

实的各司其职。想认识一下这些功臣吗？用螺丝刀拧下机箱壳上的螺钉，轻轻的取下机箱壳，就可以看见计算机的庐山真面目了。机箱中有电源 、硬盘、中央处理器、磁盘和光盘驱动器、各种板卡、一块插满了电子元件的电路板——主板及带状的导线，叫做数据线。

4. 认识常见的接口

目前所有的主板都把 IDE 接口、软驱接口、串行口、并行口集成到主板上，另外有些主板还内置了声卡、显示卡、SCSI 接口的功能，如图 2-5 所示。

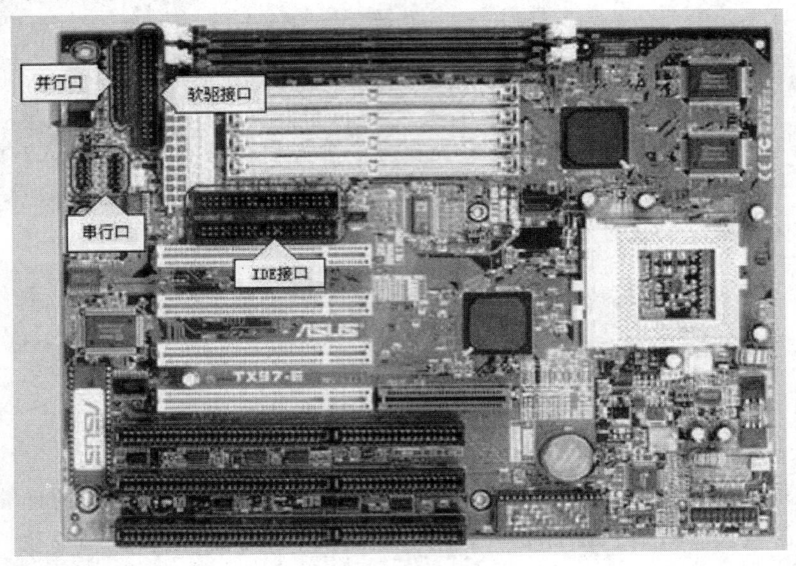

图 2-5　主板的不同接口

(1)USB 接口。

USB 接口(见图 2-6)，也叫做通用串行总线，它是新一代的多媒体计算机的外设接口。使用新的、通用标准连接器，在计算机上添加设备时不必再打开机箱，安装板卡，甚至都不必重新启动，就可以使用新的设备，USB 使你的计算机更易使用。

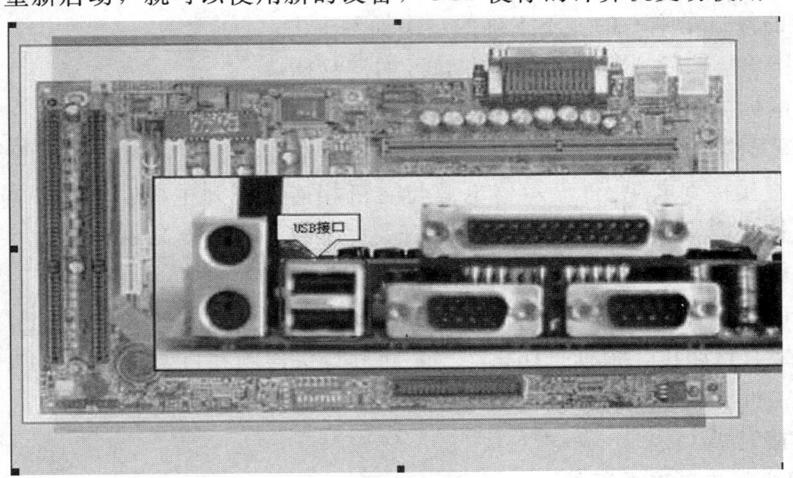

图 2-6　USB 接口

一个 USB 最多可以连接 127 个设备。USB 接口提供了极高的传输速度，如果我们使用 USB 的鼠标或者键盘之类等不需要高速的设备时，它就采用 1.5Mbps 的传输速率。如果使用 USB 的 MODEM，音箱、打印机等需要高速传输数据的设备时，则采用 12Mbps 的同步传输速率。

(2)AGP 接口。

AGP 接口叫做图形加速接口(见图 2-7)，是 Intel 公司推出的新一代图形显示卡专用数据通道，它只能安装 AGP 的显示卡。它将显示卡同主板内存芯片组直接相连，大幅提高了计算机对 3D 图形的处理速度，信号的传送速率可以提高到 533MB/s。AGP 的工作频率为 66.6MHz，是现行 PCI 总线的一倍。

AGP 显示卡和内存之间有一条高速的通道，它要直接使用系统内存来处理图像数据，不过宝贵的系统内存就会被占用了。现在的 SLOT1 主板、SUPER 7 主板都提供了 AGP 接口。

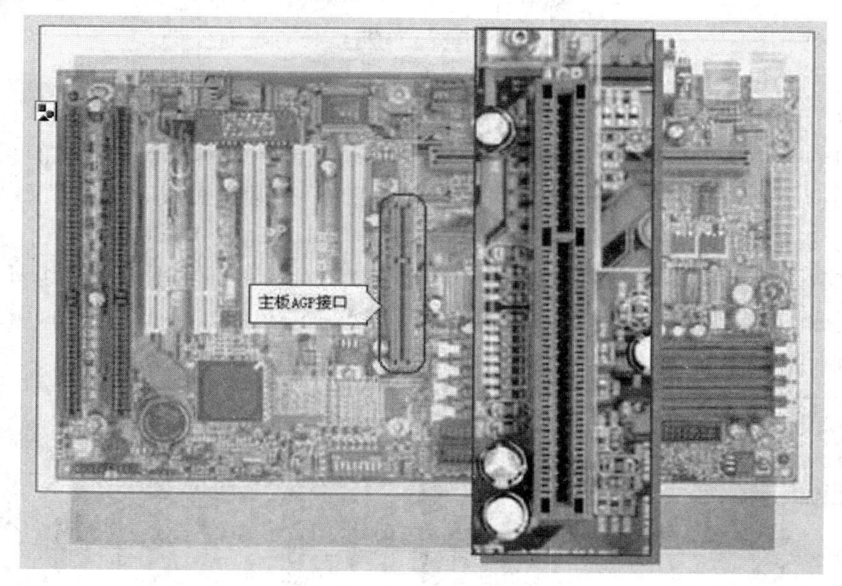

图 2-7　AGP 接口

5. 认识总线

任意一个微处理器都要与一定数量的部件和外围设备连接，但如果将各部件和每一种外围设备分别用一组线路与 CPU 直接连接，那么连线将会错综复杂，甚至难以实现。为了简化硬件电路设计、简化系统结构，常用一组线路，配置以适当的接口线路，与各部件和外围设备连接，这组共用的连接线路被称为总线。

简单介绍两类常用的系统总线。

(1)ISA 总线。

ISA(Industrial Standard Architecture)总线标准是 IBM 公司 1984 年为推出 PC/AT 机而建立的系统总线标准，所以也叫 AT 总线(见图 2-8)。它是对 XT 总线的扩展，以适应 8/16 位数据总线要求。它在 80286 至 80486 时代应用非常广泛，以至于现在奔腾机中还保留有 ISA 总线插槽。ISA 总线有 98 只引脚。

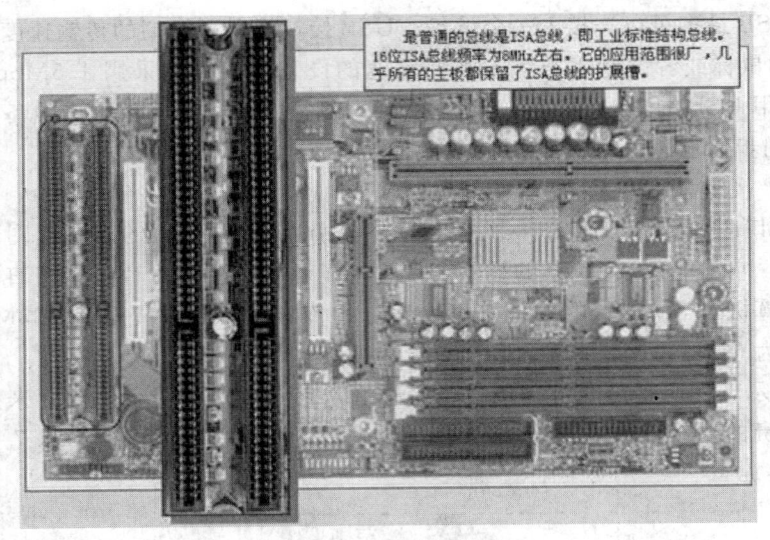

图 2-8　ISA 总线

(2)PCI 总线。

PCI(Peripheral Component Interconnect)总线(见图 2-9)是当前最流行的总线之一，它是由 Intel 公司推出的一种局部总线。它定义了 32 位数据总线，且可扩展为 64 位。PCI 总线主板插槽的体积比原 ISA 总线插槽还小，其功能比 VESA、ISA 有极大的改善，支持突发读/写操作，最大传输速率可达 132MB/s，可同时支持多组外围设备。PCI 局部总线不能兼容现有的 ISA、EISA、MCA(Micro Channel Architecture)总线，但它不受制于处理器，是基于奔腾等新一代微处理器而发展的总线。

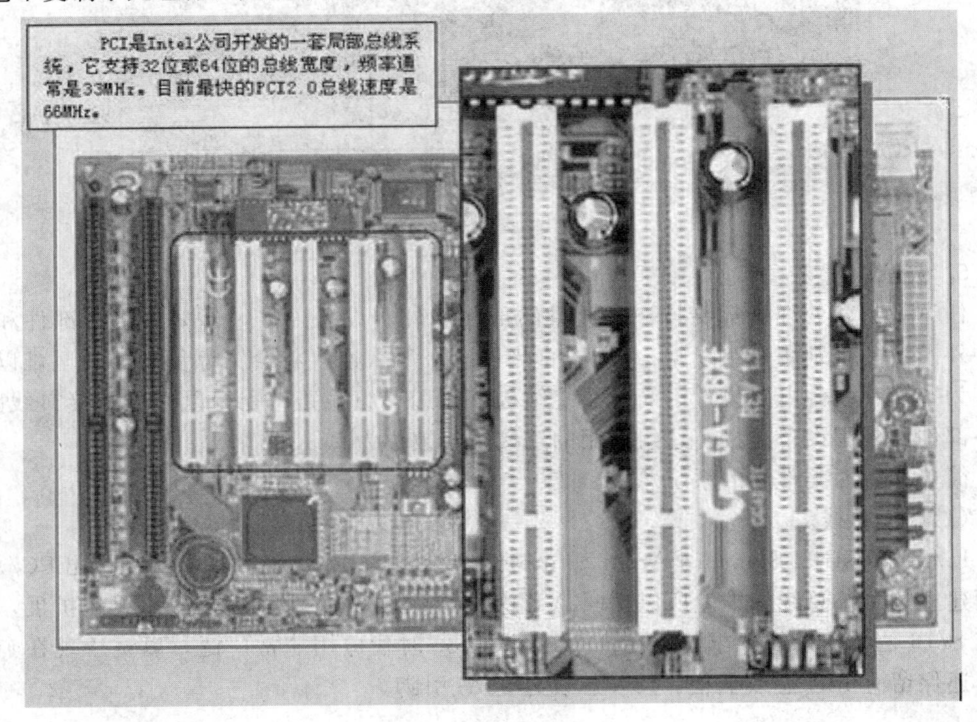

图 2-9　PCI 总线

同一类型的连接槽都是相通的，所以板卡可以插入其中任何一个槽中。

6. 微处理器

把计算机的运算器和控制器做在同一个电路芯片上构成的电路。

(1)单片微计算机。

把CPU、存储器和输入/输出电路都做在一块硅片上的计算机。

(2)单板微计算机。

把CPU、存储器和输入/输出电路都放在一块印制电路板上的计算机。

图2-10描述了微处理器、微计算机和微计算机系统三者之间的关系：

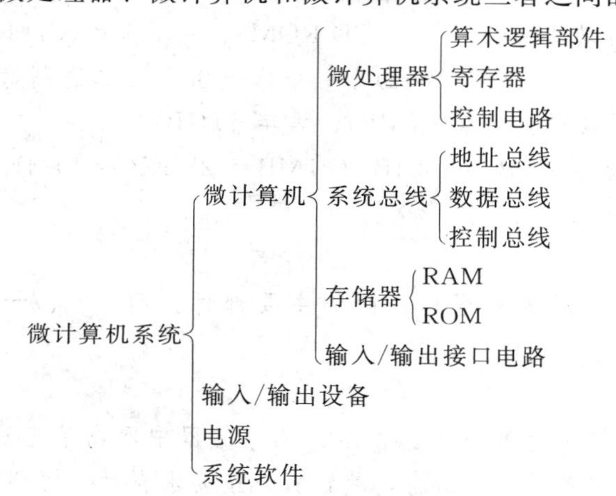

图2-10　微处理器、微计算机和微计算机系统三者之间的关系

任务2.2　动手查看并连接计算机的各个部件

【任务说明】

你可能刚刚买来一部引以为豪的计算机，可面对各个部件却束手无策。这一部分就教你如何把计算机的各个部分连接起来。

【任务目标】

根据已经掌握的微机硬件组成知识将各个部分准确无误地连接起来，并且保证连接好的计算机能够正常使用。

【能力拓展】

根据上面的学习，我们知道计算机的硬件系统是由输入设备、存储设备、运算器、控制器和输出设备组成，下面通过图示学习计算机的硬件设备。

计算机硬件系统：指构成计算机的所有物理部件的集合。从外观上看，由主机、输入和输出设备组成。根据冯·诺依曼原理，将计算机分成输入设备、存储设备、运算器、控制器和输出设备。

1. 输入设备

使计算机从外部获得信息的设备，包括文字、图像、声音等信息。常用的输入设备有键盘、鼠标、扫描仪、话筒、手写汉字输入设备，数码相机、触摸屏等。

2. 输出设备

计算机中把信息处理的结果以人们能够识别的形式表现出来的设备。常用的输出设备有显示器、打印机、绘图仪。

3. 存储器

计算机的记忆和存储部件，用来存放信息。存储器分为内存和外存。

内存：存储程序和数据，又可分为只读存储器(ROM)和随机存储器(RAM)。

外存：长期存储程序和数据，容量大。主要有三种：软盘、硬盘和光盘。硬盘是一种硬质圆形磁表面存储媒体，不但存储量大，而且速度快，是目前计算机主要的存储设备。按光盘读/写功能来分：只读(CD-ROM)、一写多读(CD-R)和可擦型光盘。

存储容量：基本单位是字节(Byte)，一个字节由 8 位二进制数(bit)组成。为了表示方便，还有千字节(KB)、兆字节(MB)、吉字节(GB)。

换算关系：$1KB = 2^{10} B = 1024B$ $1MB = 2^{10} KB = 1024KB$ $1GB = 2^{10} MB = 1024MB$

4. 运算器

是计算机实施算术运算和逻辑判断的主要部件。例：+、-、×、÷、<、>、=、≠等。

5. 控制器

指挥、控制计算机运行的中心。作用：从存储器中取出信息进行分析，根据指令向计算机各个部分发出各种控制信息，使计算机按要求自动、协调地完成任务。

说明：中央处理器(CPU)是运算器和控制器的合称，是微型计算机的核心，习惯上用 CPU 型号来表示计算机的档次。例：80286、386、486、Pentium、PⅡ、PⅢ、P4。

计算机仅有硬件还不能进行信息处理，必须有为计算机编制的各种程序。程序、数据和有关文档资料称为软件。

2.3 微机软件系统

【知识储备】

1. 软件分类

软件是程序、数据和有关文档资料的总称，包括系统软件和应用软件。为了方便地使用机器及其输入/输出设备，充分发挥计算机系统的效率，围绕计算机系统本身开发的程序系统叫做系统软件。如我们使用的操作系统(常用的有 DOS、Windows 操作系统、UNIX 等)、语言编译程序、数据库管理软件。操作系统是系统软件中最基础的部分，是用户和裸机之间的接口，其作用是使用户更方便地使用计算机，以提高计算机的利用率，它主要完成以下四个方面的工作：对存储进行管理和调度、对 CPU 进行管进和调度、对输入/输出设备进行管理、对文件系统及数据库进行管理。目前个人计算机上比较流行的操作系统为 Windows 操作系统；应用软件是专门为了某种使用目的而编写的程序系统，常用的有文字处理软件，如 WPS 和 Word；专用的财务软件、人事管理软件；计算机辅助软件，如 AutoCAD；绘图软件，如 3DS 等。

(1)系统软件。

根据功能又可分为操作系统(OS)、各种语言处理程序和数据库管理系统。

操作系统：是系统软件中最基础的部分，是用户和裸机之间的接口，其作用是管理计算机的软硬件资源，使用户更方便地使用计算机，以提高计算机的利用率。主要的操作系统有 DOS、Windows、UNIX、Linux。

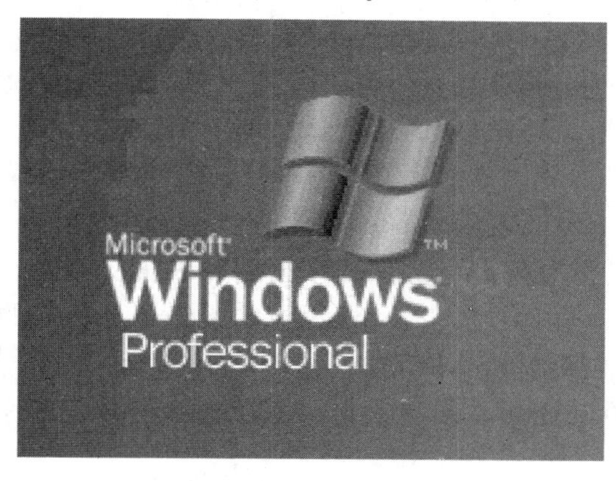

图 2-11　Windows 操作系统

各种程序语言的翻译程序：程序语言和编译系统的主要目标是研究开发容易编写、表达能力好和便于产生高效的目标程序和程序语言，以便于使用的编译系统。如 Visual Basic、Borland C＋＋、Borland Fortran、Turbor Pascal 等。

数据库管理系统：管理大量数据。如 Access 和 Visual foxpro。

(2)应用软件。

是为某一应用目的而编制的软件。计算机辅助教学软件、计算机辅助设计软件、文字处理软件、信息管理软件、自动化控制软件等。

应用程序是指为了完成某项或某几项特定任务而被开发运行于操作系统之上的计算机程序。应用程序与应用软件的概念不同。软件指程序与其相关文档或其他从属物的集合。一般地，我们视程序为软件的一个组成部分。

例如：一个游戏软件包括程序(＊.exe)和其他图片(＊.bmp 等)、音效(＊.wav 等)等附件，那么这个程序(＊.exe)称作“应用程序”，而它与其他文件(图片、音效等)在一起合称“软件”。

2. 操作系统

(1)概述。

操作系统(Operating System，OS)是一个管理电脑硬件与软件资源的程序，同时也是计算机系统的内核与基石。操作系统是一个庞大的管理控制程序，大致包括 5 个方面的管理功能：进程与处理机管理、作业管理、存储管理、设备管理、文件管理。目前微机上常见的操作系统有 DOS、OS/2、UNIX、XENIX、Linux、Windows、Netware 等。

操作系统是控制其他程序运行，管理系统资源并为用户提供操作界面的系统软件的集合。操作系统身负诸如管理与配置内存、决定系统资源供需的优先次序、控制输

入与输出设备、操作网络与管理文件系统等基本事务。操作系统是管理计算机系统的全部硬件资源包括软件资源及数据资源；控制程序运行；改善人机界面；为其他应用软件提供支持等，使计算机系统所有资源最大限度地发挥作用，为用户提供方便的、有效的、友善的服务界面。所有的操作系统具有并发性、共享性、虚拟性和不确定性四个基本特征。操作系统的形态非常多样，不同机器安装的OS可从简单到复杂，可从手机的嵌入式系统到超级计算机的大型操作系统。许多操作系统制造者对OS的定义也不大一致，例如有些OS集成了图形用户界面，而有些OS仅使用文本接口，而将图形界面视为一种非必要的应用程序。

操作系统理论在计算机科学中为历史悠久而又活跃的分支，而操作系统的设计与实现则是软件工业的基础与内核。

(2)功能。

操作系统的主要功能是资源管理、程序控制和人机交互等。计算机系统的资源可分为设备资源和信息资源两大类。设备资源指的是组成计算机的硬件设备，如中央处理器、主存储器、磁盘存储器、打印机、磁带存储器、显示器、键盘输入设备和鼠标等。信息资源指的是存放于计算机内的各种数据，如文件、程序库、知识库、系统软件和应用软件等。

(3)分类。

目前的操作系统种类繁多，很难用单一标准统一分类。

根据应用领域来划分，可分为桌面操作系统、服务器操作系统、主机操作系统、嵌入式操作系统；

根据所支持的用户数目，可分为单用户(MSDOS、OS/2)、多用户系统(UNIX、MVS、Windows)；

根据源码开放程度，可分为开源操作系统(Linux、Chrome OS)和不开源操作系统(Windows、Mac OS)；

根据硬件结构，可分为网络操作系统(Netware、Windows NT、OS/2 warp)、分布式系统(Amoeba)、多媒体系统(Amiga)；

根据操作系统的使用环境和对作业处理方式来考虑，可分为批处理系统(MVX、DOS/VSE)、分时系统(Linux、UNIX、XENIX、Mac OS)、实时系统(iEMX、VRTX、RTOS，RT Windows)；

根据操作系统的技术复杂程度，可分为简单操作系统、智能操作系统(见智能软件)。所谓的简单操作系统，指的是计算机初期所配置的操作系统，如IBM公司的磁盘操作系统DOS/360和微型计算机的操作系统CP/M等。这类操作系统的功能主要是操作命令的执行，文件服务，支持高级程序设计语言编译程序和控制外部设备等。

下面介绍一下操作系统的五大类型：批处理操作系统、分时操作系统、实时操作系统、网络操作系统、分布式操作系统。

①批处理操作系统。

批处理(Batch Processing)操作系统的工作方式是：用户将作业交给系统操作员，系统操作员将许多用户的作业组成一批作业，之后输入到计算机中，在系统中形成一个自动转接的连续的作业流，然后启动操作系统，系统自动、依次执行每个作业。最后由操作员将作业结果交给用户。

批处理操作系统的特点是：多道和成批处理。

②分时操作系统。

分时(Time Sharing)操作系统的工作方式是：一台主机连接了若干个终端，每个终端有一个用户在使用。用户交互式地向系统提出命令请求，系统接受每个用户的命令，采用时间片轮转方式处理服务请求，并通过交互方式在终端上向用户显示结果。用户根据上步结果发出下道命令。分时操作系统将CPU的时间划分成若干个片段，称为时间片。操作系统以时间片为单位，轮流为每个终端用户服务。每个用户轮流使用一个时间片而使每个用户并不感到有别的用户存在。分时系统具有多路性、交互性、“独占”性和及时性的特征。多路性是指，同时有多个用户使用一台计算机，宏观上看是多个人同时使用一个CPU，微观上是多个人在不同时刻轮流使用CPU。交互性是指，用户根据系统响应结果进一步提出新请求(用户直接干预每一步)。“独占”性是指，用户感觉不到计算机为其他人服务，就像整个系统为他所独占。及时性是指，系统对用户提出的请求及时响应。它支持位于不同终端的多个用户同时使用一台计算机，彼此独立互不干扰，用户感到好像一台计算机全为他所用。

常见的通用操作系统是分时系统与批处理系统的结合。其原则是：分时优先，批处理在后。“前台”响应需频繁交互的作业，如终端的要求；“后台”处理时间性要求不强的作业。

③实时操作系统。

实时操作系统(Real Time Operating System，RTOS)是指使计算机能及时响应外部事件的请求，在规定的严格时间内完成对该事件的处理，并控制所有实时设备和实时任务协调一致地工作的操作系统。实时操作系统要追求的目标是：对外部请求在严格时间范围内做出反应，有高可靠性和完整性。其主要特点是资源的分配和调度首先要考虑实时性然后才是效率。此外，实时操作系统应有较强的容错能力。

④网络操作系统。

网络操作系统是基于计算机网络的，是在各种计算机操作系统上按网络体系结构协议标准开发的软件，包括网络管理、通信、安全、资源共享和各种网络应用。其目标是相互通信及资源共享。在其支持下，网络中的各台计算机能互相通信和共享资源。其主要特点是与网络的硬件相结合来完成网络的通信任务。

⑤分布式操作系统。

它是为分布计算系统配置的操作系统。大量的计算机通过网络被连接在一起，可以获得极高的运算能力及广泛的数据共享。这种系统被称作分布式系统(Distributed System)。它在资源管理，通信控制和操作系统的结构等方面都与其他操作系统有较大的区别。由于分布计算机系统的资源分布于系统的不同计算机上，操作系统对用户的资源需求不能像一般的操作系统那样等待有资源时直接分配的简单做法而是要在系统的各台计算机上搜索，找到所需资源后才可进行分配。对于有些资源，如具有多个副本的文件，还必须考虑一致性。所谓一致性是指若干个用户对同一个文件所同时读出的数据是一致的。为了保证一致性，操作系统须控制文件的读/写操作，使得多个用户可同时读一个文件，而任一时刻最多只能有一个用户在修改文件。分布操作系统的通

信功能类似于网络操作系统。由于分布计算机系统不像网络分布得很广，同时分布操作系统还要支持并行处理，因此它提供的通信机制和网络操作系统提供的有所不同，它要求通信速度高。分布操作系统的结构也不同于其他操作系统，它分布于系统的各台计算机上，能并行地处理用户的各种需求，有较强的容错能力。

3. 语言处理系统

(1)概述。

语言处理系统是对软件语言进行处理的程序子系统。除了机器语言外，其他用任何软件语言书写的程序都不能直接在计算机上执行，都需要对它们进行适当的处理。语言处理系统的作用是把用软件语言书写的各种程序处理成可在计算机上执行的程序，或最终的计算结果，或其他中间形式。

不同级别的软件语言有不同的处理方法和处理过程。关于需求级、功能级、设计级和文档级软件语言的处理方法和处理过程是软件语言、软件工具和软件开发环境的重要研究内容之一。关于实现级语言即程序设计语言的处理方法和处理过程发展较早，技术较为成熟，其处理系统是基本软件系统之一。这里，语言处理系统仅针对程序设计语言的处理而言。关于需求级、功能级、设计级和文档级语言的处理请参见需求定义语言、功能定义语言、设计性语言、软件过程和软件工具。

程序设计语言处理系统随被处理的语言及其处理方法和处理过程的不同而异。不过，任何一个语言处理系统通常都包含有一个翻译程序，它把一种语言的程序翻译成等价的另一种语言的程序。被翻译的语言和程序分别称为源语言和源程序，翻译生成的语言和程序分别称为目标语言和目标程序。按照不同的源语言、目标语言和翻译处理方法，可把翻译程序分成若干种类。从汇编语言到机器语言的翻译程序称为汇编程序，从高级语言到机器语言或汇编语言的翻译程序称为编译程序。按源程序中指令或语句的动态执行顺序，逐条翻译并立即解释执行相应功能的处理程序称为解释程序。除了翻译程序外，语言处理系统通常还包括正文编辑程序、宏加工程序、连接编辑程序和装入程序等。

(2)分类。

按照处理方法，语言处理系统可分为编译型、解释型和混合型三类。

编译型语言处理系统是采用编译方法的语言处理系统。解释型语言处理系统是采用解释方法的语言处理系统。混合型语言处理系统是兼有编译和解释两种方法的语言处理系统。

多数高级语言都有一些不能在编译时刻确定而要到运行时刻才能确定的特性。因此，与这些特征相关联的语言成分等价的目标代码在编译时刻不能全部生成，需要到运行时才能全部生成。这些语言成分只能采用解释方法处理。多数解释程序都是先对源程序进行处理，把它转换成某种中间形式，然后对中间形式的代码进行解释，而不是直接对源程序进行解释。这就是说，多数高级语言处理系统既非纯编译型，也非纯解释型，而是编译和解释混合型。

(3)基本内容。

程序设计语言处理系统主要包括正文编辑程序、宏加工程序、编译程序、汇编程序、解释程序、连接编辑程序、装入程序、编译程序的编译程序、自编译程序、交叉编译程序和并行编译程序等。

正文编辑程序用于创建和修改源程序正文文件。一个源程序正文可以编辑成一个文件，也可以分成多个模块，编辑成若干个文件。用户可以使用各种编辑命令通过键盘、鼠标等输入设备输入要编辑的元素或选择要编辑的文件，正文编辑程序根据用户的编辑命令来创建正文文件，或对文件进行各种删除、修改、移动、复制及打印等操作。

宏加工程序把源程序中的宏指令扩展成等价的预先定义的指令序列。对源程序进行编译之前应先对源程序进行宏加工。

编译程序把用高级语言书写的程序翻译成等价的机器语言程序或汇编语言程序。变异过程可分为分析和综合两个部分。分析部分包括词法分析、语法分析和语义分析三步。分析的目的是检察源程序的语法和语义的正确性，并建立符号表、常数表和中间语言程序等数据对象。综合的目的是为源程序中的常数、变量、数组等各种数据对象分配存储空间，并将分析的结果综合成可高效运行的目标程序。汇编程序把用汇编语言书写的程序翻译成等价的机器语言程序。

解释程序按源程序中语句的动态执行顺序，从头开始，翻译一句，执行一句，再翻译一句，再执行一句，直至程序执行终止。和编译方法根本不同的是，解释方法是边翻译边执行，翻译和执行是交叉在一起的，而编译方法却把翻译和执行截然分开，先把源程序翻译成等价的机器语言程序，这段时间称为编译时刻，然后再执行翻译成的目标程序，这段时间称为运行时刻。正因为解释程序是边翻译边执行，所以要把源程序及其所处理的数据一起交给解释程序进行处理。

编译方法和解释方法各有优缺点。编译方法的最大优点是执行效率高，缺点是运行时不能与用户进行交互，因此比较适用于些规模较大或运行时间较长或要求运行效率较高的程序的语言，更适用于写机器或系统软件和支撑软件的语言。解释方法的优点是解释执行时能方便的实现与用户进行交互，缺点是执行效率低，因此比较适用于交互式语言。

连接编辑程序将多个分别编译或汇编过的目标程序段组合成一个完整的目标程序。组合成的目标程序可以是能直接执行的二进制程序，也可以是要再定位的二进制程序。

装入程序将保存在外存介质上的目标程序以适于执行的形式装入内存并启动执行。

编译程序的编译程序是产生编译程序的编译程序。它接受用某种适当的表示体系描述的某一语言类中任意语言 A 的词法规则、语法规则、语义规则和(或)代码生规则，并从这些描述产生出用目标语言 B 写的关于语言 A 的全部或部分编译程序。这样便可显著提高编译程序的开发效率。

自编译程序是用被编译的语言即源语言自身来书写的编译程序。利用自编译技术，可以从一具有自编译能力的语言 L 的一个足够小的子集 L0 的编译程序出发，逐步构造出 L 的编译程序，也可从 L 的未优化的编译程序出发，构造优化的编译程序。

交叉编译程序是一种编译程序，它自身在甲机器上运行，生成的目标代码是乙机器的代码。

并行编译程序是并行语言的编译程序，或是将串行语言程序并行化的编译程序，后者又称为自动并行编译程序。

一个程序特别是中、大规模的程序难免有错误。发现并排除源程序中的错误是语言处理系统的任务之一。通常源程序的语法错误和静态语义错误都是由编译程序或解释程序来发现的。排错能力的大小是评价编译程序和解释程序优劣的重要标志之一。源程序中的动态语义错误通常要借助于在语言中加入某些排错设施如跟踪、截断来发现和排除。处理排错设施的程序是排错程序。

(4)展望。

语言处理系统的发展与软件语言、软件工程和软件技术的发展紧密相连，相互影响，相互促进。随着软件语言和软件技术向可视化、多媒体、并行化、智能化、自然化和自动化等方面发展，语言处理系统也向着这些方面发展。

4. 数据库管理系统

数据库管理系统(Database Management System)是一种操纵和管理数据库的大型软件，是用于建立、使用和维护数据库，简称 DBMS。它对数据库进行统一的管理和控制，以保证数据库的安全性和完整性。用户通过 DBMS 访问数据库中的数据，数据库管理员也通过 DBMS 进行数据库的维护工作。它提供多种功能，可使多个应用程序和用户用不同的方法在同时或不同时刻去建立、修改和询问数据库。它使用户能方便地定义和操纵数据，维护数据的安全性和完整性，以及进行多用户下的并发控制和恢复数据库。

(1)数据库管理系统组成部分。

按功能划分，数据库管理系统大致可分为 6 个部分：

①模式翻译。

提供数据定义语言(DDL)。用它书写的数据库模式被翻译为内部表示。数据库的逻辑结构、完整性约束和物理储存结构保存在内部的数据字典中。数据库的各种数据操作(如查找、修改、插入和删除等)和数据库的维护管理都是以数据库模式为依据的。

②应用程序的编译。

把包含着访问数据库语句的应用程序，编译成在 DBMS 支持下可运行的目标程序。

③交互式查询。

提供易使用的交互式查询语言，如 SQL。DBMS 负责执行查询命令，并将查询结果显示在屏幕上。

④数据的组织与存取。

提供数据在外围储存设备上的物理组织与存取方法。

⑤事务运行管理。

提供事务运行管理及运行日志，事务运行的安全性监控和数据完整性检查，事务的并发控制及系统恢复等功能。

⑥数据库的维护。

为数据库管理员提供软件支持，包括数据安全控制、完整性保障、数据库备份、数据库重组以及性能监控等维护工具。

(2)数据库管理系统功能。

基于关系模型的数据库管理系统已日臻完善，并已作为商品化软件广泛应用于各行各业。它在各户服务器结构的分布式多用户环境中的应用，使数据库系统的应用进一步扩展。随着新型数据模型及数据管理的实现技术的推进，可以预期 DBMS 软件的性能还将更新和完善，应用领域也将进一步地拓宽。它所提供的功能有以下几项：

①数据定义功能。

DBMS 提供相应数据语言来定义(DDL)数据库结构，它们是刻画数据库框架，并被保存在数据字典中。

②数据存取功能。

DBMS 提供数据操纵语言(DML)，实现对数据库数据的基本存取操作：检索、插入、修改和删除。

③数据库运行管理功能。

DBMS 提供数据控制功能，即是数据的安全性、完整性和并发控制等对数据库运行进行有效地控制和管理，以确保数据正确有效。

④数据库的建立和维护功能。

包括数据库初始数据的装入，数据库的转储、恢复、重组织，系统性能监视、分析等功能。

⑤数据库的传输。

DBMS 提供处理数据的传输，实现用户程序与 DBMS 之间的通信，通常与操作系统协调完成。

5. 应用软件

应用软件是用户可以使用的各种程序设计语言，以及用各种程序设计语言编制的应用程序的集合，分为应用软件包和用户程序。应用软件包是利用计算机解决某类问题而设计的程序的集合，供多用户使用。

常见的应用软件如下：

(1)办公室软件。

包括文书处理器、计算表程式、投影片报告、数学程式创建编辑器、绘图程式、基础数据库、档案管理系统、文本编辑器等。

(2)互联网软件。

包括即时通信软件、电子邮件客户端、网页浏览器、FTP 客户端、下载工具等。

(3)多媒体软件。

包括媒体播放器、图像编辑软件、音频编辑软件、视频编辑软件、计算机辅助设计、计算机游戏、桌面排版等。

(4)分析软件。

包括计算机代数系统、统计软件、数字计算软件、计算机辅助工程设计软件等。

(5)协作软件。

如协作产品开发软件等。

(6)商务软件。

包括会计软件、企业工作流程分析软件、客户关系管理软件、企业资源计划软件、供应链管理软件、产品生命周期管理软件等。

(7)数据库软件。

如数据库管理系统。

任务 2.3　调查微机常用的软件有哪些？功能是什么？

【任务说明】

一台刚刚装配完毕的计算机，要想能够很好地为用户工作，还需要安装一些必要的软件系统，如操作系统、应用软件等。通过本节的学习，了解常用的软件系统有哪些，为将来更好地使用计算机打下基础。

【任务目标】

1. 了解常见的微机软件系统有哪些类型？

2. 什么是软件的功能？常用软件都有哪些用途？

【能力拓展】

操作系统发展年表

1956 年　GM-NAA I/O

1959 年　SHARE Operating System

1960 年　IBSYS

1961 年　CTSS　MCP（Burroughs Large Systems）

1962 年　GCOS

1964 年　EXEC 8　OS/360（宣称）　TOPS-10

1965 年　Multics（宣称）　OS/360（上市）　Tape Operating System（TOS）

1966 年　DOS/360（IBM）　MS/8

1967 年　ACP（IBM）　CP/CMS　ITS　WAITS

1969 年　TENEX　Unix

1970 年　DOS/BATCH 11（PDP-11）

1971 年　OS/8

1972 年　MFT（operating system）　MVT　RDOS　SVS　VM/CMS

1973 年　Alto OS　RSX-11D　RT-11　VME

1974 年　MVS（MVS/XA）

1975 年　BS2000

1976 年　CP/M　TOPS-20

1978 年　Apple DOS 3.1（苹果公司第一个操作系统）　TripOS　VMS　Lisp Machine（CADR）

1979 年　POS　NLTSS

1980 年　OS-9　QDOS　SOS　XDE（Tajo）　Xenix

1981 年　MS-DOS

1982 年　Commodore DOS　SunOS（1.0）　Ultrix

1983 年　Lisa OS　Coherent　Novell NetWare　ProDOS

1984 年　Macintosh OS（系统 1.0）　MSX-DOS　QNX　UniCOS

1985 年　AmigaOS　Atari TOS　MIPS OS　Oberon operating system

Microsoft Windows 1.0 (Windows 第一版)

1986 年　AIX　GS-OS　HP-UX

1987 年　Arthur　IRIX (SGI 推出的第一个版本号是 3.0)　Minix　OS/2 (1.0)　Microsoft Windows 2.0

1988 年　A/UX (苹果电脑)　LynxOS　MVS/ESA　OS/400

1989 年　NeXTSTEP (1.0)　RISC OS　SCO Unix (第三版)

1990 年　Amiga OS 2.0　BeOS (v1)　OSF/1　Microsoft Windows 3.0

1991 年　SunOS 4.1.x　Linux

1992 年　386BSD 0.1　Amiga OS 3.0　Solaris 2.0 (SunOS 4.x 的继承者，以 SVR4 为基础，而非 BSD)　Microsoft Windows 3.1

1993 年　Solaris 2.1　Solaris 2.2　Solaris 2.3　Plan 9 (第一版)　FreeBSD　NetBSD　Microsoft Windows NT 3.1 (第一版 NT)

1994 年　Solaris 2.4

1995 年　Solaris 2.5　Digital UNIX (aka Tru64)　OpenBSD　OS/390　Microsoft Windows 95

1996 年　Microsoft Windows95 OSR2 (OSR＝OEMServicerelease) (即：Windows 97)　Microsoft Windows NT 4.0

1997 年　Solaris 2.6　Inferno　Mac OS 7.6 (第一版官方正式命名为 Mac OS)　SkyOS

1998 年　Solaris 7 (第一款 64 位元 Solaris 版本，是 2.7 舍弃主版本号的称谓)　Microsoft Windows 98

1999 年　AROS　Mac OS 8　Microsoft Windows 98 Second Edition

2000 年　Solaris 8　AtheOS　Mac OS 9　MorphOS　Microsoft Windows 2000　Microsoft Windows Me　Mac OS X Public Beta (公开测试版) (2000 年 9 月 13 日)

2001 年　Mac OS X 10.0 Cheetah(印度豹)(2001 年 3 月 24 日)　Amiga OS 4.0 (2001 年 5 月)　Mac OS X 10.1 Puma(美洲狮)(2001 年 9 月 25 日)　Microsoft Windows XP　z/OS

2002 年　Solaris 9 for SPARC　Microsoft Windows XP 64-bit Edition　Windows XP Tablet PC Edition　Windows XP Media Center Edition　Syllable　Mac OS X 10.2 Jaguar(美洲虎)(2002 年 8 月 23 日)

2003 年　Solaris 9 for x86　Microsoft Windows Server 2003 (2003 年 3 月 28 日)　Microsoft Windows XP 64-bit Edition - 以 Microsoft Windows Server 2003 为基础，同一天发布　Mac OS X 10.3 Panther(黑豹)(2003 年 10 月 24 日)

2004 年　Microsoft Windows XP Media Center Edition

2005 年　Solaris 10　Microsoft Windows XP Professional x64 Edition　Mac OS X 10.4 Tiger(老虎)(2005 年 4 月 29 日)

2006 年　Microsoft Windows Vista

2007 年　Mac OS X 10.5 Leopard(美洲豹)(2007 年 10 月 26 日)

2008 年　Ubuntu 8.04 LTS　OpenSolaris 08/05　Ubuntu 8.10　OpenSolaris 08/11　Windows Server 2008

2009 年　Ubuntu 9.04　Mac OS X v10.6 Snow Leopard (雪豹)(2009 年 8 月 28 日)　Windows Seven(Windows 7)　Ubuntu 9.10　Chrome OS

第 3 章　Windows 操作系统基础

【知识目标】

1. 操作系统的概念、作用、发展、功能
2. Windows 操作系统安装与升级
3. Windows 操作系统文件管理、用户管理

【能力目标】

1. Windows 操作系统安装与升级、设备与驱动管理
2. Windows 操作系统文件管理
3. Windows 操作系统联网、邮件与网络管理、多媒体管理
4. Windows 操作系统个性化管理、性能与维护
5. Windows 操作系统安全、隐私与用户管理
6. Windows 操作系统故障处理与恢复

【重点难点】

1. Windows 操作系统的基本功能
2. Windows 操作系统文件管理
3. Windows 操作系统个性化管理、性能与维护
4. Windows 操作系统故障处理与恢复

Windows 操作系统是美国微软公司研发的世界上流行最广的图像界面操作系统。Windows 从 1985 年发布以来，期间微软相继推出了 Windows 1.0 ～3.0 系列，Windows 9X 系列，Windows NT～Windows Vista 系列以及 Windows 7。这些版本在用户视觉感受、操作灵活性、使用方便快捷等方面有了不断提高。如今 Windows 操作系统成了个人计算机操作系统的主导。

3.1　Windows 操作系统概述

【知识储备】

3.1.1　什么是操作系统

一个完整的计算机系统是由硬件系统和软件系统组成。通常，把没有配置任何软件的计算机称为“裸机”。如果让用户直接面对裸机，事事都得深入计算机的硬件里面去，那么用户的精力就不可能集中在如何用计算机解决自己的实际问题上，计算机本身的功能也没有充分发挥出来。为了能合理有效地使用计算机系统，用户方便的操作计算机，最有效的方法就是开发一种软件，通过它来管理整个系统，发挥系统的潜在

能力，达到扩展系统功能、方便用户使用的目的。实际应用的需要，就是“操作系统”这一软件诞生的根本原因。

操作系统OS(Operating System)是配置在计算机硬件上的第一层软件，是对计算机硬件系统功能的首次扩充，它在计算机系统中占据了特殊重要的地位，其他所有的系统软件如数据库管理系统、绘图软件、Office办公软件、编译程序等系统以及大量的应用软件，都将需要操作系统的支持，取得它的服务。操作系统已经成为从大型机至微机都必须配置的软件。

3.1.2 操作系统的作用

对操作系统的作用我们可以从两个不同的角度观察。从一般用户的角度来说，操作系统是对用户所提供的使用计算机的界面(Interface)，即操作系统是用户与计算机硬件系统之间的接口；从资源管理的角度来说，操作系统又是对计算机各种系统资源的管理者，负责对各种硬件和软件资源进行分配。

1. 操作系统是对用户所提供的使用计算机的界面

操作系统是对用户所提供的使用计算机的界面的含义是操作系统处于用户与计算机硬件系统之间，用户在操作系统的帮助下能够方便、安全、可靠地操纵计算机硬件和运行自己的程序。

使用操作系统有两种模式：

(1)命令提示符模式。

这是指由操作系统提供了一组联机命令，用户通过键盘输入相关的命令操纵计算机系统。

(2)图形界面模式。

通过鼠标，点击系统提供的相对应的按钮、图片、超链接等等。

2. 作为资源管理者的操作系统

在一个完整的计算机系统中，通常由硬件系统资源和软件系统资源组成。我们可以将计算机系统资源归纳为：处理器、存储器、I/O设备及信息(程序和数据)。相应地，操作系统是主要针对以下这些资源进行有效管理的。

- 处理器管理。用于分配和控制处理器。
- 存储器管理。主要负责内存的分配和回收。
- I/O设备管理。负责I/O设备的分配与操纵。
- 信息资源管理。为程序和用户数据提供支持。

3. 作为扩展机器的操作系统

从服务用户的机器扩充的角度来看，操作系统为用户使用计算机提供了安全、快捷、方便的服务。用户不需要直接使用裸机，而是通过操作系统直接控制和使用计算机，从而使得计算机扩充为功能更强、使用更方便的计算机系统。操作系统的全部功能，诸如系统调用、命令、作业控制语言等，称为操作系统虚拟机器。

虚拟机器从功能分解的角度出发，考虑操作系统的结构，将操作系统分成若干个层次，每一层次上完成不同的功能，从而构成一个虚拟机器。如果我们在裸机上覆盖一层I/O设备管理软件，用户便可以对数据进行输入和打印输出操作；如果我们又在第一层软件上再覆盖一层文件管理软件，则用户可利用该软件提供的文件存取命令来进行文件存取。此时，用户所看到的是一台功能更强的虚拟机器。如果我们又在文件管理软件上再覆盖一层面向用户的窗口软件，则用户便可在窗口环境下方便地使用计算机，形成一台功能极强的虚拟机器。通过逐个层次的功能扩充最终完成操作系统虚拟机器，从而向用户提供全套的服务，完成用户作业要求。

3.1.3 Windows 常用版本简介

Windows 自 1985 年发布以来，先后发布了 Windows 95、Windows 98、Windows 2000、Windows XP、Windows Vista 以及 Windows 7 等版本的操作系统。

1. Windows XP

Windows XP 是微软公司发布的一款视窗操作系统，字母 XP 代表英文单词“体验”(experience)。它是发行于 2001 年 8 月 25 日，原名是 Whistler。微软最初发行了两个版本，家庭版(Home)和专业版(Professional)。家庭版的消费对象是家庭用户，专业版则在家庭版的基础上添加了新的、面向商业设计的网络认证、双处理器等特征。

Windows XP 是基于 Windows 2000 代码的产品，同时拥有一个新的图形用户界面(叫做月神 Luna)，它包括了一些细微的修改，其中一些看起来是从 Linux 的桌面环境(desktop environment)诸如 KDE 中获得的灵感。此外，Windows XP 还引入了一个“基于任务”的用户界面，使得工具条可以访问任务的具体细节。

2. Windows Server 2003

Windows Server 2003 操作系统是在 Windows 2000 Server 操作系统基础上发展而来的，是目前微软推出的使用最广泛的服务器操作系统。业内也把 Windows Server 2003 操作系统称做是 Windows 2000 Server 的 .NET 版。此版本有了很多改进，特别是在活动目录、组策略操作和磁盘管理方面有了很大的改进，Windows Server 2003 启动后界面显示：Windows Server 2003。

3. Windows Vista

全新的 Windows Vista(以前代号为 Longhorn)已在 2006 年 11 月 30 日发布。人们可以在 Vista 上对下一代应用程序(如 WinFX、Avalon、Indigo 和 Aero)进行开发创新。Vista 是目前比较安全可信的 Windows 操作系统之一，其安全功能可防止最新的威胁，如蠕虫、病毒和间谍软件。但是由于 Vista 对各种软件和游戏兼容性差的缺点，目前的市场并非如预期般那样乐观。

4. Windows 7

Windows 7 作为 Vista 的继任者，它绚丽的界面、方便快捷的触摸屏、快速的启动和关闭程序足以让用户满意。同时 Windows 7 操作系统在设计方面将更加模块化，Windows 7 相对于 Windows 以前版本来说将更加先进。它具有如下特点：

(1)更加简单。

Windows 7 将会让搜索和使用信息更加简单，包括本地、网络和互联网搜索功能；直观的用户体验将更加高级，还会整合自动化应用程序提交和交叉程序数据透明性。

(2)更加安全。

Windows 7 将包括改进的安全和功能合法性，还会把数据保护和管理扩展到外围

设备。Windows 7 将改进基于角色的计算机方案和用户账户管理，在数据保护和兼顾协作的固有冲突之间搭建沟通桥梁，同时也会开启企业级的数据保护和权限许可。

(3)更好链接。

Windows 7 将进一步增强移动工作能力，无论何时、何地，任何设备都能访问数据和应用程序，开启坚固的特别协作体验，无线连接、管理和数据保护功能将被扩展。Windows 7 将带来灵活计算机基础设备，包括胖、瘦、网络中心模型。

(4)更低的成本。

Windows 7 将帮助企业优化它们的桌面基础设施，具有无缝操作系统、应用程序和数据移植功能，并简化 PC 供应和升级，进一步向完整的应用程序更新和补丁方面努力。Windows 7 还将包括改进的硬件和软件虚拟化体验，并将扩展 PC 自身的 Windows 帮助和 IT 专业问题解决方案诊断。

3.2 Windows 操作系统安装与升级

随着计算机的普及，安装 Windows 操作系统对于每个计算机用户来说，是必不可少的事情。安装 Windows 操作系统要经过安装前的准备、系统启动盘的设置、实施安装、安装后的设置等步骤。

【知识储备】

3.2.1 Windows 操作系统安装

1. 安装前的准备工作

(1)准备安装光盘或备份重要数据。

根据需要准备应用程序安装光盘及硬件的驱动程序等。如果是对现有操作系统进行重新安装，应将 C 盘如“我的文档”、“桌面”等文件夹中的重要数据备份在安全的磁盘里。

(2)硬盘分区。

根据个人需要将整个硬盘划分为若干个逻辑磁盘，称为分区。根据所选定的操作系统，考虑安装操作系统磁盘的大小，为操作系统、应用程序和其他文件在系统盘留有足够的空间。

(3)文件系统的选定。

文件系统是指文件命名、存储和组织的总体结构。也就是我们经常所说的磁盘格式。操作系统不同，所要求的文件系统也不同，目前 Windows 操作系统常用的有 FAT16、FAT32 和 NTFS 三种文件系统。

FAT 的全称是“File Allocation Table”(文件分配表系统)，FAT16 文件系统主要的优点是它可以被多种操作系统访问，如 MS-DOS、Windows 所有系列和 OS/2 等。FAT16 用于 Windows 98 及以前的版本中，它最大可以管理大到 2GB 的分区，但每个分区最多只能有 65525 个簇(簇是磁盘空间的配置单位)。随着硬盘或分区容量的增大，每个簇所占的空间将越来越大，从而导致硬盘空间的浪费。因此如今已经很少用 FAT16 文件系统了。

FAT32 是 FAT16 的增强版本，它可以支持大到 2TB(2048GB)的分区。FAT32 使用的簇比 FAT16 小，从而有效地节约了硬盘空间。FAT32 采用 32 位的文件分配表，使其对磁盘的管理能力大大增强，它是目前使用得较多的分区格式。

NTFS(New Technology File System)是 Microsoft Windows NT 内核的系列操作系统支持的、一个特别为网络和磁盘配额、文件加密等管理安全特性设计的磁盘格式，它应用于 Windows 2000/XP/2003 操作系统中。NTFS 有很好的安全性和稳定性，能管理 32G 以上的大磁盘，有很好的容错性，运行速度也很快。NTFS 不能用于 Windows Me 及以下的版本中，为此兼容性不及 FAT32。

从以上三种文件系统的性能可看出，选定何种文件系统，应考虑操作系统的版本、硬盘的大小、系统的稳定性、容错性、兼容性等方面。

2. 安装 Windows 7 的方法

安装 Windows 7 有以下几种方法，根据情况选择适合于你的安装方法。

方法一：使用“自定义”安装选项但不格式化硬盘

使用“自定义”选项可以在你选择的分区上安装 Windows 7 的新副本。此操作会擦除你的文件、程序和设置。

请备份要保留的所有文件和设置，以便安装完成后可还原它们。你需要重新安装程序。因此，请确保拥有要在 Windows 7 中使用的程序的安装光盘和产品密钥，或从 Internet 下载的所有程序的安装文件。需要注意以下几方面：

(1)有些程序(例如 Windows Mail 和 Outlook Express)不再随附 Windows 7 提供。如果你以前使用 Windows Mail 或 Outlook Express 作为电子邮件程序，则在 Windows 7 安装完成后，需要安装新的电子邮件程序来阅读邮件或收发电子邮件。

(2)如果你运行的是 64 位版本的 Windows，并计划安装 32 位版本的 Windows 7，则原先设计为只在 64 位操作系统上运行的程序可能不能工作。

(3)如果你在安装期间不格式化硬盘，数据文件将保存到安装 Windows 7 的分区中的 Windows. old 文件夹中。当然，你仍应备份文件。如果你的数据文件为加密文件，那么在安装 Windows 7 之后，你可能无法访问这些文件。如果你已备份了数据文件，然后在安装 Windows 7 后还原这些文件，则可以删除 Windows. old 文件夹。

具体安装步骤如下：

(1)打开计算机以便 Windows 正常启动，然后执行以下操作之一：

①如果已下载 Windows 7，请找到所下载的安装文件，然后双击它。

②如果你有 Windows 7 安装光盘，请将该光盘插入计算机。安装过程应自动开始。如果没有自动开始，请依次单击“开始”按钮和“电脑”，再双击 DVD 驱动器以打开 Windows 7 安装光盘，然后双击 setup. exe。

③如果已将 Windows 7 安装文件下载到 USB 闪存驱动器上，请将该驱动器插入计算机。安装过程应自动开始。如果没有，请依次单击“开始”按钮和“电脑”，然后依次双击该驱动器和 setup. exe。

(2)在“安装 Windows”页面上，按显示的所有说明执行操作，然后单击“立即安装”按钮。

(3)建议在“获取安装的重要更新”页面上获取最新的更新，这样有助于确保安装成

功，并防止电脑受到安全威胁。需要通过 Internet 连接才能获取安装更新。

(4)在“请阅读许可条款”页面上，如果接受许可条款，请单击“我接受许可条款”按钮，然后单击“下一步”按钮。

(5)在“你想进行何种类型的安装?”页面上，单击“自定义”按钮

(6)在“你想将 Windows 安装在何处?”页面上，选择包含以前版本的 Windows 的分区(通常为计算机的 C：盘)，然后单击“下一步”按钮。

(7)在 Windows. old 对话框中，单击“确定”按钮。

(8)请按照说明完成 Windows 7 的安装，包括为计算机命名以及设置初始用户账户。

值得提醒的是，Windows 7 安装完成后，你可能需要更新驱动程序。若要执行此操作，请依次单击“开始”按钮、“所有程序”按钮，然后单击“Windows Update”按钮。

方法二：使用“自定义”安装选项并格式化硬盘

在 Windows 7 自定义安装期间格式化硬盘会永久擦除格式化的分区上的所有内容，包括文件、设置和程序。请备份要保留的所有文件和设置，以便安装完成后可还原它们。你需要重新安装程序。因此，请确保拥有要在 Windows 7 中使用的程序的安装光盘和产品密钥，或从 Internet 下载的所有程序的安装文件。需要注意以下几方面：

(1)如果你要使用 Windows 7 的升级版本，则在安装 Windows 7 之前不要使用其他软件开发商的程序来格式化硬盘。

(2)有些程序(例如 Windows Mail 和 Outlook Express)不再随附 Windows 7 提供。如果你以前使用 Windows Mail 或 Outlook Express 作为电子邮件程序，则在 Windows 7 安装完成后，需要安装新的电子邮件程序来阅读邮件或收发电子邮件。

(3)如果你运行的是 64 位版本的 Windows，并计划安装 32 位版本的 Windows 7，则原先设计为只在 64 位操作系统上运行的程序可能不能工作。

若要在 Windows 7 安装过程中对硬盘进行格式化，则需要使用 Windows 7 安装光盘或 USB 闪存驱动器启动或引导计算机。具体安装步骤如下：

(1)打开计算机以便 Windows 正常启动，插入 Windows 7 安装光盘或 USB 闪存驱动器，然后关闭计算机。

(2)重新启动计算机。

(3)收到提示时按任意键，然后按照显示的说明进行操作。

(4)在“安装 Windows”页面上，输入语言和其他首选项，然后单击“下一步”按钮。

如果“安装 Windows”页面未出现，且系统未要求你按下任何按键，则你可能需要更改某些系统设置。若要了解如何执行此操作，请参阅从 CD 或 DVD 启动 Windows。

(5)在“请阅读许可条款”页面上，如果接受许可条款，请单击“我接受许可条款”按钮，然后单击“下一步”按钮。

(6)在“你想进行何种类型的安装?”页面上，单击“自定义”按钮。

(7)在“你想将 Windows 安装在何处?”页面上，单击“驱动器选项(高级)”按钮。

(8)单击要更改的分区，接着单击要执行的格式化选项，然后按照说明进行操作。

(9)完成格式化后，单击“下一步”按钮。

(10)请按照说明完成 Windows 7 的安装，包括为计算机命名以及设置初始用户账户。

值得提醒的是如果要在未安装操作系统的计算机上使用升级版本的 Windows 7，则可能无法激活此类型的安装。升级版本要求在计算机上安装 Windows XP 或 Windows Vista 以激活 Windows 7。在安装过程中，需要将产品密钥框留空。要激活 Windows 7，请转到 Microsoft 支持网站。Windows 7 安装完成后，你可能需要更新驱动程序。若要执行此操作，请依次单击“开始”按钮、“所有程序”按钮，然后单击“Windows Update”按钮。

方法三：在未安装操作系统的情况下使用自定义安装选项

使用“自定义”选项可以在你选择的分区上安装 Windows 7 的新副本。此操作会擦除你的文件、程序和设置。如果分区上有文件，请先备份它们，然后再继续。具体安装步骤如下：

(1)打开计算机，插入 Windows 7 安装光盘或 USB 闪存驱动器，然后关闭计算机。

(2)重新启动计算机。

(3)收到提示时按任意键，然后按照显示的说明进行操作。

(4)在“安装 Windows”页面上，输入语言和其他首选项，然后单击“下一步”按钮。

如果“安装 Windows”页面未出现，且系统未要求你按下任何按键，则你可能需要更改某些系统设置。

(5)在“请阅读许可条款”页面上，如果接受许可条款，请单击“我接受许可条款”按钮，然后单击“下一步”按钮。

(6)在“你想进行何种类型的安装?”页面上，单击“自定义”按钮。

(7)在“你想将 Windows 安装在何处?”页面上，选择要用来安装 Windows 7 分区，或如果未列出任何分区，则单击“未分配空间”按钮，然后单击“下一步”按钮。

如果出现对话框，说明 Windows 可能会为系统文件创建其他分区，或你选择的分区可能包含有恢复文件或计算机制造商的其他类型文件，请单击“确定”按钮。

(8)请按照说明完成 Windows 7 的安装，包括为计算机命名以及设置初始用户账户。

值得提醒的是，如果要在未安装操作系统的计算机上使用升级版本的 Windows 7，则可能无法激活此类型的安装。升级版本要求在计算机上安装 Windows XP 或 Windows Vista 以激活 Windows 7。在安装过程中，需要将产品密钥框留空。Windows 7 安装完成后，你可能需要更新驱动程序。若要执行此操作，请依次单击“开始”按钮、“所有程序”按钮，然后单击“Windows Update”按钮。

方法四：重新安装 Windows 7

你可以使用“控制面板”中“高级恢复方法”下的“恢复”重新安装 Windows 7。此方法既可以从计算机制造商提供的恢复镜像也可以从原始 Windows 7 安装文件重新安装 Windows 7。你需要重新安装添加的所有程序，并从备份中还原所有的文件。

如果 Windows 7 不运行，可以使用你的原始 Windows 7 安装光盘重新安装 Windows。可以参照方法二的说明进行操作。如果可能，请在开始重新安装 Windows 7 之前备份文件，即使要安装 Windows 7 的硬盘分区与你的个人文件所在分区不是同一个分区，也应如此。例如，如果你已加密文件，可能在重新安装 Windows 后无法访问它们。自定义安装会替换当前版本的 Windows 7 和所有个人文件。

任务 3.1　Windows 7 操作系统的安装

【任务说明】

新购一台计算机，该计算机还是一台裸机，现欲对该计算机进行系统的安装。

【任务目标】

了解并掌握 Windows 操作系统不同的安装方法；了解 Windows 操作系统常用的三种文件系统 FAT16、FAT32 和 NTFS。

【任务分析】

能够根据实际情况选择不同的操作系统安装方法，对于新硬盘安装操作系统，要求能够熟练对硬盘进行分区；能够熟练安装多操作系统。

【任务步骤】

(1)光盘引导后出现如图 3-1 所示界面：Windows 正在装载文件。

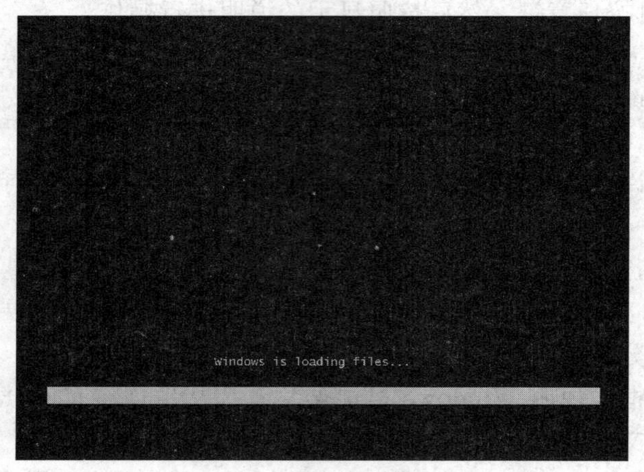

图 3-1　加载安装文件

(2)安装程序启动，选择你要安装的语言类型，同时选择适合自己的时间和货币显示种类及键盘和输入方式，如图 3-2 所示。

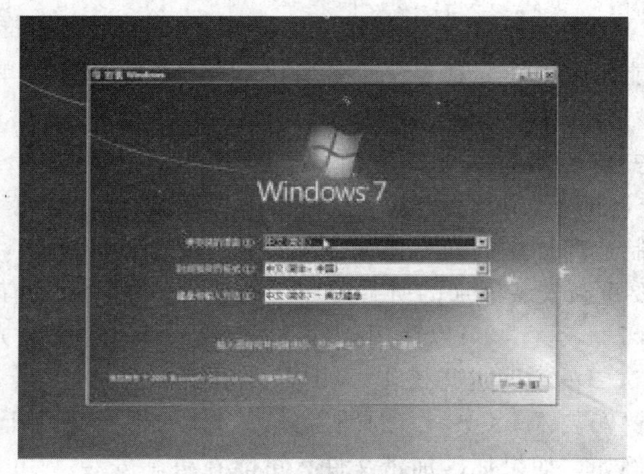

图 3-2　选择国家、语言类型等

(3)出现安装界面，点击“现在安装”按钮开始安装，如图 3-3 所示。

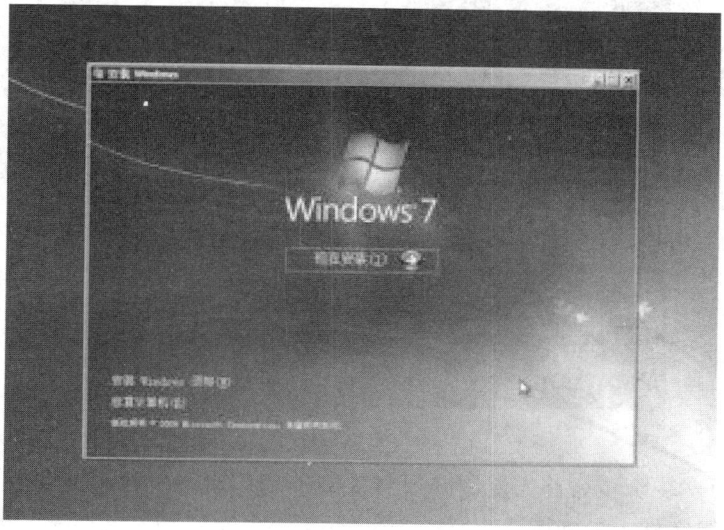

图 3-3　点击“现在安装”按钮

(4)接下来是选择安装类型，升级是将本机 Windows 升级到 Windows 7，用于 XP 或 Windows 2003 等系统的升级，而后者自定义安装则是安装一个干净的操作系统，如图 3-4 所示。

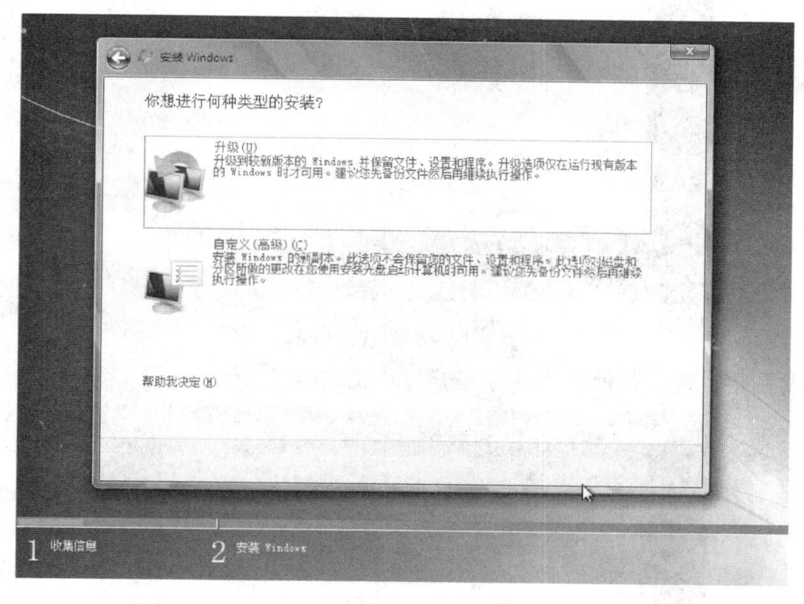

图 3-4　选择安装类型

(5)选择目标磁盘驱动器，一般要保留 10G 以上空间，这样才能够更好地运行 Windows 7 系统(如图 3-5)，之后单击“下一步”按钮继续(选择安装磁盘。如下一步无法运行，则需要格式化该磁盘分区)。

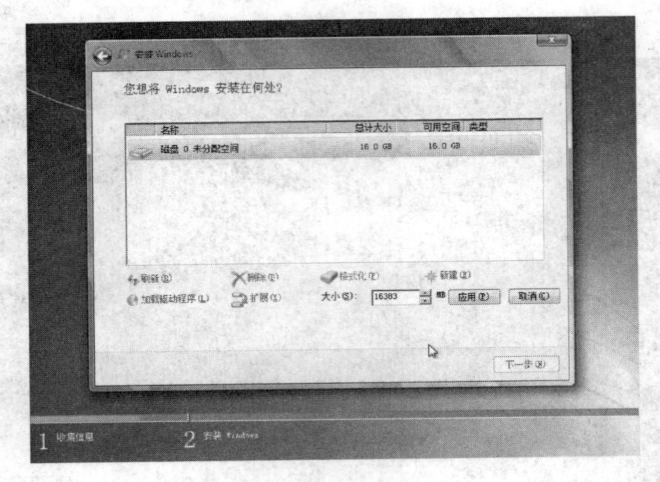

图 3-5　选择安装磁盘

(6)正式的安装阶段，首先复制必须文件到本地硬盘，解压缩光盘文件，安装各种界面文件和升级文件等，如图 3-6 所示。

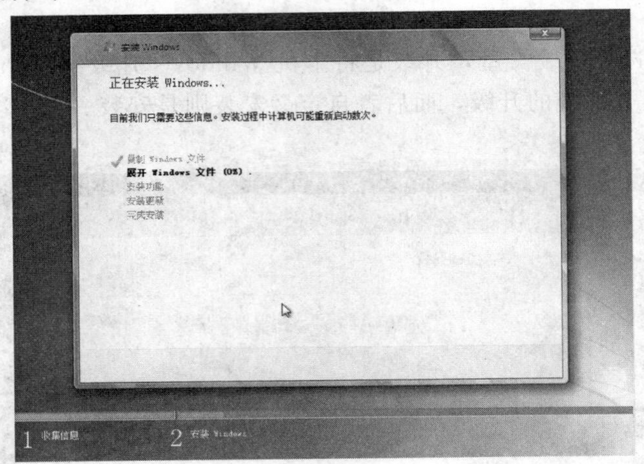

图 3-6　安装 Windows

(7)完成安装过程，6 秒后系统重新启动，如图 3-7 所示。

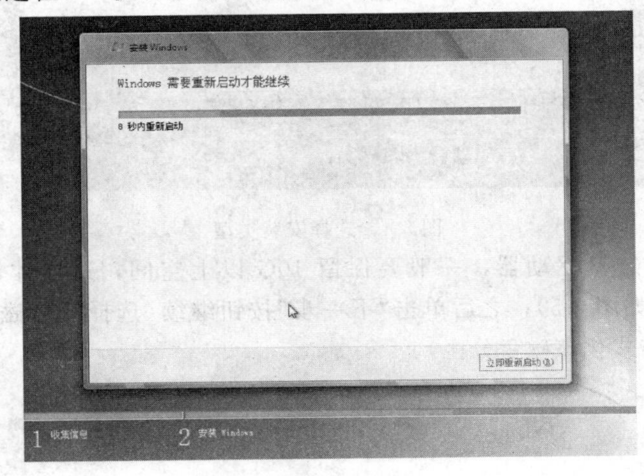

图 3-7　重新启动

(8)等待一段时间后 Windows 7 才算安装完毕，进入正式的配置阶段。当然如果你的机器配置比较低的话所需时间会更长。设置登录用户名和计算机名(如图 3-8 所示)，然后点击“下一步”按钮继续。

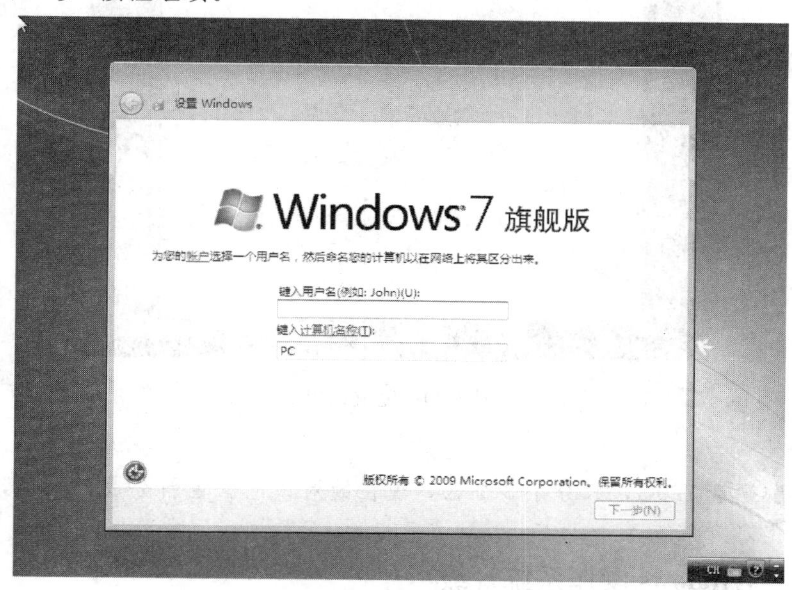

图 3-8　设置登录用户名和计算机名

(9)配置初始化信息，从上到下依次为使用“推荐设置”，“仅安装重要更新”，“以后询问我”，一般我们都选择“推荐设置”即可(如图 3-9 所示)。

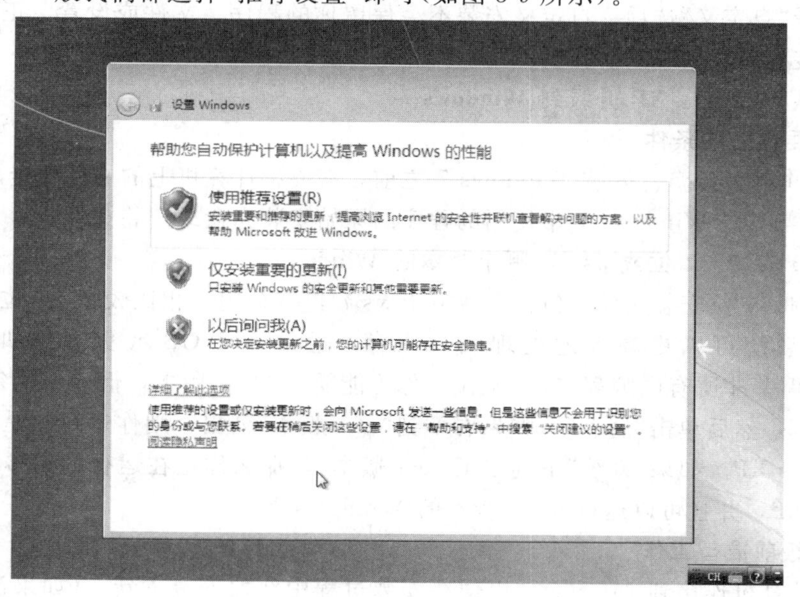

图 3-9　设置系统自动保护

(10)Windows 7 将针对所有设置参数进行配置，系统开始初始化。初始化完成后即可进入系统(如图 3-10 所示)。

图 3-10　完成设置

【能力拓展】

当前电脑硬盘 120G，只分了 3 个区，现在欲对该电脑重新分成 5 个区，并对该硬盘进行格式化安装系统。

3.2.2　Windows 操作系统升级

【知识储备】

若要将运行 Windows XP 的计算机升级到 Windows 7，则需要在 Windows 7 安装过程中选择“自定义”选项。自定义安装不会保留你的程序、文件或设置。正因为如此，自定义安装有时称为“清理”安装。

一、从 Windows XP 升级到 Windows 7

1. 需要具备的条件

(1)一个外部硬盘。安装 Windows 7 之前，需要将计算机上的文件移走。

(2)你需要在 Windows 7 中使用的程序的原始安装光盘或安装文件。

2. 选择安装(32 位或 64 位)哪个版本的 Windows 7

32 位和 64 位安装光盘都包含在 Windows 7 包装盒内。相比较于 32 位操作系统，64 位操作系统可以更高效地处理大量内存，通常为 4 GB 或更多随机存取内存(RAM)。但并非所有电脑都支持 64 位。你可能需要 32 位版本，但为了确定，请右击“我的电脑”，然后单击“属性”。如果看不到“x64 版本”列出，则你运行的是 32 位版本的 Windows XP。如果“系统”下列出了“x64 版本”，那么你正在运行的是 64 位版本的 Windows XP，并且可以运行 64 位版本的 Windows 7。

3. 升级前准备工作

• 将计算机连接到 Internet，以便在安装过程中获取安装更新。(如果没有连接到 Internet，仍可以安装 Windows 7)

• 更新防病毒程序，运行它，然后将它关闭。安装 Windows 7 后，记得重新打开防病毒程序，或安装适用于 Windows 7 的新防病毒程序。

• 根据你要安装的是 32 位还是 64 位版本的 Windows 7，请选择相应版本的 Windows 7 安装光盘，并查找好产品密钥。

4. 执行 Windows 7 自定义安装步骤

(1)在计算机打开并运行 Windows XP 的情况下，请执行下列操作。

如果有 Windows 7 安装光盘，请将光盘插入计算机。安装过程应自动开始。如果没有，请单击“开始”按钮，接着单击“我的电脑”图标，再打开 DVD 驱动器上的 Windows 7 安装光盘，然后双击“setup. exe”图标。

(2)在“安装 Windows”页面上，单击“立即安装”按钮。

(3)建议在“获取安装的重要更新”页面上获取最新的更新，这样有助于确保安装成功，并防止计算机受到安全威胁。在 Windows 7 安装过程中，计算机需要连接到 Internet，以便获取这些更新。

(4)在“请阅读许可条款”页面上，如果接受许可条款，则单击“我接受许可条款”，然后单击“下一步”按钮。

(5)在“你想进行何种类型的安装?”页面上，单击“自定义”按钮。

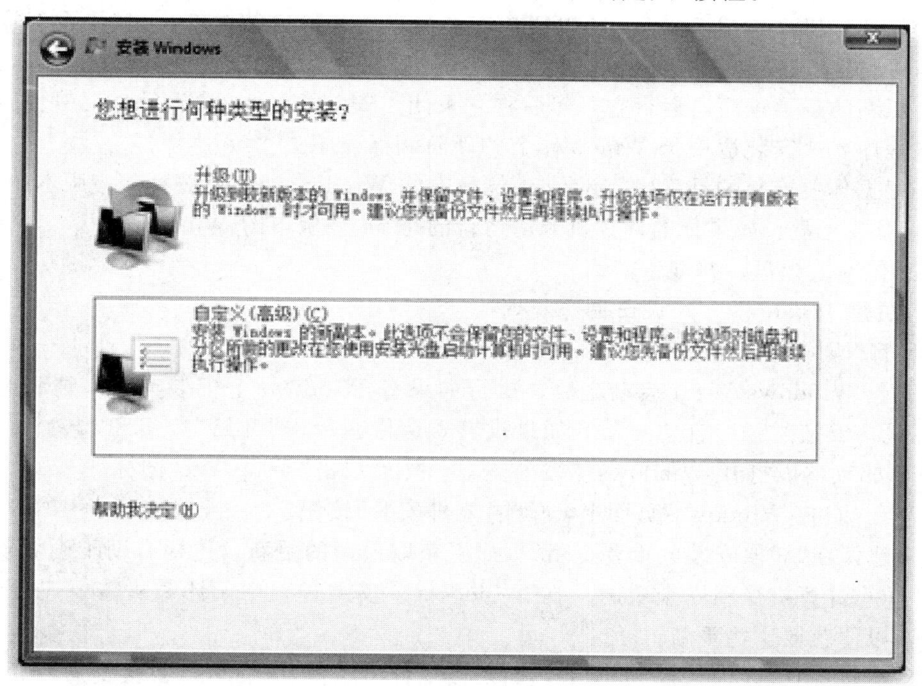

图 3-11　Windows 7 安装的选项

(6)选择包含 Windows XP 的分区(这通常是计算机的 C：盘)，然后单击“下一步”按钮。(请勿选择外部 USB 硬盘驱动器。)

(7)在 Windows. old 对话框中，单击“确定”按钮。

(8)继续按照说明操作，完成 Windows 7 的安装，包括为计算机命名以及设置初始用户账户。可以采用之前在 Windows XP 中使用的相同名称，也可以选择新的名称。

5. 更新驱动程序

驱动程序是一种允许电脑与硬件或设备进行通信的软件。如果没有驱动程序，则连接到计算机的硬件(例如，视频卡或打印机)将无法正常工作。大多数情况下，Windows 会附带驱动程序，或者可以使用 Windows Update 检查是否有更新来查找驱动程序。为此，请依次单击“开始”按钮、“所有程序”按钮，然后单击“Windows Update”按钮。

6. 安装后清理(可选)

在安装 Windows 7 的过程中，如果不格式化分区，则在 Windows XP 中使用的文件将存储在 Windows. old 文件夹中。此文件夹中文件的类型取决于你的计算机。

使用 Windows 7 达一段时间(例如，一周或两周)后，并且你确信你的文件和设置已回到你希望它们所在的位置，则可以安全地回收磁盘空间并使用“磁盘清理”删除 Windows. old 文件夹。

二、从 Windows Vista 升级到 Windows 7

升级到 Windows 7 时，请保留 Windows Vista 中的文件、设置和程序。

1. 升级前准备工作

• 请确保计算机上运行的是 Windows Vista Service Pack 1 或 Service Pack 2。

• 将计算机连接到 Internet，以便在安装过程中获取安装更新。(如果没有连接到 Internet，仍可以安装 Windows 7)

• 更新防病毒程序，运行它，然后将它关闭。安装 Windows 7 后，记得重新打开防病毒程序，或安装适用于 Windows 7 的新防病毒程序。

• 根据你要安装的是 32 位还是 64 位版本的 Windows 7，请选择相应版本的 Windows 7 安装光盘。如果你的计算机当前运行的是 64 位版本的 Windows Vista，则可以使用 64 位安装光盘，并准备密钥。

2. 执行 Windows 7 升级安装

(1)打开计算机。

(2)在 Windows Vista 启动之后，执行如果有 Windows 7 安装光盘，请将光盘插入计算机。安装过程应自动开始。如果没有，请依次单击“开始”按钮和“电脑”，再双击 DVD 驱动器以打开 Windows 7 安装光盘，然后双击“setup. exe”图标。

(3)在“安装 Windows”页面上，单击“立即安装”按钮。

(4)建议在“获取安装的重要更新”页面上获取最新的更新，这样有助于确保安装成功，并防止计算机受到安全威胁。在 Windows 7 安装过程中，计算机需要连接到 Internet，以便获取这些更新。

(5)在“请阅读许可条款”页面上，如果接受许可条款，则单击“我接受许可条款”按钮，然后单击“下一步”按钮。

(6)在“你想进行何种类型的安装?”页面上，单击“升级”按钮。

(7)按照说明继续操作，完成 Windows 7 的安装。

3. 更新驱动程序

驱动程序是一种允许计算机与硬件或设备进行通信的软件。如果没有驱动程序，则连接到计算机的硬件(例如，视频卡或打印机)将无法正常工作。大多数情况下，Windows 会附带驱动程序，或者可以使用 Windows Update 检查是否有更新来查找驱动程序。为此，请依次单击“开始”按钮、“所有程序”按钮，然后单击“Windows Update”按钮。

任务 3.2　将 Windows XP 或 Windows Vista 操作系统升级到 Windows 7

【任务说明】

现系统安装的是 Windows XP，欲将该计算机的操作系统升级为 Windows 7。

【任务目标】

能够根据具体需要，针对不同的操作系统升级到最新的操作系统。

【任务分析】

这个任务主要是练习低版本的操作系统如何向更高版本的操作系统进行升级。

【能力拓展】

安装新硬盘是最常见的升级任务之一。由于如今的硬盘比两三年前大很多，因此安装新的内部或外部硬盘后，就可以数倍地增加总体磁盘空间。现对计算机的硬盘进行升级，并对升级后的计算机安装双操作系统：Windows Server 2003 和 Windows 7 操作系统。

3.3　Windows 操作系统设备与驱动管理

【知识储备】

一、设备管理概述

设备管理是对除 CPU、主存和控制台以外的所有设备的管理，这些设备通常称为外部设备或 I/O 设备。

设备类别的划分可以从不同方面描述，比如，按设备的使用特性，可分为存储设备、输入/输出设备、终端设备及脱机设备等。按设备的从属关系，可把设备划分为系统设备和用户设备。

1. 设备分类

按信息组织方式来划分设备。把外部设备划分为字符设备和块设备。键盘终端、打印机等以字符为单位组织和处理信息的设备被称为字符设备；而磁盘、磁带等以字符块为单位组织和处理信息的设备被称为块设备。

按照设备的数据传输速率可以分为低速设备、中速设备和高速设备。比如键盘、鼠标就属于低速设备；打印机、扫描仪属于中速设备；而磁盘、光盘驱动器属于高速设备。

按照设备的共享属性可以分为独占设备、共享设备和虚拟设备。独占设备是指一段时间内只允许一个用户(进程)访问的设备。共享设备是指一段时间内可以允许多个用户(进程)访问的设备，比如磁盘，它可以同时被多个进程访问。

2. 设备管理主要任务

(1)选择和分配输入/输出设备，以便进行数据传输操作。

(2)控制输入/输出设备和 CPU(或内存)之间交换数据。

(3)为用户提供一个友好的透明接口，将用户和设备硬件特性分开，使得用户在编

制应用程序时不必涉及具体设备，系统按用户要求控制设备工作。另外，这个接口还为新增加的用户设备提供一个与系统核心相连接的入口，以便用户开发新的设备管理程序。

(4)提高设备和设备之间、CPU和设备之间，以及进程和进程之间的并行操作程度，以使操作系统获得最佳效率。

二、Windows 操作系统设备驱动管理

新安装的操作系统，如果没有给硬件和设备安装相应的驱动程序，它们将无法正常工作，驱动程序的安装是确保所有硬件和设备正常工作的一个好方法。

1. 驱动程序

驱动程序是一种允许计算机与硬件或设备之间进行通信的软件。如果没有驱动程序，连接到计算机的硬件(例如，鼠标或外部硬盘驱动器)将无法正常工作。

大多数情况下，Windows 会附带驱动程序，也可以通过转到“控制面板”中的 Windows Update 并检查是否有更新来查找驱动程序。如果 Windows 没有所需的驱动程序，则通常可以在要使用的硬件或设备附带的光盘上或者制造商的网站中找到该驱动程序。

2. 信息

Windows 可以查有关这些设备的详细信息，如产品名称、制造商和型号(甚至有关设备同步功能的详细信息)。

三、设备驱动的安装与更新方法

1. 使 Windows 自动下载推荐的驱动程序和图标的步骤

我们可以随时检查 Windows Update 以查看它是否发现硬件的新驱动程序和图标，尤其是如果近期安装了新设备。如果希望使 Windows Update 自动检查最新的驱动程序和图标，方法如下：

(1)通过单击“开始”按钮，然后在“开始”菜单上单击“设备和打印机”选项，打开“设备和打印机”。

(2)右击计算机的名称，然后在弹出的快捷菜单中单击“设备安装设置”选项。

(3)单击“是，自动执行该操作(推荐)”，然后单击“保存更改”按钮。如果系统提示你输入管理员密码或进行确认，请输入该密码或提供确认，如图 3-12 所示。

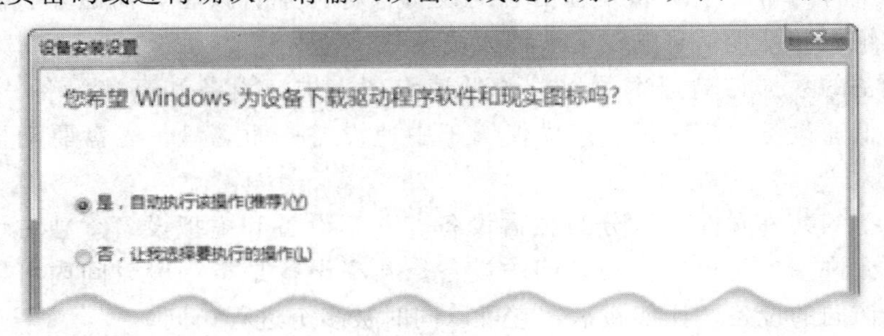

图 3-12　设备安装设置选项

2. 启用并配置 Windows Update

若要获取计算机和设备的所有重要和推荐的更新，请确保 Windows Update 已启

用且已正确配置。

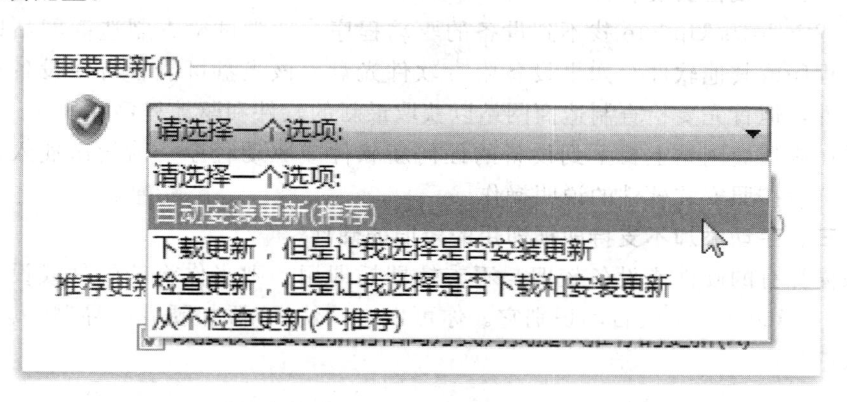

图 3-13 配置更新选项

3. 从 Windows Update 安装驱动程序和其他可选更新

我们虽然将 Windows Update 设置为自动下载并安装所有重要和推荐的更新，但可能无法获取可用于我们设备的所有更新的驱动程序。例如，可选更新可能包括可用于已安装的硬件或设备的更新驱动程序。Windows 不会自动下载并安装可选更新，但可选更新可用时系统会通知用户。若要获取设备的所有可用更新，请定期检查 Windows Update，获取所有可用更新，包括可选更新。可以查看可用更新，然后从 Windows 为计算机找到的更新列表中选择它们。操作方法如下：

(1)通过单击“开始”按钮，打开“Windows Update”。在搜索框中，输入更新，然后在结果列表中单击“Windows Update”按钮。

(2)在左窗格中，单击“检查更新”，然后等待 Windows 查找计算机的最新更新。

(3)如果存在任何可用更新，请单击 Windows Update 下面的框中的链接，查看有关每个更新的详细信息。每种类型的更新都可能包括驱动程序。

(4)在“选择要安装的更新”页上，查看硬件设备的更新，选中希望安装的每个驱动程序对应的复选框，然后单击“确定”按钮。可能没有任何可用的驱动程序更新。

(5)在 Windows Update 页上，单击“安装更新”按钮。如果系统提示你输入管理员密码或进行确认，请输入该密码或提供确认。

4. Windows 无法找到设备的驱动程序

最好让 Windows 自动安装驱动程序。有时，Windows 可能无法找到设备的驱动程序。如果发生这种情况，你可能希望查看制造商的网站获取设备的驱动程序或更新，或者尝试安装设备附带的所有软件。如果没有正确安装设备驱动，可以通过以下方法解决：

方法一：使用 Windows Update 手动检查驱动程序

如果将新设备连接到计算机时未打开自动更新，或者未连接到 Internet，应检查 Windows 是否可以立即为设备查找驱动程序。如果某些硬件不能正常工作，即使计算机始终连接到 Internet，也应检查 Windows Update 以便获取可选更新。可选更新通常包含新驱动程序更新。Windows Update 不会自动安装可选更新，但当找到某些可选更新时会通知你，并让你选择是否安装这些更新。

方法二：为设备安装软件

如果 Windows Update 找不到设备的驱动程序，请尝试检查制造商网站以获取设备的驱动程序或其他软件。如果设备附带软件光盘，该光盘可能含有使设备正常工作所需的软件，但首先要检查制造商网站以获取最新的软件和驱动程序。

如果在制造商网站上找不到设备的任何新软件或驱动程序，请尝试插入设备附带的光盘，然后按照安装软件的说明操作。

方法三：手动添加不支持即插即用的较旧的硬件

如果你拥有的硬件或设备较旧，不支持即插即用，则当你将该硬件或设备连接到计算机时，Windows 不会自动识别它。你可以尝试使用"添加硬件向导"将其手动添加到计算机。

任务 3.3　声卡驱动的安装与检测

【任务说明】

假定音响工作正常，但是计算机不能发出声音，如何解决这一故障。

【任务目标】

通过对具体硬件设备安装与检测，使学生掌握设备驱动程序的安装与检测。

【任务分析】

1. 学会分析针对集成声卡或是独立声卡故障的解决方法。
2. 通过"设备管理器"检查声卡安装驱动程序有没有问题。
3. 学会分析声卡驱动程序正确安装后如果还是没有声音的解决方法。

【能力拓展】

现有一台惠普(HP)LaserJet P1007 超薄黑白激光打印机，现在连接到计算机后不能正常工作了，查看设备管理器中打印机的属性，在其前面出现一个问号"?"，请解决这一问题。

3.4　Windows 操作系统的文件管理

【知识储备】

一、文件和文件名

文件和文件名：在计算机系统中，把逻辑上具有完整意义的信息集合称为"文件"，每个文件都要用一个名字作标识，称为"文件名"。文件夹是可以在其中存储文件的容器。文件可以按各种方法进行分类，如表 3-1 所示。

表 3-1　文件分类

按用途	系统文件、库文件、用户文件
按保护级别	可执行文件、只读文件、读写文件
按信息流向	输入文件，输出文件，输入、输出文件

续表

按存放时限	临时文件、永久文件、档案文件
按设备类型	磁盘文件、磁带文件、卡片文件、打印文件
按文件组织结构	逻辑文件、物理文件(顺序文件、链接文件、索引文件)

二、使用文件和文件夹

1. 使用库访问文件和文件夹

整理文件时，你无需从头开始。可以使用库来访问文件和文件夹并且可以采用不同的方式组织它们，库是 Windows 7 的一项新功能。以下是四个默认库及其通常用于哪些内容的列表：

(1)文档库。使用该库可组织和排列字处理文档、电子表格、演示文稿以及其他与文本有关的文件。默认情况下，移动、复制或保存到文档库的文件都存储在“我的文档”文件夹中。

(2)图片库。使用该库可组织和排列数字图片，图片可从照相机、扫描仪或者从其他人的电子邮件中获取。默认情况下，移动、复制或保存到图片库的文件都存储在“我的图片”文件夹中。

(3)音乐库。使用该库可组织和排列数字音乐，如从音频 CD 翻录或从 Internet 下载的歌曲。默认情况下，移动、复制或保存到音乐库的文件都存储在“我的音乐”文件夹中。

(4)视频库。使用该库可组织和排列视频，例如取自数字相机、摄像机的剪辑，或者从 Internet 下载的视频文件。默认情况下，移动、复制或保存到视频库的文件都存储在“我的视频”文件夹中。

若要打开文档、图片或音乐库，请单击“开始”按钮 ，然后单击“文档”、“图片”或“音乐”。

2. 查看和排列文件和文件夹

在打开文件夹或库时，可以更改文件在窗口中的显示方式。例如，可以首选较大(或较小)图标或者首选允许查看每个文件的不同种类信息的视图。若要执行这些更改操作，请使用工具栏中的“视图”按钮 。

每次单击“视图”按钮(如图 3-16 所示)的左侧时都会更改显示文件和文件夹的方式，在五个不同的视图间循环切换：大图标、列表、称为“详细信息”的视图(显示有关文件的多列信息)、称为“平铺”的小图标视图以及称为“内容”的视图(显示文件中的部分内容)。

如果单击“视图”按钮右侧的箭头，则还有更多选项。向上或向下移动滑块可以微调文件和文件夹图标的大小。随着滑块的移动，可以查看图标更改大小。

在库中，你可以通过采用不同方法排列文件更深入地执行某个步骤。例如，假如你希望按流派(如爵士和古典)排列音乐库中的文件：

单击“开始”按钮 ，然后单击“音乐”选项。在库窗格(文件列表上方)中，单击“排列方式”旁边的菜单，然后单击“流派”选项。

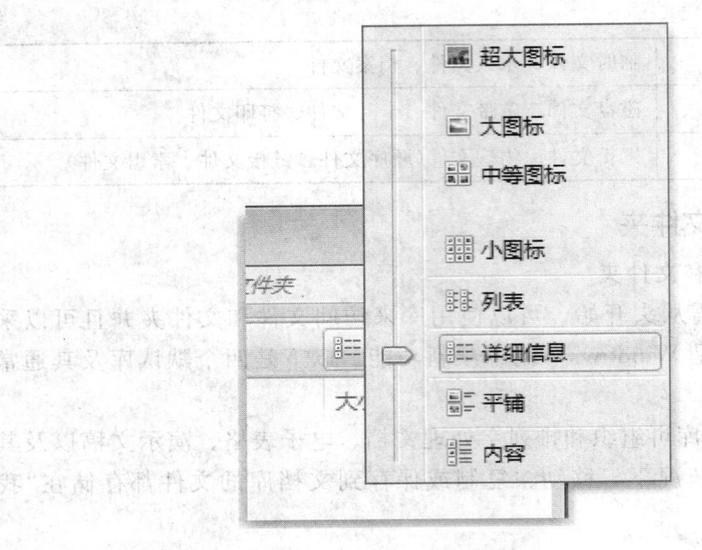

图 3-14 “视图”选项

3. 查找文件

根据拥有的文件数以及组织文件的方式，查找文件可能意味着浏览数百个文件和子文件夹，这不是轻松的任务。为了省时省力，可以使用搜索框查找文件。

搜索框位于每个窗口的顶部。若要查找文件，请打开最有意义的文件夹或库作为搜索的起点，然后单击搜索框并开始输入文本。搜索框基于所输入文本筛选当前视图。如果搜索字词与文件的名称、标记或其他属性，甚至文本文档内的文本相匹配，则将文件作为搜索结果显示出来。

如果基于属性(如文件类型)搜索文件，可以在开始输入文本前，通过单击搜索框，然后单击搜索框正下方的某一属性来缩小搜索范围。这样会在搜索文本中添加一条“搜索筛选器”(如“类型”)，它将为你提供更准确的结果。

如果没有看到查找的文件，则可以通过单击搜索结果底部的某一选项来更改整个搜索范围。例如，如果在文档库中搜索文件，但无法找到该文件，则可以单击“库”以将搜索范围扩展到其余的库。

4. 复制和移动文件和文件夹

有时，我们可能希望更改文件在计算机中的存储位置。例如，可能要将文件移动到其他文件夹或将其复制到可移动媒体(如 CD 或内存卡)以便与其他人共享。

大多数人使用称为“拖放”的方法复制和移动文件。首先打开包含要移动的文件或文件夹的文件夹。然后，在其他窗口中打开要将其移动到的文件夹。将两个窗口并排置于桌面上，以便你可以同时看到它们的内容。

接着，从第一个文件夹将文件或文件夹拖动到第二个文件夹。这就是要执行的所有操作。使用拖放方法时，我们可能注意到，有时是复制文件或文件夹，而有时是移动文件或文件夹。如果存储在同一个硬盘上的两个文件夹之间拖动某个项目，则是移动该项目，这样就不会在同一位置上创建相同文件或文件夹的两个副本。如果将项目拖动到其他位置(如网络位置)中的文件夹或 CD 之类的可移动媒体中，则会复制该项目。

5. 创建和删除文件

创建新文件的最常见方式是使用程序。例如，可以在字处理程序中创建文本文档或者在视频编辑程序中创建电影文件。

有些程序一经打开就会创建文件。例如，打开写字板时，它使用空白页启动。这表示空(且未保存)文件。开始输入内容，并在准备好保存你的工作时，单击“保存”按钮 。在所显示的对话框中，输入文件名(文件名有助于以后再次查找文件)，然后单击“保存”按钮。

默认情况下，大多数程序将文件保存在常见文件夹(如“我的文档”和“我的图片”)中，这便于下次再次查找文件。

当我们不再需要某个文件时，可以从计算机中将其删除以节约空间并保持计算机不为无用文件所干扰。若要删除某个文件，请打开包含该文件的文件夹或库，然后选中该文件。按 Delete 键，然后在“删除文件”对话框中，单击“是”按钮。

删除文件时，它会被临时存储在“回收站”中。“回收站”可视为最后的安全屏障，它可恢复意外删除的文件或文件夹。有时，应清空“回收站”以回收无用文件所占用的所有硬盘空间。

三、打开文件或文件夹

可以打开 Windows 中的文件或文件夹以执行各种任务，如编辑文件中的信息或者创建文件或文件夹的副本。

若要打开文件，我们必须具有一个与其关联的程序。通常，该程序与用于创建该文件的程序相同。

以下是打开 Windows 中文件或文件夹的方法：

(1)找到要打开的文件或文件夹。

(2)双击要打开的文件或文件夹。

四、保存文件

使用程序对文件进行操作时，应该经常保存文件，以避免由于电源故障或其他问题而意外丢失数据。保存文件步骤如下：

(1)在使用的程序中，单击“文件”菜单，然后单击“保存”按钮。

如果使用的程序没有“文件”菜单，或者你找不到“保存”按钮 ，则可以按快捷键 Ctrl+S 执行同样的任务。

(2)如果文件是新的，并且这是你第一次保存该文件，请在“文件名”框中输入文件名称，然后单击“保存”按钮。

五、重命名文件

重命名文件的一种方法是打开用来创建该文件的程序，打开该文件，然后用不同名称保存该文件。但是，下面是一种更快的方法：

(1)右击要重命名的文件，然后单击“重命名”按钮。

(2)输入新的名称，然后按 Enter 键。如果系统提示你输入管理员密码或进行确

认，请输入该密码或提供确认。如果无法重命名文件，则可能是无权更改该文件。

六、更改缩略图大小和文件详细信息

使用“视图”按钮，我们可以更改文件和文件夹的大小和外观，“视图”按钮位于每个已打开文件夹的工具栏上。更改在文件夹中显示项目的方式如下：

(1)打开要更改的文件夹。

(2)单击工具栏上“视图”按钮 ☰ ▾ 旁边的箭头。

(3)单击某个视图或移动滑块以更改文件和文件夹的外观。

我们可以将滑块移动到某个特定视图(如“详细信息”视图)，或者通过将滑块移动到小图标和超大图标之间的任何点来微调图标大小。

七、高级设置

1. 通过将文件设置为只读来防止对其进行更改

将重要或私人文件设置为只读可以保护文件不会被意外更改或未授权更改。将文件设置为只读后，将无法更改该文件。其操作步骤如下：

(1)右击要设置为只读的文件，然后在弹出的快捷菜单中单击“属性”，如图 3-15 所示。

(2)单击“常规”选项卡，勾选“只读”复选框，然后单击“确定”按钮。

如果以后需要更改文件，可以通过取消勾选“只读”复选框关闭只读设置。

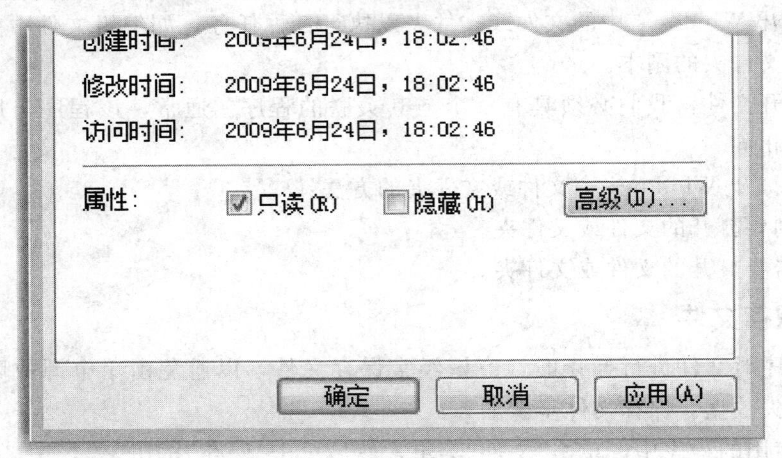

图 3-15 “属性”对话框中的“只读”复选框

采用将文件设置为只读的相同方法，可以将文件夹设置为只读。但是，这不会影响文件夹本身。将文件夹设置为只读，会使当前位于该文件夹内的所有文件变为只读。将文件夹设置为只读后添加到该文件夹的任何文件不会自动变为只读文件。

2. 显示隐藏文件

以下是显示隐藏文件和文件夹的方法。

(1)通过依次单击“开始”按钮 | “控制面板” | “外观和个性化”选项，然后单击“文件夹选项”按钮以打开“文件夹选项”。

(2)单击“视图”选项卡。

(3)在“高级设置”下，单击“显示隐藏的文件、文件夹和驱动器”，然后单击“确定”按钮。

任务 3.4　文件管理的操作

【任务说明】

(1)用三种以上方法打开“资源管理器”和关闭“资源管理器”，然后浏览文件及文件夹。

(2)以列表显示方式、大图标、小图标、详细资料等方式查看文件和文件夹，并尝试用不同方式排序，观察操作的效果。

(3)新建文件夹和文件；查看，修改文件和文件夹属性。

(4)选定文件或文件夹，复制文件夹或文件到文件夹。

(5)删除文件或文件夹，重命名文件或文件夹；查找搜索文件，并在桌面建立快捷方式。

【任务目标】

通过对文件管理的有关操作，熟悉文件管理中的各项操作。

【任务分析】

1. 打开资源管理器，浏览文件及文件夹。

2. 以列表显示方式、大图标、小图标、详细资料等方式查看文件和文件夹，并尝试用不同方式排序，观察操作的效果。

3. 查看、修改文件和文件夹属性。

4. 选定文件或文件夹。

(1)选定一个文件或文件夹。

(2)选定所有文件或文件夹。

(3)选定连续多个文件或文件夹。

(4)选定不连续多个文件或文件夹。

5. 新建文件夹和文件。

(1)在当前文件夹下新建文件夹 NEW1、NEW2。

(2)在当前文件夹下的 NEW1 文件夹中新建文件夹 NEW3。

(3)在 NEW2 文件下建立一个文本文件 BOOK. TXT。

6. 复制文件夹或文件到文件夹。

(1)创建一个“MFILE. DOC”文件将其保存在 NEW1 文件夹下，然后将其复制到 NEW3 文件夹中。

(2)创建一个“BFILE. DOC”文件将其保存在 NEW2 文件夹中然后分别复制到 NEW3 文件夹和 NEW1 文件夹中。

7. 删除当前文件或文件夹。

(1)删除 NEW2 文件夹中的“BFILE. DOC”

(2)删除 NEW2 文件夹。

8. 将当前文件夹下的文件或文件夹改名。将 NEW3 文件夹下的“BFILE. DOC”文

件改名为“BOOK. DOC”。

9. 查找以下文件 Powerpnt. exe，Write. exe，Excel. exe，Calc. exe，Notepad. exe，并在桌面建立快捷方式。

【能力拓展】

现有一 Word 文档，为了不让任何一个人能查看，需要给它加密，以确保它的安全性。

方法一：文件菜单设置

1. 打开需要加密的 Word 文档。

2. 选“文件”的“另存为”，出现“另存为”对话框，在“工具”中选“常规选项”，出现“保存”选项卡。

3. 分别在“打开权限密码”和“修改权限密码”中输入密码(这两种密码可以相同也可以不同)。

4. 再次确认“打开权限密码”和“修改权限密码”。单击“确定”按钮退出“保存”选项卡。

5. 文件存盘。

方法二：工具菜单设置

1. 打开需要加密的 Word 文档。

2. 选“工具”菜单的“选项”命令，出现“选项对话框”。

3. 在“选项”对话框中选“保存”选项卡。

4. 分别在“打开权限密码”和“修改权限密码”中输入密码，单击“确定”按钮退出。

5. 将文件保存。

3.5 Windows 操作系统联网、邮件与网络管理

3.5.1 Windows 操作系统联网

【知识储备】

要将电脑连接到 Internet，需要通过 Internet 服务提供商 (ISP) 和某个硬件才能连接到 Internet。

一、网络互联

1. Internet 连接方式

(1)无线上网或者 3G 拨号

如果你具有无线路由器或网络或者通过 3G 网络，则即使具有宽带连接，也可以选择此方式。

(2)宽带拨号 (PPPoE)

如果计算机直接连接到宽带调制解调器(也称为数字用户线 (DSL) 或电缆调制解调器)，并且具有一个以太网上的点对点协议 (PPPoE) Internet 账户，则可以选择此方式。使用此类型的账户时，你需要提供用户名和密码才能连接。

(3)调制解调器拨号

如果你具有调制解调器，但不是DSL或电缆调制解调器，或者需要使用综合业务数字网（ISDN）将计算机连接到Internet，则可以选择此方式。

(4)LAN上网可以通过光纤直接与ISP连接，采用LAN的方式连接到Internet。

2. 本地局域网连接方式

(1)双机互联

通过双绞线或者具有互联功能的USB数据线，或者通过蓝牙、WIFI等，实现双机的连接。

(2)多机互联

如果要实现多机互联，必须通过交换机或者是带LAN口的路由器，或者是无线AP、无线路由器等。

二、网络功能

通过通信设备和线路将地理位置不同的、功能独立的多个计算机系统互联起来，以功能完善的网络软件(即网络通信协议、信息交换方式及网络操作系统等)实现网络中资源共享和信息传递的系统。计算机通过联网，可以实现以下功能：

1. 资源共享

计算机资源包括有硬件资源、软件资源和数据资源。硬件资源的共享可以提高设备的利用率，避免设备的重复投资。如利用计算机网络建立网络打印机。软件资源和数据资源的共享可以充分利用已有的信息资源，减少软件开发过程中的劳动，避免大型数据库的重复设置。

2. 数据通信

数据通信是指利用计算机网络实现不同地理位置的计算机之间的数据传送。如人们通过电子邮件(E-mail)发送和接收信息，使用IP电话进行相互交谈等。

3. 综合信息服务

在当今的信息化社会中，各行各业每时每刻都要产生大量的信息需要及时地处理，而计算机网络在其中起着十分重要的作用。

4. 商业服务

企业可以借助信息技术，通过网络连接，实现B2B、B2C、C2C等。

任务3.5　组建寝室局域网

【任务说明】

2008级计算机信息管理男生住在东大楼203、204、206三个宿舍，203、204、206宿舍各有计算机6台、4台和8台，现在欲将这三个寝室所有计算机连成一个局域网，实现资源共享。

【任务目标】

通过组建局域网，掌握网络硬件的安装和设置，网络软件的安装和设置。掌握简单局域网的组建，实现资源的共享。

【任务分析】

熟悉网络所需要的所有硬件设备，网络硬件的安装和设置、网络软件的安装和设

置、局域网的设置。

【能力拓展】

在上述任务中，其中将206宿舍汪亮的计算机作为一台代理服务器，通过汪亮的计算机宽带拨号上网，代理所有寝室计算机上网，以这种最经济方式将所有的计算机接入Internet。

3.5.2 邮件与网络管理

【知识储备】

一、电子邮件

E-mail(“电子邮件”的缩写)是一种快速而方便的通信方式，使用电子邮件，能够完成：

(1)发送和接收邮件。你可以向具有电子邮件地址的任何人发送电子邮件。可以收到知道你的电子邮件地址的任何人发送来的电子邮件，并读取和回复这些邮件。

(2)发送和接收文件。除了典型的基于文本的电子邮件之外，还可以在电子邮件中发送几乎任何类型的文件，包括文档、图片和音乐。在电子邮件中发送的文件称为“附件”。

(3)分组发送邮件。可以同时向许多人发送电子邮件。收件人可以回复整个组，这样可以进行小组讨论。

(4)转发邮件。当你收到一封电子邮件时，可以直接将其转发给其他人，无需重新输入。

与电话或普通邮件相比，电子邮件的优势之一是其便捷性。可以在任何时候发送邮件，如果他们已联机，则你可能会在数分钟内就收到回复。

在Windows 7中，我们可以通过下载live mail或者安装微软的Office套件之一的Outlook。当然，我们也可使用Foxmail、Dreammail等。

二、网络管理

1. 网络和共享中心

这是Windows 7的一个新增功能，通过网络和共享中心，我们可以在一个界面中看到和网络有关的所有选项以及对大部分设置进行调整。图3-16就是网络和共享中心的界面。

图中右侧上方显示了网络的连接图，通过这个图，我们可以知道这台计算机是通过怎样的方式连接到网络，以及是否连接到互联网。接下来的“网络”选项下则显示了这台计算机当前连接的网络的类型。最后的“共享和发现”则列出了这台计算机上开启的所有网络服务，例如是否共享了文件或者打印机。

2. 网络映射图

点击图3-16界面右上角的“查看完整映射”链接，可以打开如图3-17所示的网络映射图窗口。它显示了位于本地局域网中的所有计算机和网络设备，并可以显示设备之间的连接情况。

要想让自己的计算机和设备显示在这里，必须满足一些条件：设备必须支持uP-nP，而且设备的防火墙必须启用Windows文件和打印机共享。不过目前该功能只能判

图 3-16　网络和共享中心界面

断出 Windows 7 计算机的位置，虽然可以检测到运行 Windows XP 的计算机，但无法判断这些计算机的位置。这主要是因为 Windows XP 不支持检测位置所需的 LLTD (Link Layer Topology Discovery，链接层拓扑结构发现)协议。

从它的窗口可以看到，这个网络中有三台计算机，其中两台运行 Windows 7 的已经判断出了位置，通过交换机连接到网关，并统一连接到互联网。但还有一台运行 XP 的计算机，目前却无法判断其位置。

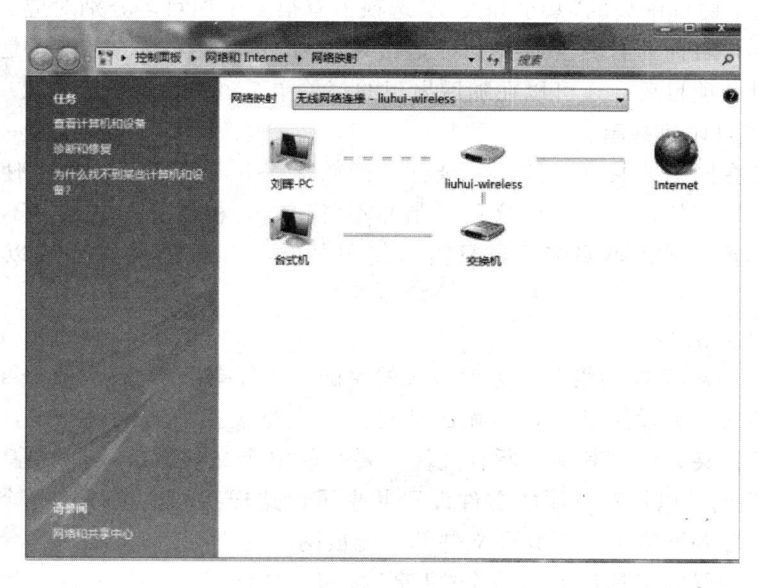

图 3-17　网络映射图窗口

当鼠标指针放在每个设备上之后，系统会自动显示该设备的相关信息，例如名称、IP 地址等。而如果直接点击设备，就能打开设备上的相关服务。例如如果点击网络中的计算机，Windows 7 会自动打开这台计算机上的共享文件，而如果点击路由器等网

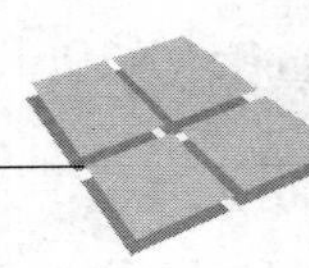

络设备，Windows 7 甚至会直接打开设备的配置 Web 页面(如果有的话)。

3. 网络位置

笔记本电脑的广泛使用让我们随时随地地访问网络成为可能，但是这很容易带来安全隐患。例如，当我们在自家或者公司的网络中使用笔记本电脑时，因为受到良好的保护，因此为了实现某些功能(例如文件和打印机共享)，我们往往会降低防火墙的防护等级，或者开启一些服务；但如果我们在机场或者咖啡馆的无线网络中使用笔记本电脑，则需要及时调整安全设置，提高防火墙的防护等级，关闭不需要的网络服务。每次在网络中切换都手工进行这些操作显得相当烦琐，那么 Windows 7 是如何解决这个问题的呢?

Windows 7 中使用了一种叫做“网络位置”的概念。当我们第一次将计算机接入某个网络后，Windows 7 就会询问我们该网络的位置，我们需要根据实际情况选择最恰当的位置，这样系统才能根据我们的选择做出正确的设置。

例如在设置为“公共网络”的网络中，系统就会打开防火墙，并关闭文件和打印机共享功能；但连接到标记为“专用”的网络后，这些限制就会宽松不少。

在图 3-7 显示的网络和共享中心页面上，我们随时可以点击“自定义”链接在不同网络位置之间切换。

4. 网络共享和发现

如果在老版本 Windows 中想要对网络共享进行查看和设置，那是相当麻烦的，因为我们需要对系统中位于不同位置的多个选项进行设置。不过在 Windows 7 中，所有这一切都被集成到了网络和共享中心。

图 3-7 所示窗口中央的“共享和发现”选项下有很多子项目，分别对应了不同的网络操作，每个项目名称的右侧会用文字标记出该项目当前的状态是启用还是关闭。不仅如此，点击每个项目后，还可以在随后出现的菜单中对该项目进行设置。

5. 文件和打印机共享

为了降低在网络上共享文件的复杂性，微软在 Windows XP 中曾经使用过一种叫做“简单文件共享”的机制，然而这种机制并不“简单”，相反还很复杂。不过 Windows 7 中默认的共享机制就聪明多了，只需要简单的几个步骤就可以完成以往很复杂的设置。

6. 文件级别的共享

这是 Windows 7 在网络共享方面最大的突破。以往老版本的 Windows 中，我们只能针对特定的文件夹设置共享，而无法针对文件进行设置。这也就是说，要么我们必须共享一个文件夹，包含其中的所有文件；要么就整个文件夹都不能共享。而在 Windows 7 中，我们可以针对具体的文件设置共享了，这样我们就可以把一个文件夹中的某几个文件共享到网络上，而其余文件都不能被网络用户看到。

在资源管理器的工具栏上有一个“共享”按钮，任何时候，只要选中想要共享的文件或者文件夹，然后点击这个按钮，即可以将其共享。不过点击这个按钮之后发生的事情则要分情况讨论。

如果当前用户对选中的文件具有完全控制的权限，那么 Windows 7 将自动使用“简单共享”模式进行共享；如果当前用户对选中的文件没有完全控制的权限，那么只能使用“高级共享”模式，而且一般还需要通过 UAC 的确认(如果启用了 UAC 的话)。不过虽然模式不同，但思路都是一样的，那就是：确定要共享的内容，选择允许访问的用户，设置相应的权限。

7. 简单共享

首先在用户列表中选择允许访问该共享的本机用户(或者新建一个用户)，接着点击“添加”按钮，将其加入允许列表。随后需要为添加的用户设置权限。在简单共享模式下，有“读者”、“参与者”、“共有者”这三种不同的权限，相比以往的“只读”、“完全控制”等权限，Windows 7 中的选项明显更加简单明了。为每个用户选择好相应的权限后，只要点击“共享”按钮，所有设置就完成了。

上面提到的三种权限之间的区别如下：

读者：只能查看共享文件的内容。

参与者：可以查看文件，添加文件，以及删除他们自己添加的文件(单独共享文件则无此选项)。

共有者：可以查看、更改、添加和删除所有共享的文件。

共享后的文件或文件夹上都会有一个“两个小人”的图标。

8. 高级共享

如果我们想要共享自己不具备完全控制权限的文件夹，那么将无法使用简单共享模式，只能使用高级共享。在这样的项目上点击“共享”按钮后，可以看到图 3-18 所示的对话框，点击“高级共享”按钮即可开始设置共享。

点击“高级共享”按钮后，可以看到“高级共享”对话框。首先选中“共享此文件夹”选项，然后设置共享名称、连接数量(作为客户端操作系统，Windows 7 取决于版本，最多只能允许 10 个并发连接)、注释，并添加权限，设置缓存。这一切和老版本的 Windows 差别不大，因此本文不准备多说。

9. 媒体库共享

媒体库共享是 Windows 7 中的 Windows Media Player 11 的一项新功能，利用该功能，我们可以把一台大硬盘的计算机当作家庭媒体服务器，所有影音文件都保存在这台计算机上，而我们在其他计算机，甚至 Xbox 360、网络播放器、智能手机等设备上，就可以直接通过预置的播放软件播放服务器中的影音文件。

这个功能可以在 Windows 7 上完全实现，在 Windows XP 上部分实现。运行 Windows 7 的计算机可以充当媒体库共享的服务器和客户端，也就是说，Windows 7 既可以共享本机的媒体文件，也可以访问其他计算机共享的文件。而 Windows XP 在安装 WMP 11 之后，只能共享本机的媒体文件，无法访问网络上其他计算机共享的媒体文件(当然，将媒体文件作为文件通过网上邻居共享还是可以的)。

10. 设置共享

运行 WMP，在窗口顶部的黑色按钮栏上空白处右击，在弹出的快捷菜单中选择“属性”，打开“选项”对话框。切换到媒体库选项卡，并点击“配置共享”按钮，随后可以看到打开的界面。选中“查找其他用户共享的媒体”，可以让本机自动搜索局域网中其他计算机共享的媒体库；选中“共享媒体”则可以将本机的媒体库共享到局域网中。设置好之后点击“确定”按钮即可。

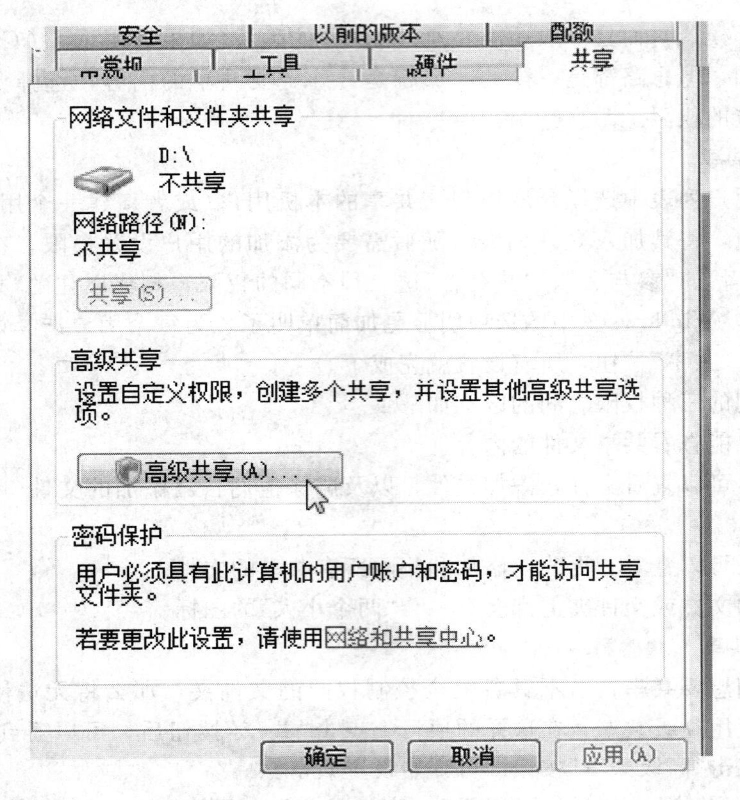

图 3-18　高级共享对话框

首先我们需要设置是否允许从本机登录的其他用户访问我们的媒体库。因为每个人使用各自的账号，因此默认情况下就算用户 A 和用户 B 使用同一台计算机，他们也无法直接访问对方的文件。如果允许本机的其他用户访问，则可以选中“此计算机上的其他用户”，然后点击“允许”。

对于通过网络访问本机媒体库的计算机，在首次访问的时候 WMP 会自动询问。我们可以根据需要决定是否允许对方的访问。

11. 访问共享

设置好了，看看其他计算机怎样访问共享媒体库。打开其他 Windows 7 计算机的 WMP，切换到媒体库选项卡上。从打开的窗口可以看到，窗口左侧的媒体库列表中有两个项目，“媒体库”和“刘晖，在台式机上”，其中前者是这台计算机的本地媒体库，而后者就是通过网络访问的远程媒体库。

在远程计算机上，我们可以像使用本地文件那样直接浏览、播放远程媒体文件。只要网络够顺畅，播放起来就绝对不成问题。

注意：该功能是作为一项服务存在的，设置为媒体服务器的计算机只要开着，不管有没有运行 WMP，都可以为其他电脑提供媒体服务。

12. 网络诊断和修复

网络不通的时候，为了判断故障所在，我们往往需要使用很多诊断工具，例如 Ping、nslookup 等。但是对于新手，要想独自完成这一任务简直是不可能的，这时候 Windows 7 中的网络诊断和修复功能可以发挥作用了。

首先让我们人为制造一个错误，在路由器中禁用这台 Windows 7 计算机网卡的 MAC 地址，然后运行 Windows 7 的网络诊断和修复工具。稍等片刻，在图 3-19 所示的诊断结果界面上，第一条原因就已经说明问题了。虽然距离我们期待的“Mac 地址被禁止”还有一定差距，不过想必 Windows 7 还没有智能到这种地步，但至少已经判断出是路由器的问题。而知道了问题的所在后，解决起来就简单多了。

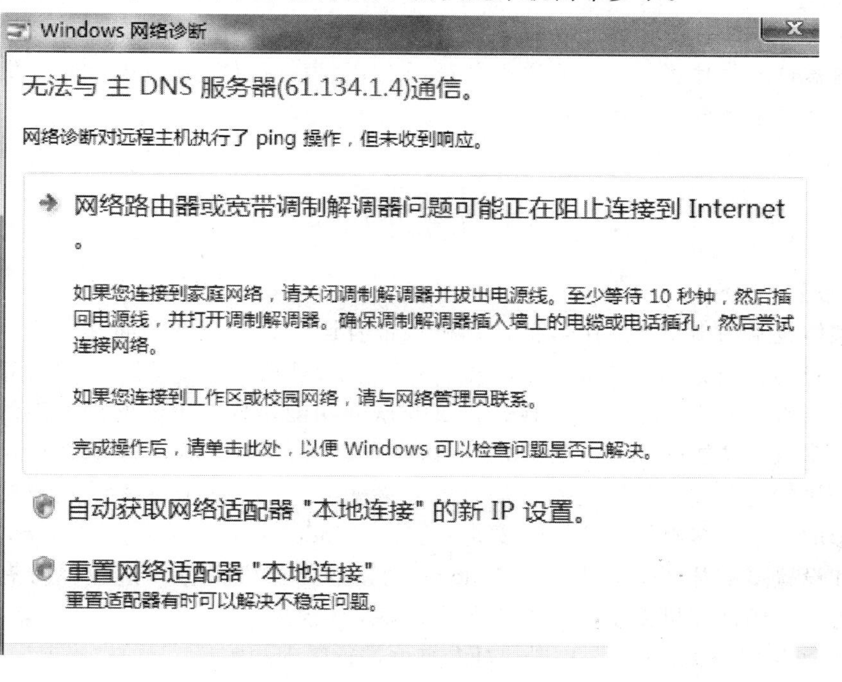

图 3-19　诊断结果界面

任务 3.6　电子邮箱的申请和电子邮件的收发

【任务说明】

申请一个免费的电子邮箱，并向你的朋友张小华(ZXH@163. COM)发送邮件，同时查收他给你发的电子邮件。

【任务目标】

掌握电子邮件的基本概念和特点、电子邮件地址的书写格式及其含义、掌握网上申请电子邮箱的方法，掌握电子邮件的书写、发送、接收和查看的方法、附件的正确操作和一信多发的操作。

【任务分析】

熟悉电子邮件发送、接收的方法，掌握附件的发送及一信多发的操作。

【能力拓展】

处理垃圾电子邮件

正如你可能会在普通邮件中收到未经请求的广告、传单或目录一样，在你的收件

箱中，也很可能会收到垃圾电子邮件(通常称为“垃圾邮件”)。垃圾电子邮件可能包括广告、骗局或提供法律服务的宣传。因为对于营销者来说，发送垃圾电子邮件是一种非常廉价的方式，所以人们收到大量垃圾电子邮件就不足为奇了。

许多电子邮件程序和基于 Web 的电子邮件服务包括垃圾电子邮件筛选器，还称为垃圾邮件筛选器。这些筛选器分析你收到的邮件的内容，并将可疑邮件移至一个特殊的垃圾电子邮件文件夹，你可以随时查看或删除其中的邮件。如果有垃圾电子邮件溜过了过滤器进入收件箱，许多电子邮件程序允许你指定以后自动把来自该发件人的电子邮件都移至垃圾电子邮件文件夹。

3.6 Windows 操作系统多媒体管理

【知识储备】

多媒体技术的出现与应用，把计算机从带有键盘和监视器的简单桌面系统变成了一个具有音响、麦克风、耳机、游戏杆和 CD－ROM 驱动器的多功能组件箱，使计算机具备了电影、电视、录音、录像、传真等全面功能。日益更新的操作系统更是从系统级支持多媒体功能的改善，其 DVD 支持技术、内置的 DirectX 多媒体驱动和操作系统无缝连接的光盘刻录与擦写技术等，加之高速发展的硬件技术，给用户提供了更加丰富多彩的交互式多媒体环境。但要充分发挥 Windows 出色的多媒体功能，必须正确地安装和设置多媒体设备，调整 Windows 的多媒体属性设置以适应你特有的工作环境，并为自己的计算机系统设置声音事件等多媒体效果。

控制面板-“硬件和声音”-“声音”对多媒体进行管理和配置。单击“声音”图标，将打开对声音、语音和音频设备的管理。

一、多媒体硬件设备的安装

要具备多媒体功能，在计算机系统中首先要安装相应的多媒体设备用于处理各种媒体的信息。多媒体需要的基本硬件设备包括显卡、声卡、音箱/耳机和麦克风等。在“控制面板”中选择“系统”，在“硬件”选项卡中单击“设备管理器”可以查看已经安装在你的计算机上的硬件设备，可以找到“声音、视频和游戏控制器”及“显示卡”等(图 3-20)。这里“声音、视频和游戏控制器”下有许多项，并不代表它们对应了多个独立的硬件设备。事实上你只需安装声卡和显卡就可以了。

用鼠标右击“设备管理器”中的某项设备(如显卡)，选择快捷菜单中的“属性”，可以打开该硬件的属性对话框。在“常规”选项卡中，你可以查看到该硬件的资源属性，如设备类型、制造商、运转情况等。

在硬件属性对话框中打开“驱动程序”选项卡，可以查看到该设备的驱动程序信息，并为这个设备更新驱动程序。如果该设备在更新驱动程序时失败或者更新驱动程序后出现问题，可以在这里单击“返回驱动程序”按钮，系统就会自动帮助你返回到前一个驱动程序。

如果你购买了新的多媒体设备如图像采集卡等，通常当你把硬件安插到计算机上并重新启动后，系统会自动认出新硬件并安装适当的驱动程序。如果系统没有自动认

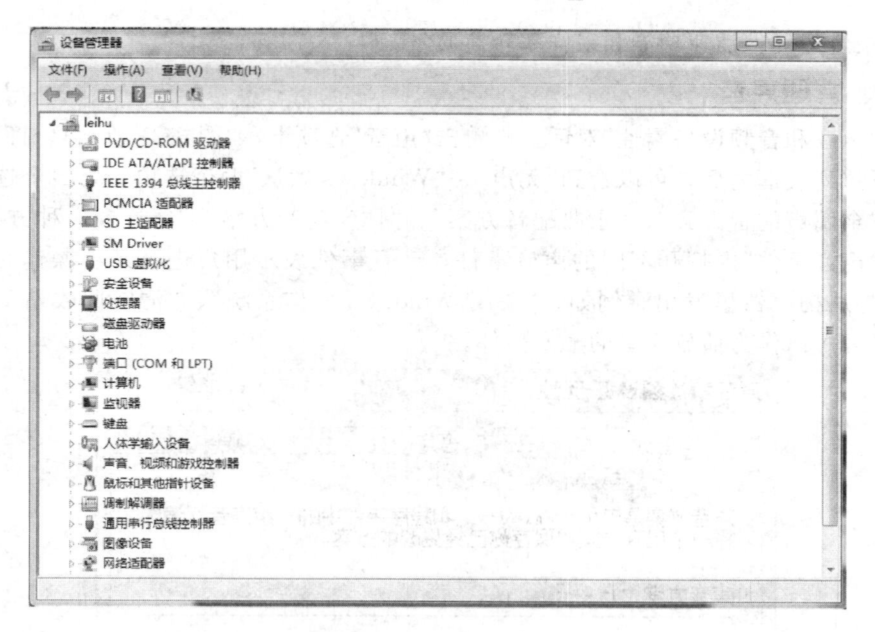

图 3-20 设备管理器窗口

出新硬件，你可以单击“控制面板”中的“系统”图标，在系统特性对话框中选择“硬件”选项卡，单击“添加新硬件向导”按钮可以手工安装新硬件。

二、管理硬件

为了了解本地计算机安装硬件的情况，用户可在“声音和多媒体属性”对话框内选择“硬件”选项卡。“设备”列表框内显示当前已安装的所有硬件，用户可以逐个查看硬件的名称及类型。

选择一种硬件之后，该硬件的设备属性将出现在“设备属性”栏内，它包括硬件的“制造商”、“位置”、“设备状态”三项内容，如果所选的硬件未正常工作，那么将在“设备状态”内显示“此设备当前工作不正常”的字样。

单击“属性”按钮之后，将对所选硬件的属性进行修改。如果安装的硬件工作不正常，可单击“疑难解答”按钮，启用 Windows 的向导，回答一系列提问之后，向导将帮助用户分析硬件工作不正常的原因，并对排除硬件故障提出建议。

三、管理音频

在“声音和音频设备属性”对话框中，单击“音频”选项卡。需要调整声音回放的音量时，可单击“音量”按钮，在打开的“音量控制”对话框内对回放的音量、声音均衡进行修正。

希望选择扬声器和设置系统的播放性能时，可单击“高级”按钮，打开“高级音频属性”对话框。确定扬声器的应用程序、设置音频回放的硬件加速功能和采样率转换质量之后，单击“确定”按钮将使修改的设置生效。

在“录音”栏内打开“首选设备”下拉列表框之后，用户就可以选择一种录音的首选设备。单击“音量”按钮时，在打开的“音量控制”对话框内，可对左右声道的平衡状态、录音音量的大小进行调整。单击“高级”按钮之后，可在打开的“高级音频属性”对话框内设置录音的硬件加速功能和采样率转换质量。

四、管理声音

在“声音和音频设备属性”对话框内单击“声音”选项卡(如图 3-21 所示)。打开“声音方案”下拉列表框之后，可以看到“无声”、“Windows 默认”两个选项，第二个选项下面又包括“金属声配音方案”、“乐曲配音方案”、“蛙声配音方案”，每选择一种方案之后，都会在“声音事件”内打开不同的声音事件，声音事件表示用户进行某项操作时，预订的声音将从扬声器里发出。例如，“关闭 Windows 操作系统”、“清空回收站”、“菜单弹出”等都可以作为播放声音的触发事件。

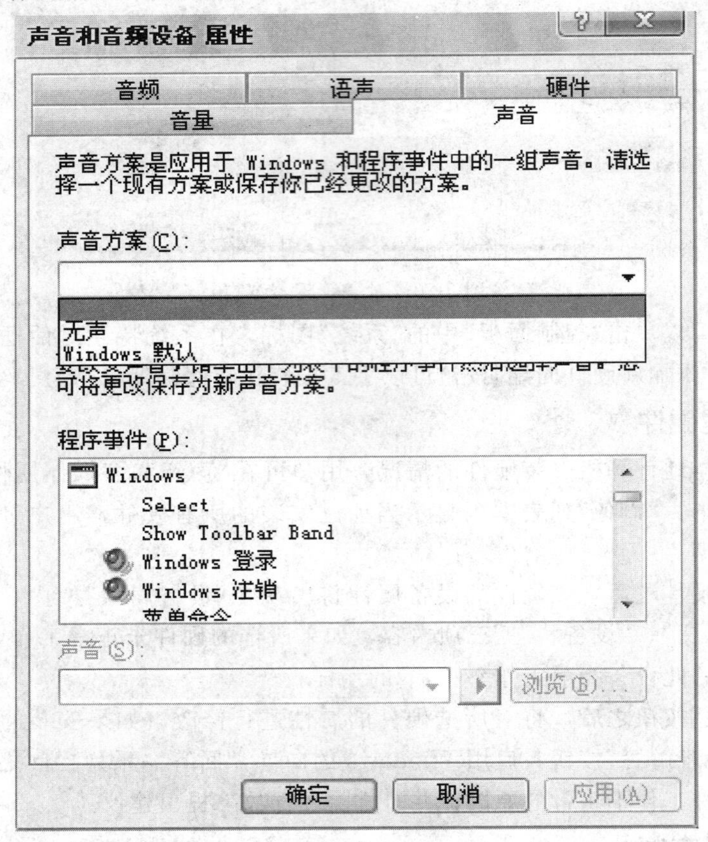

图 3-21 “声音”选项卡

选择一种声音事件之后，可从“名称”下拉列表框内选择与之对应的声音文件，单击右侧的“播放”按钮时，可以试听所选的声音。另外，单击“浏览”按钮，在打开的“浏览”对话框内可以定位其他声音文件。

每选择一种声音方案之后，都会有不同的声音事件、声音文件与之对应。如果对声音文件进行了更改，那么选择其他的声音方案时，Windows 操作系统将提示用户是否保存所做的修改。

单击“另存为”按钮时，可对当前的声音方案进行存盘处理。单击“删除”按钮时，将把所选的声音方案从列表框内删除。为了调节播放声音文件的音量，可在“音量”栏内拖动滑块，滑块的位置越靠右，扬声器内播放的声音越高，否则播放的声音越低。

任务3.7 在Windows Media Player中创建或更改自动播放列表

【任务说明】

Windows Media Player中的自动播放列表是一种会根据指定的条件自动进行更改的播放列表类型。在每次打开时，它还会进行自我更新。例如，如果要欣赏某个艺术家的音乐，你可以创建一个自动播放列表，当有该艺术家的新音乐出现在播放机库中时，该列表将自动添加。可以使用自动播放列表来播放播放机库中不同的音乐组合，将分组的项目刻录到CD或同步到便携式设备。在播放机库中，你可以创建自己的自动播放列表和常规播放列表。

【任务目标】

通过在Windows Media Player中创建或更改自动播放列表，可以根据设置的条件查找、组织以及播放要欣赏的音乐。

【任务分析】

1. 依次单击“开始”按钮、“所有程序”和“Windows Media Player”。

如果播放机当前已打开且处于“正在播放”模式，请单击播放机右上角的“切换到媒体库”按钮。

2. 在播放机库中，单击“创建播放列表”右侧的箭头 ▼，然后单击“创建自动播放列表”。

3. 在“自动播放列表名称”框中，输入播放列表的名称。

4. 选择要用于自动播放列表的条件。下列步骤说明了如何设置包含评定为4星级或5星级的歌曲的自动播放列表：

(1)在条件列表中，验证是否显示了“媒体库中的音乐”。

(2)单击“单击此处添加条件”，然后单击“我的分级”。

播放机会自动添加“至少4星级”。播放此播放列表时，该列表中将包括评定为4星级或更高星级的全部音乐。

5. 单击“确定”按钮。

【能力拓展】

你可以使用Windows Media Player将歌曲从音频CD复制到你的计算机。此过程称为“翻录”。

在翻录过程中，播放机会对每首歌曲进行复制，将其作为Windows Media音频(WMA)或MP3文件存储在你的硬盘上，然后将其添加到你的播放机库中。

翻录CD集合后，可以使用播放机来执行以下任何一项操作：

• 只需快速单击几次即可找到并播放计算机上的任何歌曲(不再需要搜寻一堆堆的CD和CD盒)。

• 将你最喜欢的歌曲从计算机同步到便携设备(如MP3播放机或Windows Mobile电话)，以便可以在旅途中欣赏音乐。

• 刻录CD以便在汽车或家庭立体声音响中进行播放。

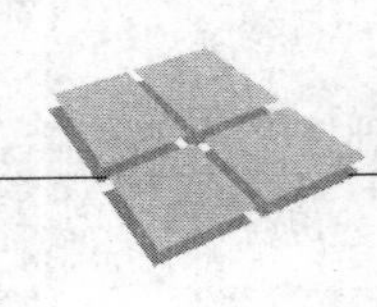

3.7 Windows 操作系统个性化管理

【知识储备】

可以通过更改计算机的主题、颜色、声音、桌面背景、屏幕保护程序、字体大小和用户账户图片来向计算机添加个性化设置。还可以为桌面选择特定的小工具。

一、主题

主题是计算机上的图片、颜色和声音的组合。它包括桌面背景、屏幕保护程序、窗口边框颜色和声音方案。某些主题也可能包括桌面图标和鼠标指针。

Windows 提供了多个主题。可以选择 Aero 主题对你的计算机进行个性化设置；如果计算机运行缓慢，可以选择 Windows 7 基本主题；或者，如果希望使屏幕上的项目更易于查看，可以选择高对比度主题。单击要应用于桌面的主题。

通过单击“开始”按钮，然后单击“控制面板”，打开“个性化”。在搜索框中，输入“个性化”，然后单击“个性化”。

如果你长时间观看计算机屏幕，你知道要看到自己喜欢的东西有多重要。在 Windows 7 中，你可以通过创建自己的主题，更改桌面背景、窗口边框颜色、声音和屏幕保护程序以适应你的风格。

1. 创建自己的主题

(1)通过单击“开始”按钮，然后单击“控制面板”，打开“个性化”。在搜索框中，输入“个性化”，然后单击“个性化”。

(2)单击要应用于桌面的主题。

(3)更改以下一项或多项内容：

• 桌面背景。桌面背景可以是单张图片或幻灯片放映(一系列不停变换的图片)。你可以使用自己的图片，或者从 Windows 自带的图片中选择。

若要更改背景，请单击“桌面背景”，浏览到要使用的图片，选中要加入幻灯片放映的图片的复选框，然后单击“保存更改”。

• 窗口边框颜色。若要更改窗口边框、任务栏和“开始”菜单的颜色，请单击“窗口颜色”，然后单击要使用的颜色，再调整色彩亮度，然后单击“保存更改”。

• 声音。若要更改电脑在发生事件时发出的声音，请依次单击“声音”和“声音方案”列表中的项目，然后单击“确定”按钮。

• 屏幕保护程序。若要添加或更改屏幕保护程序，请依次单击“屏幕保护程序”和“屏幕保护程序”列表中的项目，更改任意设置以满足你的喜好，然后单击“确定”按钮。

新主题将作为未保存的主题出现在“我的主题”下。若想要以后回到未保存的主题，请确保你已将其保存。

2. 保存主题

如果你喜欢新主题的外观和声音，则可以保存该主题，以便随时使用它。

3. 共享主题

你可以与使用 Windows 7 的家人和朋友共享你所创建的主题。要将主题发送给其他人，需要以可共享的文件格式(称做 .themepack 文件)保存该主题。然后，可以通过电子邮件账户、网络或外部硬盘共享该主题。

4. 删除主题

如果你不再想使用已创建或下载的主题，可以将其从电脑中删除。(Windows 自带的主题不能删除。)

二、声音

可以使计算机在计算机上发生某些事件时播放声音。(事件可以是你执行的操作，如登录到计算机或计算机执行的操作，如在你收到新电子邮件时向你发出警报。)Windows 附带多种针对常见事件的声音方案(相关声音的集合)。此外，某些桌面主题有它们自己的声音方案。

若要感觉一下某个声音方案，请单击该方案。在“程序事件”列表中，单击不同的事件，然后单击“测试”倾听该方案中每个事件的发声效果。

三、桌面背景

桌面背景(也称为壁纸)可以是个人收集的数字图片、Windows 提供的图片、纯色或带有颜色框架的图片。可以选择一个图像作为桌面背景，也可以显示幻灯片图片。更改桌面背景步骤如下：

(1)通过单击“开始”按钮，然后单击“控制面板”，打开“桌面背景”。在搜索框中，输入“桌面背景”，然后单击“更改桌面背景”。

(2)单击要用于桌面背景的图片或颜色。如果要使用的图片不在桌面背景图片列表中，请单击“图片位置”列表中的选项查看其他类别或单击“浏览”搜索计算机上的图片。找到所需的图片后，双击该图片。它将成为桌面背景。

(3)单击“图片位置”下的箭头，选择对图片进行裁剪以使其全屏显示、使图片适合屏幕大小、拉伸图片以适合屏幕大小、平铺图片还是使图片在屏幕上居中显示，然后单击“保存更改”。

四、屏幕保护程序

屏幕保护程序是在指定时间内没有使用鼠标或键盘时，出现在屏幕上的图片或动画。可以选择各种 Windows 屏幕保护程序。

Windows 提供了多个屏幕保护程序。你还可以使用保存在计算机上的个人图片来创建自己的屏幕保护程序，也可以从 Web 下载屏幕保护程序。

更改屏幕保护程序

(1)通过单击“开始”按钮，然后单击“控制面板”，打开“屏幕保护程序设置”。在搜索框中输入“屏幕保护程序”，然后单击“更改屏幕保护程序”。

(2)在“屏幕保护程序”列表中，单击要使用的屏幕保护程序，然后单击“确定”按钮。

五、字体大小

可以通过增加每英寸点数 (DPI) 比例来放大屏幕上的文本、图标和其他项目。还可以降低 DPI 比例以使屏幕上的文本和其他项目变得更小，以便在屏幕上容纳更多

内容。

可以使屏幕上的文本或其他项目(如图标)变得更大，而更易于查看。无须更改监视器或便携式计算机屏幕的屏幕分辨率即可实现该操作。这样便允许你在保持监视器或便携式计算机设置为其最佳分辨率的同时增加或减小屏幕上文本和其他项目的大小。可以通过以下步骤实现：

(1)通过依次单击“开始”按钮、“控制面板”，然后在“外观和个性化”下，单击“调整屏幕分辨率”，打开“屏幕分辨率”。

(2)选择下列操作之一：

①“较小 － 100％(默认)”。该选项使文本和其他项目保持正常大小。

②“中等 － 125％”。该选项将文本和其他项目设置为正常大小的125％。

③“较大 － 150％”。该选项将文本和其他项目设置为正常大小的150％。仅当监视器支持的分辨率至少为1200×900像素时才显示该选项。

(3)单击“应用”。若要查看更改，请关闭所有程序，然后注销Windows。该更改将在下次登录时生效。

还可以通过更改屏幕分辨率来使文本显示为更大或更小，但是如果你使用LCD监视器或便携式计算机，则建议你将屏幕设置为其原始分辨率以避免文本模糊。这是LCD监视器或便携式计算机屏幕根据其大小显示设计的最佳分辨率。

六、用户账户图片

用户账户图片有助于标识计算机上的账户。该图片显示在欢迎屏幕和开始菜单上。可以将用户账户图片更改为Windows附带的图片之一，也可以使用自己的图片。其操作步骤如下：

(1)通过依次单击“开始”按钮、“控制面板”、“用户账户和家庭安全”(如果你已连接到网络域，请单击“用户账户”)，然后单击“用户账户”，打开“用户账户”。

(2)单击“更改图片”。

(3)单击要使用的图片，然后单击“更改图片”。

或者，如果你要使用自己的图片，则单击“浏览更多图片”，浏览到要使用的图片，单击该图片，然后单击“打开”。可以使用任意大小的图片，但其文件扩展名必须为以下扩展名中的一个：.jpg、.png、.bmp、或.gif。

七、桌面小工具

桌面小工具是一些可自定义的小程序，它能够显示不断更新的标题或图片幻灯片等信息，无须打开新的窗口。

可以通过更改其设置、调整其大小、使其位于其他窗口的前端、将其移动到桌面上的任意位置以及进行其他更改来自定义桌面小工具。

任务 3.8 更改与安装屏幕保护程序

【任务说明】

Windows 提供了多个屏幕保护程序。你还可以使用保存在计算机上的个人图片来创建自己的屏幕保护程序，也可以从 Web 下载屏幕保护程序。

【任务目标】

学会对 Windows 屏幕保护程序的更改与安装。

【任务分析】

通过单击“开始”按钮，然后单击“控制面板”，打开“屏幕保护程序设置”。在搜索框中输入“屏幕保护程序”，然后单击“更改屏幕保护程序”。在“屏幕保护程序”列表中，单击要使用的屏幕保护程序，然后单击“确定”按钮。有关安装屏幕保护程序的信息，请参阅要安装的屏幕保护程序附带的“帮助”。可以卸载自己安装的屏幕保护程序，但不能卸载 Windows 提供的屏幕保护程序。

【能力拓展】

删除屏幕保护程序。如果屏幕保护程序出现问题或知道不会再使用它，可以将它从计算机中卸载。但是，不能卸载 Windows 提供的屏幕保护程序。

3.8 Windows 操作系统性能与维护

【知识储备】

一、Windows 操作系统性能的提高

性能信息和工具、Windows 体验指数和 ReadyBoost 都提供有助于提高计算机性能的方法。

(一)提高计算机性能的方法

1. 可帮助提高性能的任务

“性能信息和工具”的左窗格中的任务可帮助提高计算机性能。打开“性能信息和工具”的步骤：通过单击“开始”按钮，然后单击“控制面板”，打开“性能信息和工具”。在搜索框中，输入“性能信息和工具”，然后在结果列表中单击“性能信息和工具”。

任务	描述
调整视觉效果	通过更改菜单和窗口的显示方式来优化性能
调整索引选项	索引选项可帮助在计算机上快速、容易地找到要找的项目。通过缩小搜索范围来集中到常用的文件和文件夹，可以使搜索更有效
调整电源设置	更改有关电源设置，使计算机更有效地从节能设置恢复，以及调整便携式计算机的电池使用情况
打开磁盘清理	这个工具删除硬盘上不需要的文件或临时文件，可以增加所拥有的存储空间数量

续表

任务	描述
高级工具	访问系统管理员和 IT 专业人员经常用于解决问题的高级系统工具，例如“事件查看器”、“磁盘碎片整理程序”和“系统信息”。还可以查看性能相关问题和如何处理这些问题的通知。例如，如果 Windows 检测到驱动程序正在降低性能，请单击通知了解哪个驱动程序导致了该问题，并查看关于如何更新驱动程序的帮助。列表开头列出的问题对系统的影响比列表中后面的问题对系统的影响大

2. 查看有关计算机功能的详细信息

Windows 体验指数测量计算机硬件和软件配置的功能，并将此测量结果表示为称做基础分数的一个数字。较高的基础分数通常表示计算机比具有较低基础分数的计算机运行得更好和更快(特别是在执行更高级和资源密集型任务时)。

查看计算机基础分数的步骤：通过单击「开始」按钮，然后单击“控制面板”打开“性能信息和工具”。在搜索框中输入“性能信息和工具”，然后在结果列表中单击“性能信息和工具”。

此页上显示计算机的 Windows 体验指数基础分数和子分数。如果没有看到子分数和基础分数，请单击“为此计算机分级”。如果系统提示你输入管理员密码或进行确认，请输入该密码或提供确认。如果最近升级了硬件并想知道自己的分数是否发生了更改，请单击“重新运行评估”。如果系统提示你输入管理员密码或进行确认，请输入该密码或提供确认。

Windows 体验指数供其他软件制造商使用，因此可以购买与计算机的基础分数匹配的程序。

每个硬件组件都会接收单独的子分数。计算机的基础分数是由最低的子分数确定的。例如，如果单个硬件组件的最低子分数是 2.6，则基础分数就是 2.6。基础分数不是合并子分数的平均数。但是，通过子分数你可以查看执行对你最重要的组件的方式，并且可以帮助你决定升级哪些组件。

可以使用基础分数购买与计算机基础分数匹配的程序和其他软件。例如，如果计算机的基础分数是 3.3，则你可以购买为要求计算机的基础分数为 3 或 3 以下的 Windows 版本设计的任何软件。

分数的当前范围是从 1.0 到 7.9。Windows 体验指数的设计可以适应计算机技术的进步。随着硬件速度和性能的提高，将支持更高的分数范围。通常，每个索引级别的标准保持不变。但是，某些情况下，可能开发新的测试，这些测试可能会获得较低的分数。

若要查看有关计算机硬件(例如处理器速度、已安装的随机存取内存（RAM）的数量及硬盘大小)的详细信息，请单击“查看和打印详细的性能和系统信息”。

3. 使用 ReadyBoost 提高计算机速度

ReadyBoost 可以通过使用大部分 USB 闪存驱动器和闪存卡上的存储空间来提高计算机速度。将与 ReadyBoost 兼容的存储设备插入计算机时，“自动播放”对话框会为你提供使用 ReadyBoost 的选项。如果选择该选项，则你可以选择设备上用于此目的的内存大小。

4. 尝试使用疑难解答程序

Windows 包含两个疑难解答程序，可用来自动修复有关计算机性能或系统维护方面的某些常见问题。

(1)通过单击“开始”按钮，然后单击“控制面板”，打开“性能”疑难解答。在搜索框中，输入“疑难解答”，然后单击“疑难解答”。在“系统和安全”下，单击“检查性能问题”。

(2)通过单击“开始”按钮，然后单击“控制面板”，打开“维护”疑难解答。在搜索框中，输入“疑难解答”，然后单击“疑难解答”。在“系统和安全”下，单击“运行维护任务”。

(二)更改主题以改进性能

如果计算机运行缓慢，可能会看到一条消息，提示主题正在占用大部分可用内存。如果出现这种情况，可以更改为 Windows 7 基本主题或高对比度主题，以改进性能。

如果将主题更改为 Windows 7 基本主题，将不再能够获得完整的 Aero 体验。Aero 是此 Windows 版本中的高级视觉体验。其特点是具有透明的玻璃图案、窗口动画、Aero Flip 3D 和活动窗口预览。更改主题的步骤：

(1)通过单击“开始”按钮，然后单击“控制面板”，打开“个性化”。在搜索框中，输入“个性化”，然后单击“个性化”。

(2)在“基本和高对比度主题”下，单击“Windows 7 基本”或任一高对比度主题。

二、Windows 操作系统的维护

Windows 本身是一个非常开放、同时也是非常脆弱的系统，稍微使用不慎就可能会导致系统受损，甚至瘫痪。而如果是经常进行应用程序的安装与卸载也会造成系统的运行速度降低、系统应用程序冲突明显增加等问题的出现。这些问题导致的最终后果就是不得不重新安装 Windows。

Windows 操作系统本身提供的系统维护与优化功能不是非常完善，加上系统并没有提供对注册表控制系统设置的管理功能，如果让广大用户自己对付频繁出现的各种系统问题就会显得非常棘手。本节主要介绍几种可以协助普通的用户对 Windows 进行维护的方法。

1. 定期对硬盘进行碎片整理和磁盘文件扫描

碎片会使硬盘执行能够降低计算机速度的额外工作。可移动存储设备(如 USB 闪存驱动器)也可能成为碎片。磁盘碎片整理程序可以重新排列碎片数据，以便磁盘和驱动器能够更有效地工作。磁盘碎片整理程序可以按计划自动运行，也可以手动分析磁盘和驱动器以及对其进行碎片整理。为此，请执行下列步骤：

(1)通过单击“开始”按钮，打开“磁盘碎片整理程序”。在搜索框中，输入“磁盘碎片整理程序”，然后在结果列表中单击“磁盘碎片整理程序”。

(2)在“当前状态”下，选择要进行碎片整理的磁盘。

(3)若要确定是否需要对磁盘进行碎片整理，请单击“分析磁盘”。如果系统提示你输入管理员密码或进行确认，请输入该密码或提供确认。

在 Windows 完成分析磁盘后，可以在“上一次运行时间”列表中检查磁盘上碎片的

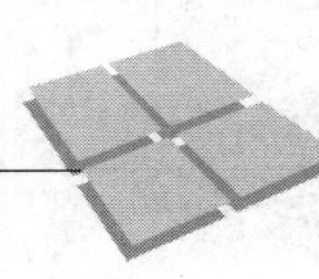

百分比。如果数字高于10%，则应该对磁盘进行碎片整理。

(4)单击“磁盘碎片整理”。如果系统提示你输入管理员密码或进行确认，请输入该密码或提供确认。

磁盘碎片整理程序可能需要几分钟到几小时才能完成，具体取决于硬盘碎片的大小和程度。在碎片整理过程中，仍然可以使用计算机。

2. 维护系统注册表

Windows的注册表是控制系统启动、运行的最底层设置，其文件为Windows安装路径下的system.dat和user.dat。这两个文件并不是以明码方式显示系统设置的，普通用户根本无从修改。而我们知道，如果你经常地安装/卸载应用程序，这些应用程序在系统注册表中添加的设置通常并不能够彻底删除，时间长了会导致注册表变得非常大，系统的运行速度就会受到影响。我们可以从网上下载专门针对Windows注册表的自动除错、压缩、优化工具，最好选择具有提供强大的系统注册表错误设置的自动检测功能，提供自动修复功能。使用这样的工具，即使你对系统注册表一无所知，也可以非常方便进行操作，因为你只需使用鼠标单击程序界面中的“next”按钮，就可完成系统错误修复。

对系统注册表进行备份是保证Windows系统可以稳定运行、维护系统、恢复系统的最简单、最有效的方法。

3. 清理System路径下的无用的.dll文件

这项维护工作大家可能并不熟悉，但它也是影响系统能否快速运行的一个至关重要的因素。我们知道，应用程序安装到Windows中后，通常会在Windows的安装路径下的system文件夹中复制一些.dll文件。而当你将相应的应用程序删除后，其中的某些.dll文件通常会保留下来；当该路径下的.dll文件不断增加时，将在很大程度上影响系统整体的运行速度。而对于普通用户来讲，进行.dll文件的手工删除是非常困难的。

针对这种情况，建议使用clean system自动.dll文件扫描、删除工具，这个工具可以到网站上下载，你只要在程序界面中选择可供扫描的驱动器，然后单击界面中的“start scanning”按钮就可以了，程序会自动分析相应磁盘中的文件与System路径下的.dll文件的关联，然后给出与所有文件都没有关联的.dll文件列表，此时你可单击界面中的“OK”按钮进行删除和自动备份。

4. 使用在线病毒检测工具防止病毒入侵

这涉及维护系统安全，虽然它不是非常重要的，但是如果你经常接触数据交换，使用这种工具是非常非常必要的。如果你喜欢经常下载软件，有一个好的在线病毒防御工具是非常必要。在病毒防御软件方面，极力推荐你使用pc-ciiiin，这是一个顶级的在线防御病毒工具。它提供的效果非常好，同时它的使用方法也非常简单，程序会在系统启动后自动运行并提供在线监测，当发现病毒入侵系统时会给出警告信息并停止一切系统活动，此时你可在程序给出的界面中选择杀毒或者相关的操作。此外，在对付来自Internet的病毒方面，我们可以下载专门针对Internet下载文件、E-mail接收等操作提供病毒检测的工具。

5. 使用 Windows 辅助工具优化系统

Windows 是一个非常庞大的系统，同时系统对 CPU、内存的要求也日益提高，加上现在的应用程序也越做越大，这是导致系统启动速度不是很快的原因。为此，现在已经有专门进行 Windows 和其应用程序启动加速的工具出现，这方面最具代表性的产品是 norton utilities 提供的 speedstart，这是一个非常好的自动优化系统运行的在线工具。此外，现在有很多提供 Windows 增强功能的共享软件出现。这些工具通常都非常小，但是它们在很大程度上填补了系统在这方面的空白，如提供增强的系统鼠标右键菜单、系统桌面、任务栏、快捷菜单、鼠标功能等。

6. 硬件的维护

作为硬件的维护来说，需要注意计算机所在的工作环境，比方说防磁，防雷，防尘等，以保证电子元件能正常工作。保证电源线与信号线的连接牢固可靠；计算机应经常处于工作状态，避免长期闲置不用；开机时应先给外部设备加电，后给主机加电；关机时应先关主机，后关各外部设备，开机后不能立即关机，关机后也不能立即开机，中间应间隔 10 秒以上；在进行键盘操作时，击键不要用力过猛，以免影响键盘的寿命；打印机的色带应及时更换，当色带颜色已很浅，特别是发现色带有破损时，应立即更换，以免杂质沾染打印机的针头，影响打印机针动作的灵活性；经常注意清理机器内的灰尘及擦拭键盘与机箱表面，计算机不用时要盖上防尘罩；在带电情况下，不要随意搬动主机与其他外部设备。

7. 获取 Windows 的安全更新

Windows 的安全更新可以帮助保护隐私和计算机免受新的和现有的威胁攻击。获取安全更新的最佳方式是启用 Windows 自动更新，并留意安全问题通知。

若要让 Windows 在可获得重要更新时安装这些更新，请启用自动更新。重要更新可以让用户受益匪浅，例如，获得更高的安全性和可靠性，也可以将 Windows 设置为自动安装推荐的更新，这些更新可以处理非关键的问题，并帮助增强你的计算体验。可选更新和 Microsoft 更新不会自动下载或安装。启用 Windows 自动更新的步骤如下：

(1)通过单击“开始”按钮，打开“Windows Update”。在搜索框中，输入“更新”，然后在结果列表中单击“Windows Update”。

(2)在左窗格中，单击“更改设置”。

(3)在“重要更新”下，选择所需的选项。

(4)在“推荐更新”下，选中“以接收重要更新的相同方式为我提供推荐的更新”复选框，然后单击“确定”按钮。如果系统提示你输入管理员密码或进行确认，请输入该密码或提供确认。

通过选中“允许所有用户在此计算机上安装更新”复选框，还可以选择是否允许任何人安装更新。此选项仅适用于手动安装的更新和软件；自动更新在安装时不会考虑用户的身份。

任务 3.9 诊断计算机无法快速打开和关闭的原因

【任务说明】

如果计算机出现关机缓慢(或根本不能关机)、启动缓慢或不进入节能模式的情况，则可能是程序或设备驱动程序在妨碍 Windows 电源设置。可以使用“性能信息和工具”尝试检测这些程序或设备驱动程序。

【任务目标】

通过对计算机无法快速打开和关闭的诊断，学会提高计算机性能的方法。

【任务分析】

1. 通过单击“开始”按钮，然后单击“控制面板”，打开“性能信息和工具”。在搜索框中，输入“性能信息和工具”，然后在结果列表中单击“性能信息和工具”。

2. 在左窗格中，单击“高级工具”。

3. 在“高级工具”中的“性能问题”下，单击列出的任何问题。

4. 阅读出现的对话框中的信息来了解是哪些程序或驱动程序引起的问题。

【能力拓展】

如果程序或驱动程序阻止计算机快速打开，可以尝试执行下列任务来解决该问题：

(1)管理启动时运行的程序。一些程序会在启动 Windows 时自动启动。同时打开过多这样的程序会降低计算机的速度。若要禁用启动中的这些程序并提高性能，请使用 Windows Defender。

(2)请咨询该程序或驱动程序的制造商以获取更新。该程序的较新版本可能包含对此问题的解答。

如果程序或驱动程序阻止计算机快速关闭。如果这些可选任务没有解决该问题，则该程序或驱动程序可能与 Windows 不兼容。如果该程序或设备是你自己安装的，且不再使用它，请考虑删除该设备或卸载该程序或驱动程序。

3.9 Windows 操作系统安全、隐私与用户管理

【知识储备】

一、了解安全性和安全计算

当你连接到 Internet，允许其他人使用你的计算机，或者与其他人共享文件时，应采取措施保护计算机免受危害。因为存在着攻击其他人计算机的计算机罪犯(有时也称做“黑客”)。这些人可能通过 Internet 进入计算机，然后窃取个人信息直接实施攻击；也可能通过创建专门危害计算机的恶意软件间接实施攻击。但我们可以采取几个简单的预防措施来帮助保护计算机。

1. 防止计算机遭受潜在安全威胁的方法

(1)防火墙。防火墙通过阻止黑客或恶意软件访问来保护计算机。

(2)病毒防护。防病毒软件可保护你的计算机免受病毒、蠕虫和其他安全威胁的

伤害。

(3)间谍软件和其他恶意软件防护。反间谍软件可保护你的计算机免受间谍软件和其他可能不需要的软件的侵扰。

(4)Windows Update。Windows 可以例行检查适用于你计算机的更新并自动安装这些更新。

2. 使用防火墙

防火墙分软件防火墙和硬件防火墙，可检查来自 Internet 或网络的信息，然后根据防火墙设置拒绝该信息进入计算机或允许该信息进入计算机。通过这种方法，防火墙可帮助阻止黑客和恶意软件访问你的计算机。Windows 防火墙内置在 Windows 中，并且会自动打开。

如果你运行的程序(如即时消息程序或多人网络游戏)需要从 Internet 或网络接收信息，那么防火墙会询问你阻止连接还是取消阻止(允许)连接。如果你选择取消阻止连接，Windows 防火墙就会创建一个例外，这样当该程序以后需要接收信息时，防火墙就不会打扰你了。

3. 使用病毒防护

病毒、蠕虫和特洛伊木马程序是由黑客创建的程序，可通过 Internet 感染易受攻击的计算机。病毒和蠕虫可在计算机之间进行自我复制，而特洛伊木马程序则通过隐藏在明显合法的程序(如屏幕保护程序)内部混入计算机。破坏性的病毒、蠕虫和特洛伊木马程序可从硬盘上删除信息或使计算机完全瘫痪。那些非破坏性的程序不会造成直接破坏，但会降低计算机的性能和稳定性。

防病毒程序扫描计算机上的电子邮件和其他文件，以查看是否存在病毒、蠕虫和特洛伊木马程序。如果找到，防病毒程序就会在其破坏计算机和文件之前将它隔离，或者将其完全删除。

Windows 没有内置的防病毒程序，不过你的计算机制造商可能已安装了某种防病毒程序。因为每天都会识别出新病毒，所以使用一个具有自动更新功能的防病毒程序非常重要。在此程序更新时，将向其病毒列表添加新识别出的病毒以备检测时使用，这样可保护你的计算机免受新病毒攻击。如果病毒列表过期，则计算机容易受到新病毒威胁。

二、联机隐私和加密

1. 什么是网络钓鱼，Internet Explorer 如何帮助我免受其危害

联机网络钓鱼是一种通过电子邮件或网站诱使计算机用户透露个人信息或财务信息的方法。该信息通常用于身份偷窃。Internet Explorer 的 SmartScreen 筛选器可以帮助标识可疑的网络钓鱼网站和已报告的网络钓鱼网站。

2. 如何使 Windows 帮助我更安全地进行浏览

Windows 提供了一个内置的疑难解答，可自动查找并修复 Internet Explorer 中的一些常见安全性问题：通过单击“开始”按钮，然后单击“控制面板”，打开“Internet Explorer 安全性”疑难解答。在搜索框中，输入“疑难解答”，然后单击“疑难解答”。单击“查看全部”，然后单击“Internet Explorer 安全性”。

3. 什么是 cookie

Cookie 是某些网站放在你的计算机上的小文本文件，用来存储关于你的信息。Cookie 使你无需再次登录即可返回网站，或者记住你的网页首选项，使浏览变得更为方便。大多数 cookie 是你访问的网站创建的，对你很有用。但是有的 cookie 是广告商在你不知情或不允许的情况下，在你的计算机上创建的，用来跟踪你的浏览和购物习惯。Internet Explorer 使你能够阻止或允许 cookie。

4. 如何防止计算机保留我的浏览历史记录

InPrivate 浏览可以帮助你浏览 Web 而不在计算机上留下使用 Web 时的任何痕迹。如果你正在使用公共展台，或者不希望使用你计算机的其他用户看到历史记录，此功能非常有用。若要在 Internet Explorer 中启动 InPrivate 浏览，请单击"安全"按钮，然后单击"InPrivate 浏览"。但是请注意，InPrivate 浏览并不会阻止网站或网络管理员查看你的历史记录。不使用"InPrivate 浏览"，你也可以通过在 Internet Explorer 中单击"安全"按钮，然后单击"删除浏览历史记录"来删除浏览历史记录。

5. 更改 Internet Explorer 安全设置

更改 Internet Explorer 安全设置的步骤：

(1)通过单击"开始"按钮，打开"Internet Explorer"。在搜索框中，输入"Internet Explorer"，然后在结果列表中，单击 "Internet Explorer"。

(2)单击"工具"按钮，然后单击"Internet 选项"。

(3)单击"安全"选项卡。

(4)单击"Internet"图标。

(5)请执行下列操作之一：

• 若要选择预设置的安全级别，请移动滑块。

• 若要更改单个安全设置，请单击"自定义级别"。根据需要更改设置，完成后单击"确定"按钮。

• 若要将 Internet Explorer 重新设置为默认安全级别，请单击"默认级别"。

• 单击"将所有区域重置为默认级别"以清除所有自定义设置。

(6)完成安全设置更改后，请单击"确定"按钮。

6. 更改 Internet Explorer 隐私设置

(1)通过单击"开始"按钮，打开 "Internet Explorer"。在搜索框中，输入 "Internet Explorer"，然后在结果列表中，单击 "Internet Explorer"。

(2)单击"工具"按钮，然后单击"Internet 选项"。

(3)单击"隐私"选项卡。

(4)在"设置"下，执行以下操作之一：

• 若要允许或阻止来自特定网站的 cookie，请单击"站点"。

• 若要加载自定义的设置文件，请单击"导入"。这些文件可修改 Internet Explorer 用来处理 cookie 的规则。由于这些文件可以覆盖默认设置，因此仅当你知道并信任源时，才应该导入这些文件。

(5)完成隐私设置更改后，请单击"确定"按钮。

三、用户管理

1. 用户账户及创建

用户账户是通知 Windows 你可以访问哪些文件和文件夹，可以对计算机和个人首选项(如桌面背景或屏幕保护程序)进行哪些更改的信息集合。通过用户账户，你可以在拥有自己的文件和设置的情况下与多个人共享计算机。每个人都可以使用用户名和密码访问其用户账户。

有三种类型的账户。每种类型为用户提供不同的计算机控制级别：

(1)标准账户适用于日常计算。

(2)管理员账户可以对计算机进行最高级别的控制，但应该只在必要时才使用。

(3)来宾账户主要针对需要临时使用计算机的用户。

创建用户账户的步骤：

(1)打开“用户账户”，请依次单击“开始”按钮、“控制面板”、“用户账户和家庭安全”和“用户账户”。

(2)单击“管理其他账户”。如果系统提示你输入管理员密码或进行确认，请输入该密码或提供确认。

(3)单击“创建一个新账户”。

(4)输入要为用户账户提供的名称，单击账户类型，然后单击“创建账户”。

2. 只有用户账户才能使用 Windows

设置 Windows 时，将要求你创建用户账户。此账户将是允许你设置计算机以及安装你想使用的所有程序的管理员账户。完成计算机设置后，建议你使用标准用户账户进行日常计算机使用。欢迎屏幕，你从这里登录到 Windows，它会显示计算机上可用的账户并且标识账户类型，这样将知道是使用管理员账户还是标准用户账户。

3. 用户账户间的切换

如果你的计算机上有多个用户账户，则可以切换到其他用户账户而不需要注销或关闭程序，该方法称为快速用户切换。若要切换到其他用户账户，请按照以下步骤操作：

单击“开始”按钮，指向“关机”按钮 关机 ▸ 旁的箭头，然后单击“切换用户”。

4. 创建或更改密码提示

如果计算机在域中，则无法创建密码提示。在创建用于登录 Windows 的密码时，你可以创建提示来帮助记住密码。如果已经创建了密码，则需要更改该密码才能创建密码提示。

(1)通过依次单击“开始”按钮、“控制面板”、“用户账户和家庭安全”(如果你已连接到网络域，请单击“用户账户”)，然后单击“用户账户”，打开“用户账户”。

(2)单击“更改密码”。

(3)依次输入当前密码和需要使用的新密码，然后确认新密码。

(4)输入要使用的密码提示。请切记，使用此计算机的任何人都能够看到密码提示。

(5)单击“更改密码”。

任务 3.10　如何保护计算机免受病毒的侵害

【任务说明】

计算机病毒的传播途径有很多种，它可以通过 U 盘、网页浏览、邮件附件、网络下载等方式传播。在很多情况下，同一台计算机经常会发生反复中同一种病毒的事件。

【任务目标】

掌握如何使计算机免受病毒的侵害。

【任务分析】

(1)安装防病毒程序。安装防病毒程序并使其保持最新状态可帮助计算机防御病毒。扫描病毒的防病毒程序尝试进入电子邮件、操作系统或文件。每天都会出现一些新病毒，因此要经常访问防病毒程序制造商的网站来更新程序。

(2)请勿打开电子邮件附件。许多病毒都附带在电子邮件中，一旦打开电子邮件附件，它们就会传播。因此，除非附件中为所需的内容，否则，最好不要打开任何附件。Microsoft Outlook 和 Windows Mail 会帮助阻止潜在的危险附件。

(3)保持 Windows 为最新。Microsoft 会定期发布有助于保护计算机的特殊安全更新。这些更新通过修补可能的安全漏洞来帮助抵御病毒和其他计算机攻击。通过启用 Windows 自动更新来确保 Windows 收到这些更新。

(4)使用防火墙。Windows 防火墙或任何其他防火墙程序会在病毒或蠕虫试图连接到计算机时针对可疑活动向你发出警报。它也可以阻止病毒、蠕虫和黑客将潜在的有害程序下载到计算机的企图。

【能力拓展】

使用反恶意软件帮助保护计算机。为了帮助保护计算机免受恶意软件的攻击，请确保使用最新的防病毒软件和反间谍软件。Windows Defender 包含在 Windows 中，是一个反恶意软件的软件，它可以帮助你保护计算机，防止受到间谍软件以及其他不需要的软件(如广告软件)的侵害。默认情况下，Windows Defender 已安装并打开。Windows 不包含防病毒软件。如果计算机上没有安装最新的防病毒软件，则应该立即安装，因为如果你的计算机连接到 Internet 而没有任何防病毒软件，则可能会在你不知道的情况下在你的计算机上安装间谍软件或恶意软件。

3.10　Windows 操作系统故障处理与恢复

【知识储备】

一、Windows 操作系统故障处理

操作系统故障一般分为两种，一种是运行类故障；还有一种是注册表故障。

一般的操作系统都可以用一种方法来处理，就是重装系统，非常有效，但是太麻烦；运行类故障指的是 Windows 在正常启动完成后，在运行应用程序或加载软件过程中出现错误，无法完成用户要求的任务，下面简要介绍几则常见的故障处理。

1. 在 Windows 下经常蓝屏

出现这种问题的原因是多种多样的。有的在 Windows 启动时出现，有的是在用户运行一些软件才产生的，出现此类故障一般是由于用户操作不当促使 Windows 系统损坏造成的，此类现象具体表现在以安全引导时不能正常进入系统，出现蓝屏，有时碎片太多也会出现这样的问题。除此之外还有以下几种原因可能引发蓝屏。

(1)内存问题。因为这种原因出现的问题比较多，一般是由于芯片质量不好造成的，有时可以通过修改 CMOS 设置中的内存速度解决问题。如果不行就要换内存了。

(2)主板问题。因为主板问题才引发的蓝屏问题一般少见，当确定是主板引发的问题只有换主板一种解决方法。

(3) CPU 原因，因为 CPU 问题才引发的蓝屏问更要少见，一般发生在 Cyrix 的 CPU 上。对此可以对 CPU 降频来解决，要是不行，就只有换 CUP 这一途径了。

2. 在 windows 下运行应用程序时提示内存不足

一般出现内存不足的提示原因可能有(1)磁盘剩余空间不足；(2)同时运行了多个应用程序；(3)计算机感染了病毒。

3. 在 Windows 下运行应用程序时出现非法操作的提示

此类故障引起原因较多，主要有以下几种可能：

(1)系统文件被更改或损坏，倘若由此引发则打开一些系统自带的程序时就会出现非法操作(例如，打开控制面板)。

(2)驱动程序未正确安装，此类故障一般表现在显卡驱动程序中，倘若由此引发，则打开一些游戏程序时就会产生非法操作，有时打开一个网页也会出现这种情况。

(3)内存质量不好，降低内存速度也可能会解决这个问题。

4. 自动重新启动

此类故障表现在如下几个方面：在系统启动时或在应用程序运行了一段时间后出现此类故障，引发该故障的原因一般是由于内存条热稳定性不良或电源工作不稳定所造成，还有一种可能就是 CPU 温度太高引起，还有一种比较特殊的情况，有时由于驱动程序或某些软件有冲突，导致 Windows 系统在引导时发生故障。

二、Windows 操作系统恢复

1. 系统恢复

“系统恢复选项”菜单含有几个工具(例如，启动修复)，可以帮助 Windows 从严重错误中恢复。这套工具位于你的计算机硬盘和 Windows 安装光盘中。

系统恢复选项	描述
启动修复	修复可能会阻止 Windows 正常启动的某些问题，如系统文件缺失或损坏
系统还原	将计算机系统文件还原到一个早期的时间点，而不会影响你的文件(例如，电子邮件、文档或照片) 如果从“系统恢复选项”菜单使用系统还原，你将无法撤销该还原操作。但是，可以重新运行系统还原，选择其他存在的还原点

续表

系统恢复选项	描述
系统映像恢复	你需要预先创建系统映像才能使用此选项。系统映像是一个个性化的分区备份，其中包含 Windows 程序和用户数据(如文档、照片和音乐)
Windows 内存诊断工具	扫描计算机内存中的错误
命令提示符	高级用户可以使用“命令提示符”执行与恢复相关的操作，也可以运行其他命令行工具来诊断和解决问题

2. 打开“系统恢复选项”菜单的步骤

(1)取出计算机中的所有的软盘、CD 和 DVD，然后按下计算机电源按钮重新启动计算机。

(2)请执行下列操作之一：

• 如果计算机仅安装了一个操作系统，则在计算机重新启动时按住 F8 键。你需要在 Windows 徽标出现之前按 F8 键。如果出现了 Windows 徽标，则需要重试，方法是等到 Windows 登录提示出现之后关闭并重新启动计算机。

• 如果计算机具有多个操作系统，则使用箭头键突出显示要修复的操作系统，然后按住 F8 键。

(3)在“高级引导选项”屏幕上，使用箭头键突出显示“修复计算机”，然后按 Enter 键。(如果“修复计算机”未作为选项列出，那么你的计算机没有包含预装的恢复工具，或者你的网络管理员已将其关闭。)

(4)选择键盘布局，然后单击“下一步”。

(5)在“系统恢复选项”菜单上，单击某个工具将其打开。

任务 3.11　在安全模式下启动计算机

【任务说明】

电脑无法正常启动 Windows 操作系统，试图通过安全模式进入系统。

【任务目标】

计算机无法正常启动，通过进入安全模式排除故障。

【任务分析】

对于解决那些无法正常启动或可能阻止 Windows 正常启动的程序和驱动程序的问题，安全模式将非常有用。如果在安全模式下启动时没有再出现问题，你可以将默认设置和基本设备驱动程序排除在可能的故障原因之外。如果最近安装的程序、设备或驱动程序阻止 Windows 正常运行，则可以在安全模式下启动计算机，然后删除出现问题的程序。

1. 取出计算机中的所有的软盘、CD 和 DVD，然后重新启动计算机。

依次单击「开始」按钮、“关机”按钮旁边的箭头，然后单击“重新启动”。

2. 请执行下列操作之一：

(1)如果计算机仅安装了一个操作系统，则在计算机重新启动时按住F8键。你需要在Windows徽标出现之前按F8键。如果出现了Windows徽标，则需要重试，方法是等到Windows登录提示出现之后关闭并重新启动计算机。

(2)如果计算机安装了多个操作系统，则使用箭头键突出显示希望以安全模式启动的操作系统，然后按F8键。

3. 在“高级引导选项”屏幕上，使用箭头键突出显示所需的安全模式选项，然后按Enter键。有关选项的详细信息，请参阅高级启动选项(包括安全模式)。

4. 使用具有管理员权限的用户账户登录计算机。

计算机处于安全模式时，可以看到监视器各角显示的“安全模式”字样。若要退出安全模式，请重新启动计算机，然后正常启动Windows。

【能力拓展】

恢复已丢失或已删除的文件。

如果在计算机上无法找到某个文件，或者意外修改或删除了某个文件，则可以从备份还原该文件(如果使用Windows备份)，或者可以尝试从以前版本还原该文件。以前版本是Windows作为还原点一部分自动保存的文件和文件夹的副本。以前版本有时被称为“卷影副本”。

1. 若要从备份还原文件，请确保保存备份的介质或驱动器可用，然后按照以下步骤进行操作：

(1)打开“备份和还原”，方法是依次单击「开始」按钮、“控制面板”、“系统和维护”，然后单击“备份和还原”。

(2)单击“还原我的文件”，然后按向导中的步骤操作。

2. 从以前版本还原文件，可以还原已删除的文件和文件夹，或者将文件或文件夹还原到以前的状态。还原已删除文件或文件夹的步骤：

(1)通过单击「开始」按钮，然后单击“计算机”，打开“计算机”。

(2)导航到以前包含该文件或文件夹的文件夹，右击该文件夹，然后单击“还原以前的版本”。如果该文件夹位于驱动器的顶级(例如C:\)，则右击该驱动器，然后单击“还原以前的版本”。

你将看到可用的以前版本的文件或文件夹的列表。该列表将包括在备份中保存的文件(如果使用Windows备份来备份你的文件)以及还原点(如果两种类型均可用)。

3. 双击包含要还原的文件或文件夹的以前版本的文件夹。(例如，如果文件是今天删除的，则选择昨天版本的文件夹，该版本应该包含该文件。)

4. 将要还原的文件或文件夹拖动到其他位置，如桌面或其他文件夹。该版本的文件或文件夹将保存到所选位置。

第4章　程序设计语言基础

【知识目标】

1. 了解计算机语言的基础概念
2. 了解汇编语言
3. 掌握面向过程的程序语言
4. 理解面向对象的程序语言

【能力目标】

1. 了解汇编语言使用方式
2. 掌握面向过程语言的使用方式

【重点难点】

1. 计算机语言的发展过程
2. 不同类型计算机语言的特点
3. 不同类型计算机语言的应用

4.1　程序设计语言概述

【知识储备】

1. 计算机语言

计算机语言通常是一个能完整、准确和规则地表达人们的意图，并用以指挥或控制计算机工作的“符号系统”。

(1)计算机语言分类。

通常分为三类：即机器语言、汇编语言和高级语言。

①机器语言。

机器语言是用二进制代码表示的计算机能直接识别和执行的一种机器指令的集合。它是计算机的设计者通过计算机的硬件结构赋予计算机的操作功能。机器语言具有灵活、直接执行和速度快等特点。

用机器语言编写程序，编程人员要首先熟记所用计算机的全部指令代码和代码的含义。手编程序时，程序员得自己处理每条指令和每一数据的存储分配和输入/输出，还得记住编程过程中每步所使用的工作单元处在何种状态。这是一件十分烦琐的工作，编写程序花费的时间往往是实际运行时间的几十倍或几百倍。而且，编出的程序全是些“0”和“1”的指令代码，直观性差，还容易出错。现在，除了计算机生产厂家的专业人员外，绝大多数程序员已经不再去学习机器语言了。

②汇编语言。

为了克服机器语言难读、难编、难记和易出错的缺点，人们就用与代码指令实际含义相近的英文缩写词、字母和数字等符号来取代指令代码(如用ADD表示运算符号“+”的机器代码)，于是就产生了汇编语言。所以说，汇编语言是一种用助记符表示的仍然面向机器的计算机语言。汇编语言亦称符号语言。汇编语言由于是采用了助记符号来编写程序，比用机器语言的二进制代码编程要方便些，在一定程度上简化了编程过程。汇编语言的特点是用符号代替了机器指令代码，而且助记符与指令代码一一对应，基本保留了机器语言的灵活性。使用汇编语言能面向机器并较好地发挥机器的特性，得到质量较高的程序。

汇编语言中由于使用了助记符号，用汇编语言编制的程序送入计算机，计算机不能像用机器语言编写的程序一样直接识别和执行，必须通过预先放入计算机的“汇编程序”的加工和翻译，才能变成能够被计算机识别和处理的二进制代码程序。用汇编语言等非机器语言书写好的符号程序称源程序，运行时汇编程序要将源程序翻译成目标程序。目标程序是机器语言程序，它一经被安置在内存的预定位置上，就能被计算机的CPU处理和执行。

汇编语言像机器指令一样，是硬件操作的控制信息，因而仍然是面向机器的语言，使用起来还是比较烦琐费时，通用性也差。汇编语言是低级语言。但是，汇编语言用来编制系统软件和过程控制软件，其目标程序占用内存空间少，运行速度快，有着高级语言不可替代的用途。

③高级语言。

不论是机器语言还是汇编语言都是面向硬件的具体操作的，语言对机器的过分依赖，要求使用者必须对硬件结构及其工作原理都十分熟悉，这对非计算机专业人员是难以做到的，对于计算机的推广应用是不利的。计算机事业的发展，促使人们去寻求一些与人类自然语言相接近且能为计算机所接受的语意确定、规则明确、自然直观和通用易学的计算机语言。这种与自然语言相近并为计算机所接受和执行的计算机语言称为高级语言。高级语言是面向用户的语言。无论何种机型的计算机，只要配备上相应的高级语言的编译或解释程序，则用该高级语言编写的程序就可以通用。

目前被广泛使用的高级语言有BASIC、Pascal、C、COBOL、FORTRAN、LOGO以及VC、VB、JAVA等。

计算机并不能直接地接受和执行用高级语言编写的源程序，源程序在输入计算机时，通过“翻译程序”翻译成机器语言形式的目标程序，计算机才能识别和执行。这种“翻译”通常有两种方式，即编译方式和解释方式。编译方式是：事先编好一个称为编译程序的机器语言程序，作为系统软件存放在计算机内，当用户由高级语言编写的源程序输入计算机后，编译程序便把源程序整个地翻译成用机器语言表示的与之等价的目标程序，然后计算机再执行该目标程序，以完成源程序要处理的运算并取得结果。解释方式是：源程序进入计算机时，解释程序边扫描边解释作逐句输入逐句翻译，计算机一句句执行，并不产生目标程序。Pascal、FORTRAN、COBOL等高级语言执行编译方式；BASIC语言则以执行解释方式为主；而Pascal、C语言是能书写编译程序的高级程序设计语言。每一种高级(程序设计)语言，都有自己人为规定的专用符号、英

文单词、语法规则和语句结构(书写格式)。高级语言与自然语言(英语)更接近，而与硬件功能相分离(彻底脱离了具体的指令系统)，便于广大用户掌握和使用。高级语言的通用性强，兼容性好，便于移植。

(2)常见高级程序设计语言。

下面介绍几种较有代表性的高级程序设计语言：

①BASIC语言。

BASIC语言全称是Beginner's All Purpose Symbolic Instruction Code，意为“初学者通用符号指令代码”。1964年由美国达尔摩斯学院的基米尼和科茨完成设计并提出了BASIC语言的第一个版本，经过不断丰富和发展，现已成为一种功能全面的中小型计算机语言。BASIC易学、易懂、易记、易用，是初学者的入门语言，也可以作为学习其他高级语言的基础。BASIC有解释方式和编译方式两种翻译程序。

②通用编程语言C。

C语言是美国AT&T(电报与电话)公司为了实现UNIX系统的设计思想而发展起来的语言工具。C语言的主要特色是兼顾了高级语言和汇编语言的特点，简洁、丰富、可移植。相当于其他高级语言子程序的函数是C语言的补充，每一个函数解决一个大问题中的小任务，函数使程序模块化。C语言提供了结构式编程所需要的各种现代化的控制结构。C语言是一种通用编程语言，正被越来越多的计算机用户所推崇。使用C语言编写程序，既感觉到使用高级语言的自然，也体会到利用计算机硬件指令的直接，而程序员却无须卷入汇编语言的烦琐。

③JAVA语言。

当1995年SUN推出JAVA语言之后，全世界的目光都被这个神奇的语言所吸引。那么JAVA到底有何神奇之处呢?

JAVA语言其实最早诞生于1991年，起初被称为OAK语言，是SUN公司为一些消费性电子产品而设计的一个通用环境。他们最初的目的只是为了开发一种独立于平台的软件技术，而且在网络出现之前，OAK可以说是默默无闻，甚至差点夭折。但是，网络的出现改变了OAK的命运。

在JAVA出现以前。Internet上的信息内容都是一些乏味死板的HTML文档。这对于那些迷恋于WEB浏览的人们来说简直不可容忍。他们迫切希望能在WEB中看到一些交互式的内容，开发人员也极希望能够在WEB上创建一类无需考虑软硬件平台就可以执行的应用程序，当然这些程序还要有极大的安全保障。对于用户的这种要求，传统的编程语言显得无能为力，而SUN的工程师敏锐地察觉到了这一点。从1994年起，他们开始将OAK技术应用于WEB上，并且开发出了Hot JAVA的第一个版本。当SUN公司1995年正式以JAVA这个名字推出的时候，几乎所有的WEB开发人员都想到：噢，这正是我想要的。于是JAVA成了一颗耀眼的明星，丑小鸭一下子变成了白天鹅。

2. 程序设计的定义

程序设计＝数据结构＋算法。

程序设计(Programming)是指设计、编制、调试程序的方法和过程。它是目标明确的智力活动。由于程序是软件的本体，软件的质量主要通过程序的质量来体现，在软件研究中，程序设计的工作非常重要，内容涉及有关的基本概念、工具、方法以及方法学等。程序设计通常分为问题建模，算法设计，编写代码和编译调试四个阶段。

按照结构性质，有结构化程序设计与非结构化程序设计之分。前者是指具有结构性的程序设计方法与过程。它具有由基本结构构成复杂结构的层次性，后者反之。按照用户的要求，有过程式程序设计与非过程式程序设计之分。前者是指使用过程式程序设计语言的程序设计，后者指非过程式程序设计语言的程序设计。按照程序设计的成分性质，有顺序程序设计、并发程序设计、并行程序设计、分布式程序设计之分。按照程序设计风格，有逻辑式程序设计、函数式程序设计、对象式程序设计之分。

程序设计的基本概念有程序、数据、子程序、子例程、协同例程、模块以及顺序性、并发性、并行性和分布性等。程序是程序设计中最为基本的概念，子程序和协同例程都是为了便于进行程序设计而建立的程序设计基本单位，顺序性、并发性、并行性和分布性反映程序的内在特性。

程序设计规范是进行程序设计的具体规定。程序设计是软件开发工作的重要部分，而软件开发是工程性的工作，所以要有规范。语言影响程序设计的功效以及软件的可靠性、易读性和易维护性。专用程序为软件人员提供合适的环境，便于进行程序设计工作。

3. 程序设计语言(Programming Language)

是用于编写计算机程序的语言。语言的基础是一组记号和一组规则。根据规则由记号构成的记号串的总体就是语言。在程序设计语言中，这些记号串就是程序。程序设计语言包含三个方面，即语法、语义和语用。语法表示程序的结构或形式，亦即表示构成程序的各个记号之间的组合规则，但不涉及这些记号的特定含义，也不涉及使用者。语义表示程序的含义，亦即表示按照各种方法所表示的各个记号的特定含义，但也不涉及使用者。语用表示程序与使用的关系。

程序设计语言的基本成分有：①数据成分，用以描述程序所涉及的数据；②运算成分，用以描述程序中所包含的运算；③控制成分，用以描述程序中所包含的控制；④传输成分，用以表达程序中数据的传输。

程序设计语言按照语言级别可以分为低级语言和高级语言。低级语言有机器语言和汇编语言。低级语言与特定的机器有关、功效高，但使用复杂、烦琐、费时、易出差错。机器语言是表示成数码形式的机器基本指令集，或者是操作码经过符号化的基本指令集。汇编语言是机器语言中地址部分符号化的结果或进一步包括宏构造。高级语言的表示方法要比低级语言更接近于待解问题的表示方法，其特点是在一定程度上与具体机器无关，易学、易用、易维护。

程序设计语言按照用户的要求有过程式语言和非过程式语言之分。过程式语言的主要特征是，用户可以指明一列可顺序执行的运算，以表示相应的计算过程，如FORTRAN、COBOL、Pascal等。

按照应用范围，有通用语言与专用语言之分。如FORTRAN、COLBAL、Pascal、C语言等都是通用语言。目标单一的语言称为专用语言，如APT等。

按照使用方式，有交互式语言和非交互式语言之分。具有反映人机交互作用的语言成分的语言成为交互式语言，如BASIC等。不反映人机交互作用的语言称为非交互

式语言，如 FORTRAN、COBOL、ALGOL69、Pascal、C 语言等都是非交互式语言。

按照成分性质，有顺序语言、并发语言和分布语言之分。只含顺序成分的语言称为顺序语言，如 FORTRAN、C 语言等。含有并发成分的语言称为并发语言，如 Pascal、Modula 和 Ada 等。

程序设计语言是软件的重要方面，其发展趋势是模块化、简明化、形式化、并行化和可视化。

4. 程序设计语言的分类

按语言级别，有低级语言和高级语言之分。低级语言包括字位码、机器语言和汇编语言。它的特点是与特定的机器有关，功效高，但使用复杂、烦琐、费时、易出差错。其中，字位码是计算机唯一可直接理解的语言，但由于它是一连串的字位，复杂、烦琐、冗长，几乎无人直接使用。机器语言是表示成数码形式的机器基本指令集，或者是操作码经过符号化的基本指令集。汇编语言是机器语言中地址部分符号化的结果或进一步包括宏构造。高级语言的表示方法要比低级语言更接近于待解问题的表示方法，其特点是在一定程度上与具体机器无关，易学、易用、易维护。当高级语言程序翻译成相应的低级语言程序时，一般说来，一个高级语言程序单位要对应多条机器指令，相应的编译程序所产生的目标程序往往功效较低。

按照用户要求，有过程式语言和非过程式语言之分。过程式语言的主要特征是，用户可以指明一列可顺序执行的运算，以表示相应的计算过程。例如，FORTRAN，COBOL，ALGOL60 等都是过程式语言。非过程式语言的含义是相对的，凡是用户无法指明表示计算过程的一列可顺序执行的运算的语言，都是非过程式语言。著名的例子是表格的生成程序(RPG)。它实质上不是语言，使用者只需指明输入和预期的输出，无须指明为了得到输出所需的过程。

按照应用范围，有通用语言和专用语言之分。目标非单一的语言称为通用语言，例如 FORTRAN、COBOL、ALGOL60 等都是通用语言。目标单一的语言称为专用语言，如 APT 等。

按照使用方式，有交互式语言和非交互式语言之分。具有反映人机交互作用的语言成分的称为交互式语言，如 BASIC 语言就是交互式语言。语言成分不反映人一机交互作用的称非交互式语言，如 FORTRAN、COBOL、ALGOL60、Pascal 等都是非交互式语言。

按照成分性质，有顺序语言、并发语言和分布语言之分。只含顺序成分的语言称为顺序语言，如 FORTRAN、COBOL 等都属顺序语言。含有并发成分的语言称为并发语言，如 Pascal、MODULA 和 ADA 等都属并发语言。考虑到分布计算要求的语言称为分布语言，如 MODULA 便属分布语言。

传统的程序设计语言大都以冯·诺依曼的计算机为设计背景，因而又称为诺依曼式语言。J. 巴克斯于 1977 年提出的函数式语言，则以非冯·诺依曼的计算机为设计背景，因而又称为非诺依曼式语言。

任务4.1 了解常用的程序设计语言有哪些？特点是什么？

【任务说明】

什么是程序设计语言，它有哪些具体的类型？常用的程序设计语言有哪些？如何使用程序设计语言？

【任务目标】

通过本节学习，主要理解计算机语言的特点和分类，了解常见的程序设计语言有哪些。

【任务分析】

1. 概念

程序设计语言就是用于书写计算机程序的语言。语言的基础是一组记号和一组规则。根据规则由记号构成的记号串的总体就是语言。在程序设计语言中，这些记号串就是程序。

程序设计语言有3个方面的因素，即语法、语义和语用。语法表示程序的结构或形式，亦即表示构成语言的各个记号之间的组合规律，但不涉及这些记号的特定含义，也不涉及使用者。语义表示程序的含义，亦即表示按照各种方法所表示的各个记号的特定含义，但不涉及使用者。语用表示程序与使用者的关系。

2. 基本成分

语言的种类千差万别。但是，一般说来，基本成分不外4种。

(1)数据成分。用以描述程序中所涉及的数据。

(2)运算成分。用以描述程序中所包含的运算。

(3)控制成分。用以表达程序中的控制构造。

(4)传输成分。用以表达程序中数据的传输。

3. 程序设计语言的类型

(1)命令式语言。

这种语言十分符合现代计算机体系结构的自然实现方式。其中产生操作的主要途径是依赖语句或命令产生的副作用。现代流行的大多数语言都是这一类型，比如FORTRAN、Pascal、COBOL、C、C++、BASIC、Ada、Java、C# 等，各种脚本语言也被看做是此种类型。

(2)函数式语言。

这种语言的语义基础是基于数学函数概念的值映射的λ算子可计算模型。这种语言非常适合于进行人工智能等工作的计算。典型的函数式语言如Lisp、Haskell、ML、Scheme等。

(3)逻辑式语言。

这种语言的语义基础是基于一组已知规则的形式逻辑系统。这种语言主要用在专家系统的实现中。最著名的逻辑式语言是Prolog。

(4)面向对象语言。

现代语言中的大多数都提供面向对象的支持，但有些语言是直接建立在面向对象

基本模型上的，语言的语法形式的语义就是基本对象操作。主要的纯面向对象语言是Smalltalk。

【能力拓展】

1. 不同行业的主要语言

APT(Automatically Pro-grammed Tools)——自动数控程序。第一个专用语言，用于数控机床加工，1956。

FORTRAN(FORmula TRANslation)——公式翻译程序设计语言。第一个广泛使用的高级语言，为广大科学和工程技术人员使用计算机创造了条件，1956。

FLOW-MATIC。第一个适用于商用数据处理的语言，其语法与英语语法类似，1956。

IPL-V(Information Processing Language V)——信息处理语言。第一个表处理语言，可看成是一种适用于表处理的假想计算机上的汇编语言，1958。

COMIT(COmpiler Massachusetts Institute of Technology) —— 马萨诸塞州理工学院编译程序。第一个现实的串处理和模式匹配语言，1957。

COBOL(COmmon Business Oriented Language)——面向商业的通用语言。使用最广泛的商用语言，它是适用于数据处理的高级程序设计语言，1960。

ALGOL60(ALGOrithmic Language60) ——算法语言 60。程序设计语言由技艺转向科学的重要标志，其特点是局部性、动态性、递归性和严谨性，1960。

LISP(LISt Proceessing——表处理语言。引进函数式程序设计概念和表处理设施，在人工智能的领域内广泛使用，1960。

JOVIAL(Jules Own Version of IAL)——国际算法语言的朱尔斯文本。第一个具有处理科学计算、输入/输出逻辑信息、数据存储和处理等综合功能的语言。多数 JOVIAL 编译程序都是用 JOVIAL 书写的，1960。

GPSS(General-Purpose Systems Simulator)——通用系统模拟语言。第一个使模拟成为实用工具的语言，1961。

JOSS(Johnniac Open-Shop System)——第一个交互式语言，它有很多方言，曾使分时成为实用，1964。

FORMAC(FORmula MAnipulation Compiler)——公式翻译程序设计语言公式处理编译程序。第一个广泛用于需要形式代数处理的数学问题领域内的语言，1964。

SIMULA (SIMUlation LAnguage)—— 模拟语言。主要用于模拟的语言，是 ALGOL60 的扩充，1966。SIMULA67 是 1967 年 SIMULA 的改进。其中引进的“类”概念，是现代程序设计语言中“模块”概念的先声。

APL/360 (A Programming Language)——程序设计语言 360。一种提供很多高级运算符的语言，可使程序人员写出甚为紧凑的程序，特别是涉及矩阵计算的程序，1967。

Pascal (Philips Automatic Sequence CALcul-ator)——菲利浦自动顺序计算机语言。在 ALGOL60 的基础上发展起来的重要语言，其最大特点是简明性与结构化，1971。

PROLOG(PROgrammingin LOGic)。一种处理逻辑问题的语言。它已经广泛应用于关系数据库、数理逻辑、抽象问题求解、自然语言理解等多种领域中，1973。

ADA。一种现代模块化语言。属于 ALGOL Pascal 语言族，但有较大变动。其主要特征是强类型化和模块化，便于实现个别编译，提供类属设施，提供异常处理，适于嵌入式应用，1979。

除了上面列举的语言外，还有一些较为通用的语言，特别是 BASIC、PL/1、SNOBOL、ALGOL68 等。BASIC 虽然简单易学，使用广泛，但其中没有什么新概念，而且并不是第一个交互式语言。PL/1 的设计思想来源于 JOVIAL，其功能来源于 FORTRAN、COBOL、ALGOL60，具有中断表处理等设施。SNOBOL 是一种好用的语言，对 COMIT 中若干概念做了明显的改进。ALGOL68 在语言成分和描述方法方面虽有所创新，但应用尚不广泛。

2. 发展趋势

程序设计语言是软件的重要方面。它的发展趋势是模块化、简明性和形式化。

①模块化。不仅语言具有模块成分，程序由模块组成，而且语言本身的结构也是模块化的。

②简明性。涉及的基本概念不多，成分简单，结构清晰，易学易用。

③形式化。发展合适的形式体系，以描述语言的语法、语义、语用。

4.2 汇编语言

【知识储备】

1. 分类

汇编程序分为简单汇编程序、模块汇编程序、条件汇编程序、宏汇编程序和高级汇编程序等。

简单汇编程序　又称“装入并执行”式汇编程序。由于简便而得到广泛使用。这种汇编程序的特点是汇编后的机器语言程序直接放在内存之中准备执行。目标程序所占据的存储位置是在汇编时固定的，并且以后不能改变，所以这种工作方式不能将多个独立汇编的子程序合并为一个完整的程序，而且只能调用位置与目标程序不冲突的程序库中的子程序。

模块汇编程序　为适应模块程序设计方法而研制的。它除了克服简单汇编程序的缺点之外，还提供并行设计、编码和调试不同程序模块的能力，而且更改程序时只更改有关的模块即可。每个汇编后的程序模块称为目标模块，多个目标模块经连接装配程序组合成一个完整的可执行的程序。

条件汇编程序　主要特点是具有选择汇编某些程序段的能力。它适用于编写选择性较大的程序或程序包，以便根据用户的需要和设备的配置情况剪裁、编制适当的软件。这种汇编语言通常要引入“条件转移”、“转移”等汇编指示，以便根据用户指定的汇编条件有选择地汇编某些程序段或控制汇编程序的加工路径。

宏汇编程序　主要特点是在汇编程序中增加宏加工功能。它允许用户方便地定义

和使用宏指令，适用于程序中多处出现、具有一定格式、可以通过少数参数调节改变的程序段落的场合。采用这种方法不仅减少程序的长度，增加可读性，而且程序段落的格式需要改变时，只需改动定义处，而不必改动每一使用处。

高级汇编程序　采用高级程序设计语言的控制语句结构的汇编程序。它不仅保持汇编语言表达能力强、程序运行效率高的优点，而且能充分吸收高级语言书写简单和易读的长处。这是由于高级汇编程序允许用户使用高级程序设计语言的控制语句(如条件语句、循环语句、函数和过程)编写程序中的控制部分，而且还允许用户直接利用汇编语言直接控制存储分配、存取寄存器硬件，描述高级语言难于表达的算法。第一个高级汇编程序是N. 沃思为IBM360系统研制的PL/360语言汇编程序，其特点是程序的控制部分采用高级语言的控制语句编写，而数据加工部分采用IBM360汇编指令编写。自此以后，又相继出现了类似ALGOL的汇编程序，类似FORTRAN的汇编程序FAT。

2. 结构与实现

由于汇编语言的指令与机器语言的指令大体上保持一一对应的关系，汇编算法采用的基本策略是简单的。通常采用两遍扫描源程序的算法。第一遍扫描源程序根据符号的定义和使用，收集符号的有关信息到符号表中；第二遍利用第一遍收集的符号信息，将源程序中的符号化指令逐条翻译为相应的机器指令。具体的翻译工作可归纳为如下几项：用机器操作码代替符号操作；用数值地址代替符号地址；将常数翻译为机器的内部表示；分配指令和数据所需的存储单元。除了上述的翻译工作外，汇编程序还要考虑：处理伪指令，收集程序中提供的汇编指示信息，并执行相应的功能。为用户提供信息和源程序清单。汇编的善后处理工作，随目标语言的类型不同而有所不同。有的直接启动执行，有的先进行连接装配。如果具有条件汇编、宏汇编或高级汇编功能时，也应进行相应的翻译处理。

假定汇编语言中规定符号的应用一定出现在定义之后，则两遍算法可容易地合并成一遍算法加以实现。

汇编程序的工作过程是：输入汇编语言源程序。检查语法的正确性，如果正确，则将源程序翻译成等价的二进制或浮动二进制的机器语言程序，并根据用户的需要输出源程序和目标程序的对照清单；如果语法有错，则输出错误信息，指明错误的部位、类型和编号。最后，对已汇编出的目标程序进行善后处理。

3. 发展过程

汇编程序的雏型是在电子离散时序自动计算机EDSAC上研制成功的。这种系统的特征是用户程序中的指令由单字母指令码、十进制地址和终结字母组成。第一个汇编程序是符号优化汇编程序(SOAP)系统，它是20世纪50年代中期为IBM650计算机研制的。这种计算机用磁鼓作存储器，每条指令指出后继指令在磁鼓中的位置。当初研制SOAP系统的动机不是引入汇编语言的符号化特色，而是为了集中解决指令在磁鼓中合理分布的问题，以提高程序的运行效率。IBM704计算机的符号汇编程序(SAP)是汇编程序发展中的一个重要里程碑。此后的汇编程序大都以这一系统为模型，其主要特征至今未发生本质的变化。

随着计算机软件的高速发展和广泛应用，汇编程序又吸收了宏加工程序、高级语言翻译程序等系统的一些优点，相继研制出宏汇编程序、高级汇编程序。

4. 汇编语言的主要特性

一方面，汇编语言指令是用一些具有相应含义的助记符来表达的，所以，它要比机器语言容易掌握和运用，但另一方面，它要直接使用CPU的资源，相对高级程序设计语言来说，它又显得难掌握。

汇编语言程序归纳起来大概有以下几个主要特性。

(1)与机器相关性。

汇编语言指令是机器指令的一种符号表示，而不同类型的CPU有不同的机器指令系统，也就有不同的汇编语言，所以，汇编语言程序与机器有着密切的关系。

由于汇编语言程序与机器的相关性，所以，除了同系列、不同型号CPU之间的汇编语言程序有一定程度的可移植性之外，其他不同类型(如：小型机和微机等)CPU之间的汇编语言程序是无法移植的，也就是说，汇编语言程序的通用性和可移植性要比高级语言程序低。

(2)执行的高效率。

正因为汇编语言有“与机器相关性”的特性，程序员用汇编语言编写程序时，可充分发挥自己的聪明才智，对机器内部的各种资源进行合理的安排，让它们始终处于最佳的使用状态，这样做的最终效果就是：程序的执行代码短，执行速度快。

现在，高级语言的编译程序在进行寄存器分配和目标代码生成时，也都有一定程度的优化(在后续课程《编译原理》的有关章节会有详细介绍)，但由于所使用的“优化策略”要适应各种不同的情况，所以，这些优化策略只能在宏观上，不可能在微观上、细节上进行优化。而用汇编语言编写程序几乎是程序员直接在写执行代码，程序员可以在程序的每个具体细节上进行优化，这也是汇编语言程序执行高效率的原因之一。

(3)编写程序的复杂性。

汇编语言是一种面向机器的语言，其汇编指令与机器指令基本上一一对应，所以，汇编指令也同机器指令一样具有功能单一、具体的特点。要想完成某件工作(如计算：A+B+C等)，就必须安排CPU的每步工作(如：先计算A+B，再把C加到前者的结果上)。另外，在编写汇编语言程序时，还要考虑机器资源的限制、汇编指令的细节和限制等等。

由于汇编语言程序要安排运算的每一个细节，这就使得编写汇编语言程序比较烦琐、复杂。一个简单的计算公式或计算方法，也要用一系列汇编指令一步一步来实现。

(4)调试的复杂性。

在通常情况下，调试汇编语言程序要比调试高级语言程序困难，其主要原因有四：

汇编语言指令涉及机器资源的细节，在调试过程中，要清楚每个资源的变化情况；程序员在编写汇编语言程序时，为了提高资源的利用率，可以使用各种实现技巧，而这些技巧完全有可能破坏程序的可读性。这样，在调试过程中，除了要知道每条指令的执行功能，还要清楚它在整个解题过程中的作用；高级语言程序几乎不显式地使用“转移语句”，但汇编语言程序要用到大量的、各类转移指令，这些跳转指令大大地增加了调试程序的难度。如果在汇编语言程序中也强调不使用“转移指令”，那么，汇编语言程序就会变成功能单调的顺序程序，这显然是不现实的；调试工具落后，高级语

言程序可以在源程序级进行符号跟踪，而汇编语言程序只能跟踪机器指令。不过，现在这方面也有所改善，CV(CodeView)、TD(Turbo Debug)等软件也可在源程序级进行符号跟踪了。

综上所说，汇编语言的特点明显，其诱人的优点直接导致其严重的缺点，其“与机器相关”和“执行的高效率”导致其可移植性差和调试难。所以，我们在选用汇编语言时要根据实际的应用环境，尽可能避免其缺点对整个应用系统的影响。

5. 基本语句

汇编语言源程序的基本组成单位是语句。源程序可使用的语句有三种：指令语句、伪指令语句和宏指令语句(或宏调用语句)。前两种是最常见、最基本的语句。

(1)指令语句。

每一条指令语句在源程序汇编时都要产生可供计算机执行的指令代码(即目标代码)，所以这种语句又叫可执行语句。每一条指令语句表示计算机具有的一个基本能力，如数据传送，两数相加或相减，移位等，而这种能力是在目标程序(指令代码的有序集合)运行时完成的，是依赖于计算机内的中央处理器(CPU)、存储器、I/O接口等硬件设备来实现的。

(2)伪指令语句。

伪指令语句是用于指示汇编程序如何汇编源程序，所以这种语句又叫命令语句。例如源程序中的伪指令语句告诉汇编程序：该源程序如何分段，有哪些逻辑段，在程序段中哪些是当前段，它们分别由哪个段寄存器指向，定义了哪些数据，存储单元是如何分配的等。伪指令语句除定义的具体数据要生成目标代码外，其他均没有对应的目标代码。伪指令语句的这些命令功能是由汇编程序在汇编源程序时，通过执行一段程序来完成的。而不是在运行目标程序时实现的。

(3)宏指令语句(或宏调用语句)。

一条宏指令语句由一系列指令语句或伪指令语句构成，由汇编程序汇编时展开成若干条指令，用于提高编程效率。

6. 语句格式

指令语句与伪指令语句有相同的格式，由四项组成：

[标识符/语句标号]　操作　[操作数序列]　[；注释]

[　]表示可选项。

(1)标识符。

标识符可以是变量名、段名及过程名等。合法的标识符由数字、字母和字符“? . @ _ $”组成，不能以数字开头。点号“.”只能用作标识符的第一个字符。标识符长度不限，但只有前31个字符有效。此外，源程序中大、小写字母等效；标识符后加“:”就构成语句标号。

①标号。

标号在代码段中定义，后面跟着冒号“:”，给一条汇编指令的开始地址分配一个符号名。

标号有3种属性：段、偏移及类型。

段属性：定义标号的段起始地址，此值放在段寄存器CS中。

偏移属性：标号的偏移地址是16位无符号数，它代表从段起始地址到定义标号的位置之间的字节数。

类型属性：用来指出该标号是在本段内引用还是在其他段中引用的。对于16位段，如在段内引用的，则称为NEAR，指针长度为2字节；如在段外引用，则称为FAR，指针长度为4字节。

②变量。

变量在除代码段以外的其他段中定义，后面不跟冒号。它也有段、偏移及类型三种属性。

类型属性：变量的类型属性定义该变量所保留的字节数。如DB(BYTE 1个字节长)、DW(WORD 2个字节长)、DD(DWORD 4个字节长)、DQ(QWORD 8个字节长)、DT(TBYTE 10个字节长)。

在程序中同样的标号或变量的定义只允许出现一次，否则汇编程序会指示出错。

(2)操作项。

机器指令、伪指令和宏指令的助记符。操作项可以是指令、伪操作或宏指令的助记符。对于指令，汇编程序将其翻译为机器语言指令。对于伪操作，汇编程序将根据其所要求的功能进行处理。对于宏指令，则将根据其定义展开。

(3)操作数序列。

各操作数之间用逗号隔开，可以是常数、变量、表达式、寄存器名或标号等，随指令类型不同而异。

(4)注释符。

“;”后面可给出程序语句注释。

任务4.2 从多角度了解汇编语言

【任务说明】

1. 了解汇编语言的发展过程。
2. 理解汇编语言的功能及特点。
3. 了解汇编语言的分类。
4. 了解汇编语言的基本语句。

【任务目标】

通过本节的学习，理解汇编语言的基本功能及特点，了解汇编语言的基本语法格式。

【任务分析】

汇编语言是为特定计算机或计算机系列设计的一种面向机器的语言，由汇编执行指令和汇编伪指令组成。使用汇编语言编写的程序，机器不能直接识别，要由一种程序将汇编语言翻译成机器语言，这种起翻译作用的程序叫汇编程序，也称汇编器。汇编程序是系统软件中语言处理系统软件。汇编程序把汇编语言翻译成机器语言的过程称为编译。

汇编程序是把汇编语言书写的程序翻译成与之等价的机器语言程序的翻译程序。汇编程序输入的是用汇编语言书写的源程序，输出的是用机器语言表示的目标程序。

汇编语言是为特定计算机或计算机系列设计的一种面向机器的语言，由汇编执行指令和汇编伪指令组成。汇编执行指令是机器指令的符号化表示，其操作码用记忆符表示，地址码直接用标号、变量名字、常数等表示。汇编执行指令经汇编程序翻译为机器指令，二者之间基本上保持一一对应的关系。汇编伪指令又称作汇编指示，用于向汇编程序提供用户自定义的符号、数据的类型、数据空间的长度，以及目标程序的格式、存放位置等提示性信息，其作用是指示汇编程序如何进行汇编。采用汇编语言编写程序虽不如高级程序设计语言简便、直观，但是汇编出的目标程序占用内存较少、运行效率较高，且能直接引用计算机的各种设备资源。它通常用于编写系统的核心部分程序或编写需要耗费大量运行时间和实时性要求较高的程序段。

【参考代码】

汇编语言实例：

```
DATA   SEGMENT
MAIN   PROC   FAR
X      DB   9
EXIT：  RET
```

在上例中，DATA 为段名，MAIN 为过程名，X 为变量名，EXIT：为语句标号。

【能力拓展】

汇编语言的应用领域

下面简单列举几个领域以示说明，但不要把它们绝对化。

(1)适用的领域

要求执行效率高、反应快的领域，如：操作系统内核，工业控制，实时系统等；系统性能的瓶颈或频繁被使用的子程序或程序段；与硬件资源密切相关的软件开发，如：设备驱动程序等；受存储容量限制的应用领域，如：家用电器的计算机控制功能等；没有适当的高级语言开发环境。

(2)不宜使用的领域

大型软件的整体开发；没有特殊要求的一般应用系统的开发等。

4.3 面向过程的程序设计语言

【知识储备】

1. 结构化程序设计的概念

结构化程序设计(structured programming)是进行以模块功能和处理过程设计为主的详细设计的基本原则。其概念最早由 E. W. Dijikstra 在 1965 年提出的，是软件发展的一个重要的里程碑。它的主要观点是采用自顶向下、逐步求精的程序设计方法；使用三种基本控制结构构造程序，任何程序都可由顺序、选择、重复三种基本控制结构构造。

详细描述处理过程常用三种工具：图形、表格和语言。

• 图形：程序流程图、N-S图、PAD图。

• 表格：判定表。

• 语言：过程设计语言(PDL)。

结构化程序设计的概念是E. W. Dijkstra在20世纪60年代末提出的，其实质是控制编程中的复杂性。结构化程序设计曾被称为软件发展中的第三个里程碑。该方法的要点是：

①没有GOTO语句；

(在有些资料里面说可以用，但要谨慎严格控制GOTO语句，仅在下列情形才可使用)：

• 用一个非结构化的程序设计语言去实现一个结构化的构造。

• 在某种可以改善而不是损害程序可读性的情况下。

②一个入口，一个出口；

③自顶向下、逐步求精的分解；

④主程序员组。

其中①、②是解决程序结构规范化问题；③是解决将大化小，将难化简的求解方法问题；④是解决软件开发的人员组织结构问题。

2. 结构化程序设计的优点

结构化程序设计强调程序设计风格和程序结构的规范化，提倡清晰的结构。怎样才能得到一个结构化的程序呢？如果我们面临一个复杂的问题，是难以一下子写出一个层次分明、结构清晰、算法正确的程序的。结构化程序设计方法的基本思路是，把一个复杂问题的求解过程分阶段进行，每个阶段处理的问题都控制在人们容易理解和处理的范围内。

具体说，采取以下方法保证得到结构化的程序：

①自顶向下；

②逐步细化；

③模块化设计；

④结构化编码。

在接收一个任务后应怎样着手进行呢？有两种不同的方法：一种是自顶向下，逐步细化；一种是自下而上，逐步积累。以写文章为例来说明这个问题。有的人胸有全局，先没想好整个文章分成哪几个部分，然后再进一步考虑每一部分分成哪几节，每一节分成哪几段，每一段应包含什么内容，用这种方法逐步分解，直到作者认为可以直接将各小段表达为文字语句为止。这种方法就叫做“自顶向下，逐步细化”。

另有些人写文章时不拟提纲，如同写信一样提起笔就写，想到哪里就写到哪里，直到他认为把想写的内容都写出来了为止。这种方法叫做“自下而上，逐步积累”。显然，用第一种方法考虑周全，结构清晰，层次分明，作者容易写，读者容易看。如果发现某一部分中有一段内容不妥，需要修改只需找出该部分，修改有关段落即可，与其他部分无关。我们提倡用这种方法设计程序。这就是用工程的方法设计程序。

我们应当掌握自顶向下、逐步细化的设计方法。这种设计方法的过程是将问题求解由抽象逐步具体化的过程。用这种方法便于验证算法的正确性，在向下一层展开之前应仔细检查本层设计是否正确，只有上一层是正确的才能向下细化。如果每一层设计都没有问题，则整个算法就是正确的。由于每一层向下细化时都不太复杂，因此容易保证整个算法的正确性。检查时也是由上而下逐层检查，这样做，思路清楚，有条不紊地一步一步进行，既严谨又方便。

结构化程序设计就是程序的设计按照一定的规范进行，这种程序设计方法利于程序的编写、阅读、修改和维护，减少了程序的出错的概率，提高了程序的可靠性，保证了程序的质量。

结构化程序设计方法的基本思想是：把一个复杂问题的求解过程分阶段进行。具体地说，就是“自顶向下、逐步细化”。

①顺序结构及程序设计；

②选择结构及程序设计；

③循环结构及程序设计。

顺序结构就是从头到尾依次执行每一个语句分支结构，根据不同的条件执行不同的语句或者语句体。循环结构就是重复的执行语句或者语句体，达到重复执行一类操作的目的。

任务 4.3　面向过程的程序设计语言与汇编语言的区别

【任务说明】

1. 了解高级语言与汇编语言的主要区别。
2. 面向过程语言的特点及不足。
3. 结构化程序设计的概念、优点。

【任务目标】

了解面向过程的程序语言的基本概念，熟悉结构化程序设计的概念及特点。

【任务分析】

由于汇编语言依赖于硬件体系，且助记符量大难记，于是人们又发明了更加易用的所谓高级语言。在这种语言下，其语法和结构更类似普通英文，且由于远离对硬件的直接操作，使得一般人经过学习之后都可以编程。

“面向过程”是一种以事件为中心的编程思想。面向过程其实是最为实际的一种思考方式，就是面向对象的方法也是含有面向过程的思想。所以说面向过程是一种基础的方法。它考虑的是实际的实现。一般的面向过程是从上往下步步求精。所以面向过程最重要的是模块化的思想方法。

1. 高级语言的优势

程序设计语言从机器语言到高级语言的抽象，带来的主要好处是：

高级语言接近算法语言，易学、易掌握，一般工程技术人员只要几周时间的培训就可以胜任程序员的工作；

高级语言为程序员提供了结构化程序设计的环境和工具，使得设计出来的程序可读性好，可维护性强，可靠性高；

高级语言远离机器语言，与具体的计算机硬件关系不大，因而所写出来的程序可移植性好，重用率高；

由于把繁杂琐碎的事务交给了编译程序去做，所以自动化程度高，开发周期短，且程序员得到解脱，可以集中时间和精力去从事对于他们来说更为重要的创造性劳动，以提高程序的质量。

2. 面向过程的程序语言的特点

“面向过程”是一种以事件为中心的编程思想。就是分析出解决问题所需要的步骤，然后用函数把这些步骤一步一步实现，使用的时候一个一个依次调用就可以了。

【参考代码】

面向过程的程序语言实例

```
#include<stdio.h>
void main()
{
    int a, b, c, t;
    printf("input 3 numbers:");
    scanf("%d%d%d", &a, &b, &c);
    if(a<b)
    {  t=a; a=b; b=t; }
    if(a<c)
    {  t=a; a=c; c=t;   }
    if(b<c)
    {  t=b; b=c; c=t;   }
    printf("%d   %d   %d\n", a, b, c);
}
```

【能力拓展】

面向过程程序设计的不足之处

(1)软件重用性差

重用性是指同一事物不经修改或稍加修改就可多次重复使用的性质。软件重用性是软件工程追求的目标之一。

(2)软件可维护性差

软件工程强调软件的可维护性，强调文档资料的重要性，规定最终的软件产品应该由完整、一致的配置成分组成。在软件开发过程中，始终强调软件的可读性、可修改性和可测试性是软件的重要的质量指标。实践证明，用传统方法开发出来的软件，维护时其费用和成本仍然很高，其原因是可修改性差，维护困难，导致可维护性差。

(3)开发出的软件不能满足用户需要

用传统的结构化方法开发大型软件系统涉及各种不同领域的知识，在开发需求模糊或需求动态变化的系统时，所开发出的软件系统往往不能真正满足用户的需要。

用结构化方法开发的软件，其稳定性、可修改性和可重用性都比较差，这是因为结构化方法的本质是功能分解，从代表目标系统整体功能的单个处理着手，自顶向下不断把复杂的处理分解为子处理，这样一层一层的分解下去，直到仅剩下若干个容易实现的子处理功能为止，然后用相应的工具来描述各个最低层的处理。因此，结构化方法是围绕实现处理功能的“过程”来构造系统的。然而，用户需求的变化大部分是针对功能的，因此，这种变化对于基于过程的设计来说是灾难性的。用这种方法设计出来的系统结构常常是不稳定的，用户需求的变化往往造成系统结构的较大变化，从而需要花费很大代价才能实现这种变化。

4.4 面向对象的程序设计语言

【知识储备】

1. 面向对象的产生过程

1967年挪威计算中心的Kisten Nygaard和Ole Johan Dahl开发了Simula67语言，它提供了比子程序更高一级的抽象和封装，引入了数据抽象和类的概念，它被认为是第一个面向对象语言。20世纪70年代初，Palo Alto研究中心的Alan Kay所在的研究小组开发出Smalltalk语言，之后又开发出Smalltalk-80，Smalltalk-80被认为是最纯正的面向对象语言，它对后来出现的面向对象语言，如Object-C，C＋＋，Self，Eiffl都产生了深远的影响。随着面向对象语言的出现，面向对象程序设计也就应运而生且得到迅速发展。之后，面向对象不断向其他阶段渗透，1980年Grady Booch提出了面向对象设计的概念，之后面向对象分析开始。1985年，第一个商用面向对象数据库问世。1990年以来，面向对象分析、测试、度量和管理等研究都得到长足发展。

实际上，“对象”和“对象的属性”这样的概念可以追溯到20世纪50年代初，它们首先出现于关于人工智能的早期著作中。但是出现了面向对象语言之后，面向对象思想才得到了迅速的发展。过去的几十年中，程序设计语言对抽象机制的支持程度不断提高：从机器语言到汇编语言，到高级语言，直到面向对象语言。汇编语言出现后，程序员就避免了直接使用0-1，而是利用符号来表示机器指令，从而更方便地编写程序；当程序规模继续增长的时候，出现了FORTRAN、C、Pascal等高级语言，这些高级语言使得编写复杂的程序变得容易，程序员们可以更好地对付日益增加的复杂性。但是，如果软件系统达到一定规模，即使应用结构化程序设计方法，局势仍将变得不可控制。作为一种降低复杂性的工具，面向对象语言产生了，面向对象程序设计也随之产生。

面向对象(Object Oriented，OO)是当前计算机界关心的重点，它是20世纪90年代软件开发方法的主流。面向对象的概念和应用已超越了程序设计和软件开发，扩展到很宽的范围。如数据库系统、交互式界面、应用结构、应用平台、分布式系统、网络管理结构、CAD技术、人工智能等领域。

2. 面向对象程序设计的优点

面向对象出现以前，结构化程序设计是程序设计的主流，结构化程序设计又称为面向过程的程序设计。在面向过程程序设计中，问题被看做一系列需要完成的任务，函数(在此泛指例程、函数、过程)用于完成这些任务，解决问题的焦点集中于函数。其中函数是面向过程的，即它关注如何根据规定的条件完成指定的任务。

在多函数程序中，许多重要的数据被放置在全局数据区，这样它们可以被所有的函数访问。每个函数都可以具有它们自己的局部数据。

这种结构很容易造成全局数据在无意中被其他函数改动，因而程序的正确性不易保证。面向对象程序设计的出发点之一就是弥补面向过程程序设计中的一些缺点：对象是程序的基本元素，它将数据和操作紧密地联结在一起，并保护数据不会被外界的函数意外地改变。

比较面向对象程序设计和面向过程程序设计，还可以得到面向对象程序设计的其他优点：

①数据抽象的概念可以在保持外部接口不变的情况下改变内部实现，从而减少甚至避免对外界的干扰；

②通过继承大幅减少冗余的代码，并可以方便地扩展现有代码，提高编码效率，也减低了出错概率，降低软件维护的难度；

③结合面向对象分析、面向对象设计，允许将问题域中的对象直接映射到程序中，减少软件开发过程中中间环节的转换过程；

④通过对对象的辨别、划分可以将软件系统分割为若干相对为独立的部分，在一定程度上更便于控制软件复杂度；

⑤以对象为中心的设计可以帮助开发人员从静态(属性)和动态(方法)两个方面把握问题，从而更好地实现系统；

⑥通过对象的聚合、联合可以在保证封装与抽象的原则下实现对象在内在结构以及外在功能上的扩充，从而实现对象由低到高的升级。

面向对象设计是一种把面向对象的思想应用于软件开发过程中，指导开发活动的系统方法，是建立在“对象”概念基础上的方法学。对象是由数据和容许的操作组成的封装体，与客观实体有直接对应关系，一个对象类定义了具有相似性质的一组对象。而继承性是对具有层次关系的类的属性和操作进行共享的一种方式。所谓面向对象就是基于对象概念，以对象为中心，以类和继承为构造机制，来认识、理解、刻画客观世界和设计、构建相应的软件系统。按照 Bjarne STroustRUP 的说法，面向对象的编程范式：

①决定你要的类；

②给每个类提供完整的一组操作；

③明确地使用继承来表现共同点。

由这个定义，我们可以看出：面向对象设计就是“根据需求决定所需的类、类的操作以及类之间关联的过程”。

综上可知，在面对对象方法中，对象和传递消息分别表现事物及事物间相互联系的概念。类和继承是适应人们一般思维方式的描述范式。方法是允许作用于该类对象上的各种操作。这种对象、类、消息和方法的程序设计范式的基本点在于对象的封装性和类的继承性。通过封装能将对象的定义和对象的实现分开，通过继承能体现类与

类之间的关系，以及由此带来的动态联编和实体的多态性，从而构成了面向对象的基本特征。

3. 面向对象的特征

(1)对象唯一性。

每个对象都有自身唯一的标识，通过这种标识，可找到相应的对象。在对象的整个生命期中，它的标识都不改变，不同的对象不能有相同的标识。

(2)抽象性。

分类性是指将具有一致的数据结构(属性)和行为(操作)的对象抽象成类。一个类就是这样一种抽象，它反映了与应用有关的重要性质，而忽略其他一些无关内容。任何类的划分都是主观的，但必须与具体的应用有关。

(3)继承性。

继承性是子类自动共享父类数据结构和方法的机制，这是类之间的一种关系。在定义和实现一个类的时候，可以在一个已经存在的类的基础之上来进行，把这个已经存在的类所定义的内容作为自己的内容，并加入若干新的内容。

继承性是面向对象程序设计语言不同于其他语言的最重要的特点，是其他语言所没有的。在类层次中，子类只继承一个父类的数据结构和方法，则称为单重继承。在类层次中，子类继承了多个父类的数据结构和方法，则称为多重继承。

在软件开发中，类的继承性使所建立的软件具有开放性、可扩充性，这是信息组织与分类的行之有效的方法，它简化了对象、类的创建工作量，增加了代码的可重性。采用继承性，提供了类的规范的等级结构。通过类的继承关系，使公共的特性能够共享，提高了软件的重用性。

(4)多态性。

多态性是指相同的操作或函数、过程可作用于多种类型的对象上并获得不同的结果。不同的对象，收到同一消息可以产生不同的结果，这种现象称为多态性。多态性允许每个对象以适合自身的方式去响应共同的消息。多态性增强了软件的灵活性和重用性。

对象根据所接收的消息而做出动作。同一消息为不同的对象接收时可产生完全不同的行动，这种现象称为多态性。利用多态性用户可发送一个通用的信息，而将所有的实现细节都留给接收消息的对象自行决定，于是，同一消息即可调用不同的方法。例如：Print 消息被发送给一图或表时调用的打印方法与将同样的 Print 消息发送给一正文文件而调用的打印方法会完全不同。多态性的实现受到继承性的支持，利用类继承的层次关系，把具有通用功能的协议存放在类层次中尽可能高的地方，而将实现这一功能的不同方法置于较低层次，这样，在这些低层次上生成的对象就能给通用消息以不同的响应。在 OOPL 中可通过在派生类中重定义基类函数(定义为重载函数或虚函数)来实现多态性。

4. 面向对象的术语

面向对象程序设计中的概念主要包括：对象、类、数据抽象、继承、动态绑定、数据封装、多态性、消息传递。通过这些概念面向对象的思想得到了具体的体现。

(1)类。

类是具有相同类型的对象的抽象。一个对象所包含的所有数据和代码可以通过类来构造。类作为设计蓝图来创建对象的代码段，它描述了对象的特征；该对象具有什么样的属性，怎样使用对象完成一些任务，它对事件进行怎样的响应等。

(2)对象。

对象是运行期的基本实体，它是一个封装了数据和操作这些数据的代码的逻辑实体。对象是类的一个实例，通常通过调用类的一个构造函数来创建它。

(3)方法。

方法是在类中定义的函数，一般而言，一个方法描述了对象可以执行的一个操作。

(4)属性。

属性是类中定义的变量，类的属性突出刻画了对象的性质或状态。某些情况下，对象的使用者可能不允许改变对象的某些属性，这是因为类的创建者已经规定了哪些属性不能被使用者更改。这就比如你只能知道我是男生，但你没有办法改变。

(5)事件。

VB是由事件触发，事件是由某个外部行为所引发的对象方法。它可与用户行为(例如单击某个Button)或系统行为相关联。

(6)构造函数。

构造函数是创建对象所调用的特殊方法，在VB中，对象的创建是通过在给定的类中创建名为new的过程而实现的。

(7)析构函数。

析构函数是释放对象时所调用的特殊方法，在VB中，为了编写析构函数，我们必须重写基类的Dispose方法。但是，由于CLR自动进行垃圾收集，因此在受管代码中很少需要显式地调用析构函数。然后，当运行CLR之外的资源(如设备，文件句柄，网络连接等)时，应调用Dispose方法确保计算机的性能。

(8)封装。

封装是将数据和代码捆绑到一起，避免了外界的干扰和不确定性。对象的某些数据和代码可以是私有的，不能被外界访问，以此实现对数据和代码不同级别的访问权限。是把方法、属性、事件集中到一个统一的类中，并对使用者屏蔽其中的细节问题。一个关于封装的实例是小汽车——我们通过操作方向盘、刹车和加速来操作汽车。好的封装不需要我们考虑燃料的喷出、流动问题等。

(9)继承。

继承是让某个类型的对象获得另一个类型的对象的特征。通过继承可以实现代码的重用：从已存在的类派生出的一个新类将自动具有原来那个类的特性，同时，它还可以拥有自己的新特性。继承是面向对象的一个概念，它规定一个类可以从其他的小类(基类)中派生，并且该派生类继承其基类的接口和相应代码。(该类称为派生类或子类)

(10)多态。

多态是指不同事物具有不同表现形式的能力。多态机制使具有不同内部结构的对象可以共享相同的外部接口，通过这种方式减少代码的复杂度。它规定，一个同样的函数对于不同的对象可以具有不同的实现。例如一个Add方法，它既可以执行整数的加法求和操作，也可以执行字符串的连接操作。

(11)重载。

它规定一个方法可以具有许多不同的接口，但方法的名称是相同的。

(12)重写。

重写是面向对象的一个概念，它规定一个派生类可以创建其基类某个方法的不同实现代码。实际上，它完全重写了基类中该方法所执行的操作。

(13)接口。

接口是一种约定，它定义了方法、属性、时间和索引器的结构。我们不能直接从一个接口创建对象，而必须首先通过创建一个类来实现接口所定义的特征。

(14)动态绑定。

绑定指的是将一个过程调用与相应代码链接起来的行为。动态绑定是指与给定的过程调用相关联的代码只有在运行时才可知的一种绑定，它是多态实现的具体形式。

(15)消息传递。

对象之间需要相互沟通，沟通的途径就是对象之间收发信息。消息内容包括接收消息的对象的标识，需要调用的函数的标识，以及必要的信息。消息传递的概念使得对现实世界的描述更容易。

任务 4.4　了解面向对象的相关术语

【任务说明】

“面向对象”(Object Oriented，OO)是一种以事物为中心的编程思想。了解面向对象的程序设计(Object-Oriented Programming，简记为 OOP)，了解面向对象的程序设计语言发展过程，熟悉与面向对象相关的基本概念。

【任务目标】

1. 面向对象的程序语言的发展过程。
2. 面向对象的特征、要素、开发方法、实现、基本术语。
3. 面向对象设计方法的特点。

【任务分析】

面向过程与面向对象程序设计的区别

以公共汽车为例。“面向过程”就是汽车起动是一个事件，汽车到站是另一个事件。在编程序的时候我们关心的是某一个事件，而不是汽车本身。我们分别对起动和到站编写程序。类似的还有修理等。

编程就是：

```
public class 运营
{
void 汽车起动
{
}
void 汽车到站
```

```
{
}
}
```

“面向对象”需要建立一个汽车的实体，由实体引发事件。我们关心的是由汽车抽象成的对象，这个对象有自己的属性，如轮胎、颜色等；有自己的方法，如起动、行驶等。方法也就是汽车的行为而不是汽车的每个事件。

```
public class 汽车
{
void 到站()
{
}
void 起动()
{
}
}
```

使用的时候需要建立一个汽车对象，然后进行应用。

【能力拓展】

1. 面向过程与面向对象的区别与联系

面向过程其实是最为实际的一种思考方式，就是算面向对象的方法也是含有面向过程的思想。可以说面向过程是一种基础的方法，它考虑的是实际的实现。一般的面向过程是从上往下步步求精。所以面向过程最重要的是模块化的思想方法、对比面向过程、面向对象的方法主要是把事物给对象化，对象包括属性与行为。当程序规模不是很大时，面向过程的方法还会体现出一种优势，因为程序的流程很清楚，按着模块与函数的方法可以很好的组织。比如就拿学生早上起来的事情来说这种面向过程吧，粗略的可以将过程拟为：

(1)起床。

(2)穿衣。

(3)刷牙洗脸。

(4)去学校。

而这4步就是一步一步的完成，它的顺序很重要，你只需一个一个的实现就行了。而如果是用面向对象的方法的话，可能就只抽象出一个学生的类，它包括这四个方法，但是具体的顺序就不能体现出来。

面向过程倾向于我们做一件事的流程，先做什么，然后做什么，最后做什么。更接近于机器的实际计算模型。面向对象(Object-Oriented)倾向于建立一个对象模型，它能够近似地反映应用领域内的实体之间的关系，其本质是更接近于一种人类认知事物所采用的哲学观的计算模型。

在面向对象程序设计中，对象作为计算主体，拥有自己的名称，状态以及接收外界消息的接口。在对象模型中，产生新对象，旧对象销毁，发送消息，响应消息就构

成面向对象程序设计计算模型的根本。

然而CPU并不理解对象和类，它依然在执着的先执行第一行代码，然后第二行……所以它的执行过程依然是程序化的。

举个例子，盖一座大楼，你想到的是楼怎么盖，哪里要有柱子，哪里要有梁，哪里要有楼梯等(这就是面向对象)，至于柱子该怎么建，用什么建，方的圆的，等等，这就是面向过程。用面向对象思考问题更符合我们人的思考方式。其实我们人现实生活中都是在面向对象。比如：去饭店吃饭，你只要说明吃什么就可以了，有必要还了解这个菜是怎么做的，是哪里来的，怎么去种这个菜吗？

面向对象也可以说是从宏观方面思考问题，而面向过程可以说是从细节思考问题。在面向对象中，也存在面向过程。

从程序角度看：如果在屏幕上想产生一个黑色方块，用C语言来写，不外乎要一个像素一个像素地画出黑线，直至画出方块，如果要把这个方块再变成红色，那就继续一个像素一个像素地再画。这种对数据的操作称之为面向过程。

在C++语言中，可以定义一个类，这个方块就是这个类的一个实例(对象)。我们只需改变这个对象的颜色属性(数据成员)就可以很轻松的改变方块的颜色了。当然，在类的实现过程中，我们还是使用到了要一个像素一个像素地画方块，只不过是封装起来让用户看不到罢了，实质上也是一种面向过程的操作。

2. 面向对象设计方法的特点和面临的问题

面向对象设计方法以对象为基础，利用特定的软件工具直接完成从对象客体的描述到软件结构之间的转换。这是面向对象设计方法最主要的特点和成就。面向对象设计方法的应用解决了传统结构化开发方法中客观世界描述工具与软件结构的不一致性问题，缩短了开发周期，解决了从分析和设计到软件模块结构之间多次转换映射的繁杂过程，是一种很有发展前途的系统开发方法。

但是同源型方法一样，面向对象设计方法需要一定的软件基础支持才可以应用，另外在大型的MIS开发中如果不经自顶向下的整体划分，而是一开始就自底向上的采用面向对象设计方法开发系统，同样也会造成系统结构不合理、各部分关系失调等问题。所以面向对象设计方法和结构化方法目前仍是两种在系统开发领域相互依存的、不可替代的方法。

第 5 章　C 语言设计基础

【知识目标】

本章通过理论知识的剖析和项目演示相结合的方式，避免初学者囫囵吞枣，一知半解。培养学生理论联系实际、解决问题的能力。通过本章的学习，需要掌握以下内容：

1. 了解 C 语言的发展历程，深入理解程序精髓和内涵。

2. C 语言是介于汇编语言与高级语言之间的中间语言，C 语言可以嵌入汇编语言，对硬件设备进行直接存取和控制。但是，C 语言又具备高级语言的特征、开发工具和运行环境。因此，C 语言是学习编程的入门语言。学习过程中，需要理解 C 语言的特征、分辨汇编语言、高级语言的特点和区别等。

3. 通过学习 C 语言的基本语法、句法和常用函数，掌握基本编程思路，能够使用一些常用的算法与编程技巧。

4. 通过学习调测技术，掌握基本的调试、排错能力。能够分析和解决在编程过程中碰到的实际问题。初步具备完成简单需求分析、概要设计、程序编写、程序调测、程序实施和运行等整个编程过程的能力。

5. 通过本文的学习，需要读者掌握常用的 C 语言开发工具，如 C 语言、C＋＋ Builder 以及 Visual C＋＋等。

【能力目标】

1. 掌握简单需求分析、程序设计、编写、调试的能力
2. 掌握 C 语言程序编写、程序调测
3. 能够使用简单的算法和编程技巧
4. 深入理解 C 语言的特性，注意 C 语言的“陷阱”

【重点难点】

1. C 语言的语法、句法
2. 数组与指针
3. 函数以及系统自带的函数库
4. C 语言的特性

5.1　C 程序设计概述

【知识储备】

C 语言是介于汇编语言与高级语言之间的中间语言，C 语言可以嵌入汇编语言，对硬件设施进行直接的读取和控制。另一个方面，C 语言又具备高级语言的特征、开发和运行环境。因此，C 语言是学习编程的基础入门语言。理解 C 语言的特征，分辨汇

编语言、高级语言的特点和区别。程序语言主要有过程式和非过程式。C#就是一种面向对象的编程语言。而C语言是一种过程式、编译型的程序开发语言，主要被用于嵌入式控制、系统开发和应用程序等。C语言灵活、功能强大，同时，C语言具备极强的跨平台性等。

C语言是由UNIX的研制者丹尼斯·里奇(Dennis Ritchie)和肯·汤普逊(Ken Thompson)开发的B语言的基础上发展和完善起来的。目前，C语言编译器都可以运行于各种不同的操作系统中，例如UNIX/Linux，微软Windows系列，Mac OS等。

在当前主流的程序开发语言中，都深深受到C语言的影响。例如，某种程度可以认为C++就是面向对象化的C语言。Java、C#都与C语言有着不可割裂的关系，都是对C语言的继承、深化和拓展。

5.1.1 C语言的发展历程

C语言的原型是ALGOL 60语言，也称为A语言。1963年，剑桥大学将ALGOL 60语言发展成为CPL(Combined Programming Language)语言。1967年，剑桥大学的马丁·理查兹(Martin Richards)对CPL语言进行了简化，于是产生了BCPL语言。1970年，美国贝尔实验室的Ken Thompson将BCPL进行了修改产生了B语言。1972年，美国贝尔实验室的丹尼斯·里奇(Dennis Ritchie)在B语言的基础上最终设计出了一种新的语言——C语言。

1978年由美国电话电报公司(AT&T)贝尔实验室正式发表了C语言。同时由B. W. Kernighan和Dennis Ritchie合著的《C程序设计语言》一书。通常简称为《K&R》，也有人称之为《K&R》标准。但是，在《K&R》中并没有定义一个完整的标准C语言，后来由美国国家标准化协会(American National Standards Institute)在此基础上制订了一个C语言标准，于1983年发表。通常称之为ANSI C。

1987年，随着微型计算机的日益普及，出现了许多C语言版本。由于没有统一的标准，使得这些C语言之间出现了一些不一致的地方。为了改变这种情况，美国国家标准化协会(ANSI)为C语言制定了一套ANSI标准，成为现行的C语言标准。C语言发展迅速，而且成为最受欢迎的语言之一，主要因为它具有强大的功能。许多著名的系统软件，如DBASE Ⅲ PLUS、DBASE Ⅳ 都是由C语言编写的。用C语言加上一些汇编语言子程序，就更能显示C语言的优势了，像PC- DOS、WORDSTAR等就是用这种方法编写的。1990年，国际标准化组织ISO(International Standard Organization)接受了1987 ANSI C为ISOC的标准(ISO9899-1990)。1994年，ISO修订了C语言的标准。目前流行的C语言编译系统大多是以ANSI C为基础进行开发的，但不同版本的C编译系统所实现的语言功能和语法规则略有差别。

至今，C语言依然是主流的编程语言之一，见图5-1，图5-2。C语言在底层控制和性能方面有着很多高级语言所无法比拟的优势，使之成为芯片级开发(嵌入式)和Linux平台开发的首先语言。如今，通信、网络协议、破解、3D引擎、操作系统、驱动、单片机、手机、PDA、多媒体处理、实时控制等领域都离不开C语言。

5.1.2 C语言特性

1. C语言的编写简洁灵活

C语言一共有32个关键字和9种控制语句，程序书写自由灵活。C语言是一种将

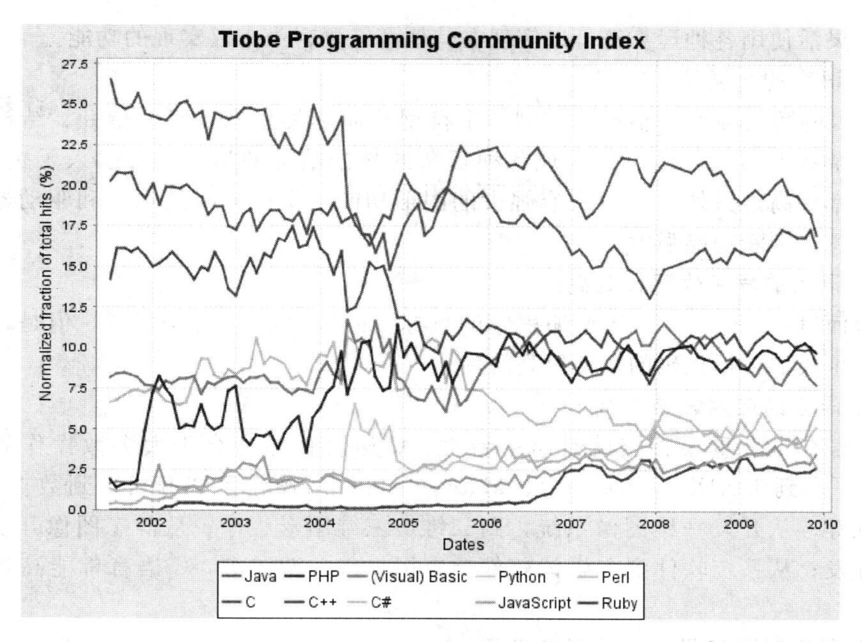

图 5-1　Tiobe 编程社区指数(来源：http：//www. tiobe. com)

编程语言	排名 2009年12月	排名 2005年12月	排名 1999年12月	排名 1984年12月
Java	1	1	3	-
C	2	2	1	1
PHP	3	4	13	-
C++	4	3	2	11
(Visual) Basic	5	5	4	4
C#	6	7	20	-
Python	7	8	28	-
JavaScript	8	9	12	-
Perl	9	6	5	-
Ruby	10	24	-	-

图 5-2　主流编程语言排名(来源：http：//www. tiobe. com)

高级语言的基本结构和语句与低级语言的实用性结合起来的语言。C 语言可以像汇编语言一样对位、字节和地址进行操作，同时，又可以使用类英语的语法去表达和实现，不需要记忆复杂助记码和机器码等。由于 C 语言功能强大，可以直接访问物理地址，直接对硬件进行操作。因此，C 语言广泛地适用于系统软件、嵌入式程序等。同时，C 语言具备了高级语言的特质，允许直接使用类英语语言完成编程。

2. C 语言的运算符丰富

C 语言的运算符包含的范围很广泛，共有 34 种运算符。C 语言把括号、赋值、强制类型转换等都作为运算符处理。从而使 C 语言的运算类型极其丰富，表达式的类型多样化。灵活使用各种运算符可以实现在其他高级语言中难以实现的功能。

3. C语言的数据结构丰富

C语言的数据类型从整型、实型、字符型等简单类型到数组、指针、结构体和共用体等复杂数据结构。能用来实现各种复杂的数据结构的运算。并引入了指针概念，使程序效率更高。另外C语言具有强大的图形功能，支持多种显示器和驱动器。且计算功能、逻辑判断功能强大。

4. C语言的程序代码精简高效

一般而言，C语言仅仅比汇编程序的目标代码效率低10%～20%，但是，比高级程序语言生成的目标代码的效率要高的多。

5. C语言的应用领域广阔

C语言有一个重要特点就是跨平台性。C语言程序适合于大多数操作系统，从Window平台到UNIX/Linux平台、Mac平台等；从操作系统开发，到数据库系统、编译系统等；从开发一维图像系统，到二维、三维图形程序；从静态图像开发，到动画程序开发；从系统软件到多媒体软件、应用软件，游戏等，C语言都能高效处理和完成。

6. C语言对程序员的素质要求极高

因为C语言的强大和灵活，对语法、变量、数组和指针的限制和约束都不严格，如果程序员疏忽大意，则容易导致程序的稳定性和安全性急剧下降。

7. C语言不太适合面向对象的开发模式

由于C语言开发时间非常早，很多开发模式、软件工程思想还未出现，因而从这角度来说，C语言不太适合。

任务5.1　程序清除CMOS密码

【任务说明】

1. C语言程序虽然是一门编程语言，但是，像大部分的编程语言一样，程序的核心和精髓，依然是在程序的需求分析、概要设计、程序测试和实施等方面。而C程序的编写仅仅在整个过程占用很小的部分。

2. C程序的最大特点在于它是一种中间语言，既有高级语言的特质，又可以嵌入汇编语言，直接对硬件设备存取和控制。

【任务目标】

1. 了解C语言编程的精髓。
2. 了解C程序编程的特点。

【任务分析】

通过任务分析，由于COMS存储BIOS的数据是通过访问70H和71H端口来实现的，假使系统向70H和71H端口写入非法或者错误数据(如10、11等)，就会破坏CMOS里面存储的设置，消除COMS设置的密码。

【参考代码】

```
#include <stdio.h>
#include <dos.h>

void main()
{
    int i;
    char password[9];
    unsigned char value[2];

    outportb(0x70, 0x1c);
    value[0]=inportb(0x71);
    outportb(0x71, 0x71);
    value[1]=inportb(0x71);

    for(i=0; i<4; i++){
        password[7-i]=(value[0] & 3) + 0x30;
        value[0]=value[0] >> 2;
    }
    for(i=0; i<4; i++){
        password[3-i]=(value[1] & 3) + 0x30;
        value[1]=value[1] >> 2;
    }

    password[8]=0;

    printf("您的超级用户密码是：%s \n", password);
    return 0;
}
```

【能力拓展】

C语言虽然有很多优势，但在现在软件工程的思想下的支持还是有所欠缺，因而，读者需要参考类C语言的高级语言。例如C++、Java、C#等。

C++是一种使用非常广泛的计算机程序设计语言。它是一种静态数据类型，检查、支持多范型的通用程序设计语言。C++支持过程化程序设计、数据抽象化、面向对象程序设计、泛型程序设计、基于原则设计等多种程序设计风格。贝尔实验室的比雅尼·斯特劳斯特鲁普博士在20世纪80年代发明并实现了C++。起初，这种语言被称做“C with Classes”(“包含类的C语言”)，作为C语言的增强版出现。随后，C++不断增加新特性。虚函数(virtual function)、操作符重载(operator overloading)、多重

继承(multiple inheritance)、模板(template)、异常处理(exception)、RTTI(Runtime type information)、命名空间(namespace)逐渐纳入标准。1998年国际标准组织(ISO)颁布了C++程序设计语言的国际标准ISO/IEC 14882－1998。另外，就目前学习C++而言，可以认为它是一门独立的语言；它并不依赖C语言，我们可以完全不学C语言，而直接学习C++。根据《C++编程思想》(Thinking in C++)一书所评述的，C++与C语言的效率往往相差在正负5%之间。所以有人认为在大多数场合中，C++完全可以取代C语言。

C++语言特性主要是面向对象的编程实现、封装(将数据和处理数据的过程组合起来，仅对外公开接口，达到信息隐藏的功能)、继承(是指子类继承超类，会自动取得超类除私有特质外的全部特质，同一类的所有实体都会自动有该类的全部特质，代码复用)、多态(类与继承只是达成多态中的一种手段，所以称面向对象而非类导向)、型别转换、运算对象重载或函数重载。

Java简介和C#简介(略)。

5.2 基本数据类型、表达式和语句

【知识储备】

掌握C语言的基本数据类型、常量与变量的定义与使用方法，能够正确理解和使用各类基本运算符，正确书写和使用各类表达式。

掌握和使用程序的三种基本结构(顺序、判断、循环等)，利用赋值语句、输入/输出语句、程序基本结构可以实现简单的程序。

C语言的数据类型，常量与变量，整型、实型、字符型数据，变量赋初值，数值型数据间的混合运算，算术运算符和算术表达式，赋值运算符和赋值表达式，逗号运算符和逗号表达式。了解局部变量和全局变量、动态存储变量和静态存储变量。程序的三种基本结构，赋值语句，数据输出和输入，Goto语句构成的循环，while语句，do-while语句，for语句，break和continue语句。能够正确地理解循环的概念、正确地理解和描述循环控制表达式；掌握while语句，do-while语句，for语句的使用；掌握循环嵌套的运用；能够正确地区分和应用break和continue语句；掌握利用循环语句实现方法。

5.2.1 基本数据类型

在C语言的规则中，任何变量使用之前都必须定义数据类型。C语言主要分为以下几种类型：整型(int)、浮点型(float)、字符型(char)、指针型(*)、无值型(void)。

整型分为常数有十进制数、八进制数、十六进制数；浮点型(float)分为单精度浮点数(float)和双浮点数(double)；字符型(char)，加上不同的修饰符，可以定义有符号和无符号两种类型的字符型变量，例如：

```
char s;
unsigned char s;
```

字符在计算机中以其ASCII码方式表示，其长度为1个字节，有符号字符型数取值

范围为－128～127，无符号字符型数到值范围是0～255。因此，字符型数据在操作时按整型处理，如果某个变量定义成字符型，则表明该变量是有符号的，即它将转换成有符号的整型数。

指针是用来存储变量地址的变量，是一种特殊的数据类型。根据指针变量所指的变量类型不同，有整型指针(int *)、浮点型指针(float *)、字符型指针(char *)、结构指针(struct *)、联合指针(union *)，以及函数指针等。

无值型是指无值型字节长度为0。一般使用于明确地表示一个函数不返回任何值和产生一个同一类型指针(可根据需要动态分配给其内存)。

变量存储类型主要有auto(自动变量)、static(静态变量)、extern(外部变量)、register(寄存器变量)。自动变量和寄存器变量属于动态存储方式，外部变量和静态变量属于静态存储方式。一个变量的说明不仅应该说明其数据类型，还应说明其存储类型。因此变量说明的完整形式应为：

存储类型说明符 数据类型说明符 变量名，变量名…

下面分别介绍以上四种存储类型：

1. 自动变量类型说明符auto

这种存储类型是C语言程序中使用最广泛的一种类型。C语言规定，函数内凡未加存储类型说明的变量均视为自动变量，也就是说自动变量可省去说明符auto。在前面各章的程序中所定义的变量凡未加存储类型说明符的都是自动变量。例如：

```
{
…
int i, j, k;
char c;
…
}
```

等价于：

```
{
…
auto int i, j, k;
auto char c;
…
}
```

自动变量具有以下特点：A. 自动变量的作用域仅限于定义该变量的个体内。在函数中定义的自动变量，只在该函数内有效。在复合语句中定义的自动变量只在该复合语句中有效。B. 自动变量属于动态存储方式，只有在使用它，即定义该变量的函数被调用时才给它分配存储单元，开始它的生存期。函数调用结束，释放存储单元，结束生存期。因此，函数调用结束之后，自动变量的值不能保留。在复合语句中定义的自动变量，在退出复合语句后也不能再使用，否则编译错误。C. 由于自动变量的作用域和生存期都局限于定义它的个体内(函数或复合语句内)，因此，不同的个体中允许使

用同名的变量而不会混淆，即使在函数内定义的自动变量也可与函数内部的复合语句中定义的自动变量同名。D. 对构造类型的自动变量如数组等，不可作初始化赋值。如，

```
    …
int kv(int a){
  auto int x, y;
  {
    auto char c;
  }                     /* 字符c的作用域只在括号内 */
  …
}                       /* 整型a, x, y的作用域在整个kv函数内 */

main(){
  auto int a, s, p;
  printf("\ninput a number: \n");
  scanf("%d", &a);
  if(a>0){
    s=a+a;
    p=a*a;
    }
    printf("s=%d p=%d\n", s, p);
}
```

2. 外部变量类型说明符 extern

外部变量extern的特点：A. 外部变量和全局变量是对同一类变量的两种不同角度的提法。全局变量是从它的作用域提出的，外部变量从它的存储方式提出的，表示了它的生存期。B. 当一个源程序由若干个源文件组成时，在一个源文件中定义的外部变量在其他的源文件中也有效。例如，有一个源程序由源文件 file1 和 file2 组成：

其中 file1 的源代码如下：

```
int a, b; /*外部变量定义*/
char c; /*外部变量定义*/

main()
{
…
}
```

其中 file2 的源代码如下：

```
extern int a, b; /*外部变量说明*/
extern char c; /*外部变量说明*/
func (int x, y)
```

```
{
…
}
```

在 file1 和 file2 两个文件中都要使用 a，b，c 三个变量。在 file1 中把 a，b，c 都定义为外部变量。在 file2 中用 extern 把三个变量定义为外部变量，表示这些变量已在其他文件中定义，编译系统不再为它们分配存储空间。对构造类型的外部变量，如数组等，可以在说明时作初始化赋值，若不赋初值，则系统自动初始化为 0。

3. 静态变量类型说明符 static

静态变量属于静态存储方式，但是属于静态存储方式的量不一定就是静态变量，例如外部变量虽属于静态存储方式，但不一定是静态变量，必须由 static 加以定义后才能成为静态外部变量或称静态全局变量。对于自动变量，前面已经介绍它属于动态存储方式。但是，也可以用 static 定义它为静态自动变量或称静态局部变量，从而成为静态存储方式。由此看来，一个变量可由 static 进行再说明，并改变其原有的存储方式。因此，static 这个说明符在不同的地方所起的作用是不同的。应予以注意。

4. 寄存器变量类型说明符 register

上述各类变量都存放在存储器内，因此当对一个变量频繁读写时，必须要反复访问内存储器，从而花费大量的存取时间。为此，C 语言提供了另一种变量，即寄存器变量。这种变量存放在 CPU 的寄存器中，使用时，不需要访问内存，而直接从寄存器中读/写，这样可提高效率。寄存器变量的说明符是 register。对于循环次数较多的循环控制变量及循环体内反复使用的变量均可定义为寄存器变量。对寄存器变量需要注意：

(1)只有局部自动变量和形式参数才可以定义为寄存器变量。因为寄存器变量属于动态存储方式。凡需要采用静态存储方式的量不能定义为寄存器变量。

(2)在 Turbo C 等微机上使用，实际上是把寄存器变量当成自动变量处理的。因此速度并不能提高。而在程序中允许使用寄存器变量只是为了与标准 C 语言保持一致。

(3)即使能真正使用寄存器变量的机器，由于 CPU 中寄存器的个数是有限的，因此使用寄存器变量的个数也是有限的。

5.2.2 表达式

C 语言的运算符主要分为三大类：算术运算符，关系运算符与逻辑运算符，位运算符。除此之外，还有一些特殊运算符。

操作符	作用
+	一元取正
-	一元取负
*	乘
/	除
%	求余运算
--	操作符在前，先自减 1 后使用；操作符在后，先使用后自减 1
++	操作符在前，先自加 1 后使用；操作符在后，先使用后自加 1

一元操作是指对一个操作数进行操作。如，++num，num 自加运算。

二元操作(或多元操作)是指两个操作数(或多个操作数)进行操作。加、减、乘、除、取模的运算与其他高级语言相同。需要注意的是除法和取模运算。对于“%”运算符，不能用于浮点数。另外，由于C语言中字符型数会自动地转换成整型处理，因此字符型数也可以参加二元运算。如：

```
void main()
{
    char m, n;              /* 定义字符型变量 */
    m='c';                  /* 给 m 赋小写字母'c' */
    n=m+'A'-'a';
                    /* 将 c 中的小写字母变成大写字母'B'后赋给 n */
    ...
}
```

上例中 m='c'即 m=98，由于字母 A 和 a 的 ASCII 码值分别为 65 和 97。这样可以将小写字母变成大写字母。反之，如果要将大写字母变成小写字母，则用 c+'a'-'A'进行计算。

增量运算，在C语言中有两个非常重要的运算符，在其他高级语言中通常没有。运算符“++”是操作数自加 1，而“--”则是操作数自减 1。例如：

x=x+1　　　　可写成 x++或++x

x=x-1　　　　可写成 x--或-x

x++(x--)与++x(--x)在上例中没有什么区别，但 x=m++和 x=++m 却有很大差别。

x=m++　　　表示将 m 的值赋给 x 后，m 加 1。

x=++m　　　表示 m 先加 1 后，再将新值赋给 x。

赋值语句中的数据类型强制转换，类型转换是指不同类型的变量混用时的类型改变。在赋值语句中，类型转换规则是等号右边的值转换为等号左边变量所属的类型。

例如：

```
main(){
    int i, j;
    float f, g=2.58;
    f=i*j;
    i=g;
...
  }
```

逻辑运算符是指用形式逻辑原则来建立数值间关系的符号。“&&”表示逻辑与，即在逻辑运算符的所有逻辑关系都为真(大于 0)，运算结果为真(大于 0)。否则，为假。“‖”表示逻辑或，即在逻辑运算符的所有逻辑关系只要其中一个为真(大于 0)，运算结果为真(大于0)。注意如果逻辑运算符左边为真，那么运算符右边的表达式，系统直接跳过不做判断。只有当逻辑关系表达式都没有假时(小于0)，则逻辑关系为假。“!”表示逻辑非，如果表达式为假，则逻辑表达式为真；如果表达式为真，则逻辑表达式为假。

关系运算符是比较两个操作数大小的符号。“＞”表示大于，“＞＝”表示大于等于，“＜”表示小于，“＜＝”表示小于等于，“＝＝”表示等于，“！＝”表示不等于。

运算符的优先级和结合律决定操作数的结合方式。当复合表达式中的运算符的优先级不同时，操作数的结合方式由优先级决定。当复合表达式中的运算符的优先级相同时，操作数的结合方式由结合律决定。不过，我们也可以使用括号强制把操作数结合在一起。

运算顺序和结合律如下表。

运算符(优先级从高到底)	结合律
＋＋(后置)、－－(后置)、()(函数调用)、[ ]、{}、.、→	从左到右
＋＋(前置)、－－(前置)、－、＋、～、!、sizeof、*、&、(type)	从右到左
(type name)	从右到左
*、/、%	从左到右
＋、－	从左到右
《、》	从左到右
＜＞、＜＝、＞＝	从左到右
＝＝、!＝	从左到右
&	从左到右
^	从左到右
		从左到右
&&	从左到右
‖	从左到右
?　:	从右到左
＝、*＝、/＝、%＝、＋＝、－＝、《＝、》＝、&＝、|＝、^＝	从右到左
,	从左到右

5.2.3 顺序、选择、循环语句

语句是程序的重要部分，通常的计算机程序是由若干条语句组成。顺序结构是在程序执行过程中，从程序的第一条语句顺序执行到最后一条语句；若在程序执行过程中，根据用户的输入或者中间结果来判断程序将要去执行不同路径的程序结构，称为选择结构；为了完成某个特定任务，程序需要不停的执行重复语句，直到满足程序设定的条件为止，这种结构即为循环结构。当然，在一些情况下，程序并不是简单的单一的顺序、选择、循环结构。而是三种基本结构的相互嵌套，自身调用等复杂的组合，

来达到程序设计的目标。如图 5-3、图 5-4、图 5-5 所示。

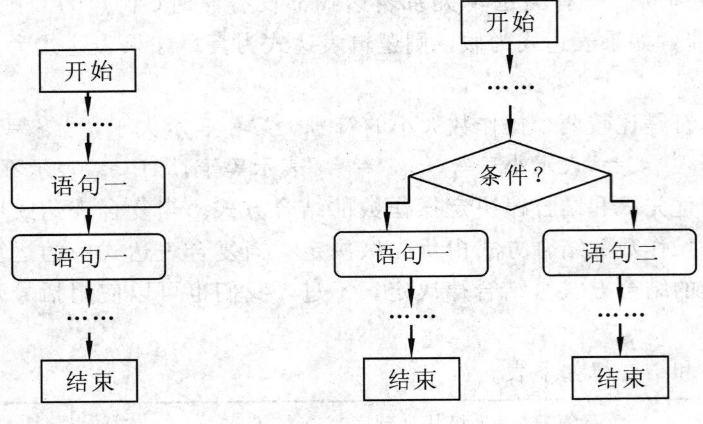

图 5-3　顺序结构　　图 5-4　选择结构

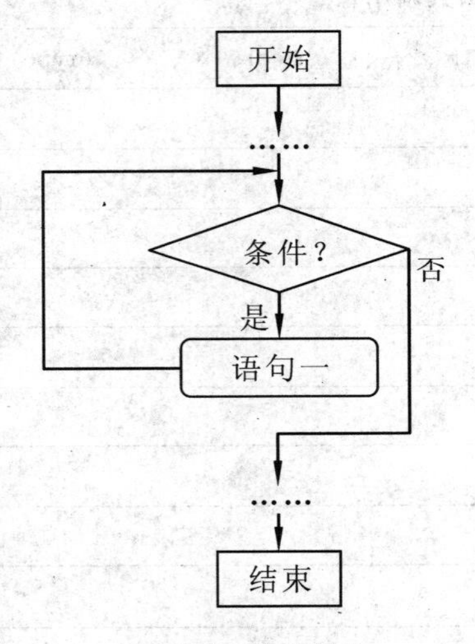

图 5-5　循环结构

在 C 语言中，用于三个基本结构的关键词如下：

1. 选择控制语句：if、switch

if 常用的使用方法：

(1)方法一

if(表达式) 语句；

(2)方法二

if(表达式) 语句；

else 语句；

(3)方法三

if(表达式) 语句；

else

　if(表达式) 语句；

　else 语句；

```
…
(4)方法四
if(表达式)(if(表达式) 语句);
else
  if(表达式) (if(表达式) 语句);
  else (if(表达式) 语句);
  …
```

特殊情况下，代替if语句的三元操作符(?)，语法如下：

表达式1? 表达式2: 表达式3

(解释：如果表达式1的求值结果为真，那么执行表达式2并且作为整个表达式的值；如果表达式1的求值结果为假，那么执行表达式3并且作为整个表达式的值)

switch的常用的使用方法：

```
switch(表达式){
  case 常量1:
    语句;
    break;
  case 常量2:
    语句;
    break;
    …
  default:
    语句;
}
```

switch与if不同，switch只是测试表达式的值是否相等，而if可以测试逻辑值与关系表达式；case的常量必须不同，同时case的语句有限；switch语句中使用字符常数时，常数会自动转换成整数，通常switch用于选择菜单。switch语句中的case必须有关键字break结束，否则，case都会被执行，直到结束或者break关键字为止。

2. 循环控制语句：for、while、do-while

for语句的使用方法：

for(初始化；条件；增减量) 语句；

(1)for语句中的初始化、条件、增减量参数都是可选的。(2)在for循环参数中，可以使用逗号操作符(,)，多变量循环来控制程序的复杂度、灵活性等。

while语句的使用方法：

(1)while中的条件可以是任何表达式，如果其值为真，则循环。如果其值为假，则程序跳出循环体，执行其后语句。(2)while与for一样都是先判断，后执行。

do-while 语句的使用方法：

do{

语句；

}while(条件)；

do-while 语句与 while、for 不同之处在于，do-while 首先执行循环体中的语句，再进行条件判断。如果其值为真，则继续执行循环体。如果其值为假，则执行其后语句。

3. 跳转语句：break、continue、goto、return、特殊函数 exit()

(1)break：用于强制停止循环体的循环，仅仅影响当前循环体。

(2)continue：是跳过其后语句，强制开始下一次循环。

(3)goto：与标号联合使用。但是，goto 的跳转不利于程序管理。

(4)return：一般用于非 void 函数返回值。

(5)exit()函数：主要是使用立即结束所有程序，返回操作系统。

任务 5.2　猜数游戏

【任务说明】

在游戏中，猜数程序给一个特定的随机数，如果游戏者给出的数字大于系统生成的随机数，游戏提示，数字太大了。如果游戏者给出的数字小于系统生产的随机数，游戏提示，数字太小了。直到游戏玩家猜出正确数字。

【任务目标】

了解基本的数据类型的定义，数据的表达式，以及 C 程序设计中的基本语句的使用。掌握这些内容是学习下部分内容的基础。

【任务分析】

猜数游戏，首先是通过一个系统自带的随机函数 rand()，生成一个特定数字(0～32767)，然后，根据游戏者输入的数字进行判断。如果游戏者给出的数字大于系统生成的随机数，游戏提示，数字太大了。如果游戏者给出的数字小于系统生产的随机数，游戏提示，数字太小了。直到游戏玩家猜出正确数字或者退出游戏。

【参考代码】

```
/* 猜数游戏 */

#include<stdio.h>
#include<stdlib.h>

void main(){

    int magic;    /* 定义被猜数字 */
    int guess;    /* 定义猜数字 */
```

```
    magic = rand(); /* 游戏随机生成被猜数字 */

    do{
        printf("猜一猜系统数字是多少? \n");
        scanf("%d", &guess);

        if(guess > magic) printf("您给的数字大了! 请再猜一猜! \n");
        if(guess < magic) printf("您给的数字小了! 请再猜一猜! \n");
        if(guess == magic){
            printf("您太厉害了,猜对了! \n");
            break;
        }
    }while(1==1);

}
```

【能力拓展】

判断一个输入的数字是否是质数。质数是一种只能被1和自身整除的数。因而,我们可以通过求余运算符来实现对输入数字的判断。

```
main(){

    int num;
    int result=1;
    int i;
    scanf("%d", &num);
    for(i=2; i<num; ++i){
      if(num%i==0) result=0;
    }
    if(result==0)
      printf("这个数字不是质数!");
    else
      printf("这个数字是质数!");
}
```

5.3 数组与指针

【知识储备】

数组是一组连续的存储空间,存放相同数据类型变量的集合,通过一个统一的名称,使用数组的下标来使用特定的变量。数组可以是一维数组,也可以是多维数组。

1. 一维数组

一维数组的定义：

变量类型 数组名称[长度]；

数组在使用前，必须声明，编译器为数组分配内存空间。在一个长度为N的数组中，数组的首单元为0，尾单元为N－1。例如，定义一个5个字符数组，char p[5]；如图5-6所示。

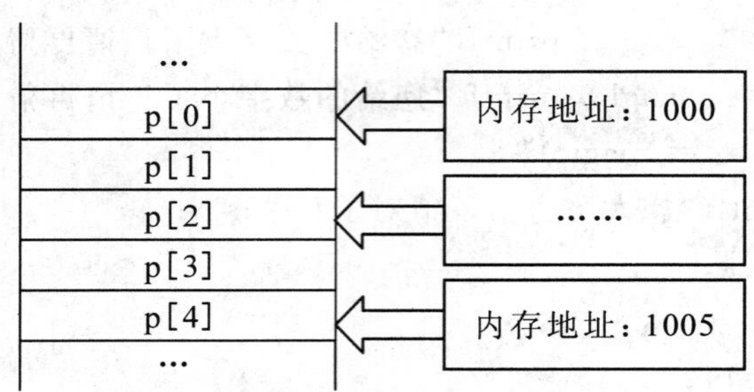

图5-6 数组的内存存储状态

在C语言中，C语言编译器不对数组的边界进行检查。因而，因为程序开发者的疏忽、错误或者程序漏洞，都可能导致程序或者数据写入到系统内存中或者其他程序的内存区，这可能导致内存溢出、系统崩溃等。因此，在C语言开发中，程序开发者必须检查数组的边界。

保存数组所需内存量与数组变量类型，与整个数组大小有关。对于一维数组而言，数值变量需要的内存空间为：

总字节数＝sizeof(数组变量类型) * 数组长度

2. 多维数组

C语言中，多维数组的多维仅仅是受限于编译器的限制。一般而言，多维数组，可以定义为：

变量类型 数组名称[长度1][长度2][长度3]… [长度N]；

保存数组所需内存量直接与变量类型和数组大小有关。对于多维数组而言，总的内存大小为：

总字节数＝sizeof(数组变量类型) * 长度1 * 长度2 * . . . * 长度N

由此可见，系统的存储空间随着数组维度的增加而成倍增长，大量占用系统内存资源。所以，一般很少使用3维以上的数组。

3. 数组与指针

数组从某种意义上说，就是定义了数据类型的指针。如果直接使用数组名称来访问等同于指向数组首元素的指针。例如：

```
char s[10];
char *p;
p=s;
if(s[0]== *p) return(1);
```

4. 数组与函数

在C语言中，函数一般通过传递数组首地址给函数体使用。例如：

```
…
char n[10];
n[10]="….";
f(char n){
…
};
…
```

任务5.3 实现和显示5行的杨辉三角形

【任务说明】

杨辉三角形(贾宪三角形，又称帕斯卡三角形)是二项式系数在三角形中的一种几何排列。杨辉三角形，其实质是二项式(a+b)的n次方，展开后各项的系数排成的三角形，它的特点是在每行左右两边全是1，从第二行起，中间的每一个数是上一行里相邻两个数之和。例如：

```
1
1 1
1 2 1
1 3 3 1
1 4 6 4 1
```

【任务目标】

掌握数组的定义和数组元素的引用方法；了解数组的存储结构；掌握数组的初始化方法；掌握一维和二维数组的基本操作和基本算法；了解字符数组的存储结构，掌握字符串的输入/输出，掌握对字符串进行处理的基本函数和对字符串进行处理的基本算法。

正确理解指针变量和地址的概念，掌握指针变量的赋值、运算，以及通过指针引用变量的方法；理解数组名与地址值之间的关系，掌握通过指针引用数组元素的方法。

【任务分析】

这个任务是通过数组和for语句来显示5行的杨辉三角形。

【参考代码】

```
#include <stdio.h>
void main(){
   int i, j, n=5, a[5][5]={0};

   for(i=0; i<n; i++) a[i][0]=1;

   for(i=1; i<n; i++){
       for(j=1; j<=i; j++) a[i][j]=a[i-1][j-1]+a[i-1][j];
```

```
    }

    for(i=0; i<n; i++){

    for(j=0; j<=i; j++)
    printf("%2d", a[i][j]);
    printf("\n");
  }
}
```

【能力拓展】

有四名学生，每个学生考 4 门课程，要求在用户输入学生序号以后能输出该学生的全部成绩，用指针型函数来实现。尝试编写函数 float * search()。

```
    main()
  { static float score[][4]={ {65, 72, 73, 88}, {67, 65, 80, 90},
                              {87, 85, 76, 69}, {60, 70, 80, 90} };
    float * search(), * p;
    int i, m;
    printf("enter the number of student:");
    scanf("%d", &m);
    printf("The score of NO. %d are: \n", m);
    p=serch(score, m);
    for(i=0; i<4; i++)
      printf("%5.2f\t", *(p+i));

float * search(float(* pointer)[4], int n)
  { float * pt;
    pt= *(pointer+n);
    return(pt);
  }
    }
```

5.4 函数

【知识储备】

掌握函数的定义、调用和说明的一般方法；掌握 C 程序中函数的定义和调用规则；正确把握主调函数与被调函数的实参和形参之间的数据传递规则；掌握函数的嵌套调用、递归调用；掌握内部函数和外部函数之间的差别并能够在编程中正确使用。

C程序都是从由一个以main为名的主函数开始，并且结束。因此，C程序可以认为都是由一组变量、函数组成的。函数实际上是能够完成一定功能的代码段。C程序一般是由大量的功能相互独立，并且任务单一的功能代码构成。

函数定义就是确定该函数完成什么功能，以及怎么运行，C语言对函数的定义采用ANSI规定的方式。例如：

函数类型　函数名(数据类型 形式参数…){

　　函数体；

}

其中函数类型和形式参数的数据类型为C语言的基本数据类型。函数体为C语言提供的库函数和语句，以及其他用户自定义函数调用语句的组合，并包括在“{”和“}”中。需要指出的是一个程序必须有一个主函数，其他用户定义的子函数可以是任意多个，这些函数的位置也没有什么限制，可以在main()函数前，也可以在其后。

C语言将所有函数都被认为是全局性的，而且是外部的，即可以被另一个文件中的任何一个函数调用。

在C语言中可从不同的角度对函数分类。

1. 从函数定义的角度看，函数可分为库函数和用户定义函数两种

(1)库函数。由C系统提供，用户无须定义，也不必在程序中作类型说明，只需在程序前包含有该函数原型的头文件即可在程序中直接调用。例如，《stdio.h》中包括printf、scanf、getchar、putchar等函数。

(2)用户自定义函数。由用户按需要自行编写的函数。对于用户自定义函数，不仅要在程序中定义函数本身，而且在主函数模块中还必须对被调函数进行类型说明，然后才能使用。

2. 从函数是否有返回值，函数又可以分为有返回值函数和无返回值函数两种

(1)有返回值函数。此类函数被调用执行完后将向调用者返回一个执行结果，称为函数返回值。如数学函数即属于此类函数。由用户定义的这种要返回函数值的函数，必须在函数定义和函数说明中明确返回值的类型。

(2)无返回值函数。此类函数用于完成某项特定的处理任务，执行完成后不需要调用者返回函数值。这类函数类似于其他语言的过程。由于函数无须返回值，用户在定义此类函数时可指定它的返回为“空类型”(无返回值说明符：void)。

3. 从函数的数据传递角度看，函数又可分为无参函数和有参函数两种

(1)无参函数。函数定义、函数说明及函数调用中均不带参数。主调函数和被调函数之间不进行参数传送。此类函数通常用来完成一组指定的功能，可以返回或不返回函数值。

(2)有参函数。也称为带参函数。在函数定义及函数说明时都有参数，称为形式参数(简称为形参)。在函数调用时也必须给出参数，称为实际参数(简称为实参)。进行函数调用时，主调函数将把实参的值传送给形参，供被调函数使用。

在C语言中，所有的函数定义，包括主函数main在内，都是平行的。也就是说，在一个函数的函数体内，不能再定义另一个函数，即不能嵌套定义。但是函数之间允许相互调用，也允许嵌套调用。习惯上把调用者称为主调函数。函数还可以自己调用

自己，称为递归调用。main 函数是主函数，它可以调用其他函数，而不允许被其他函数调用。因此，C 程序的执行总是从 main 函数开始，完成对其他函数的调用后再返回到 main 函数，例如：

```
int f (int x)
{
int y;
z=f(y);
return z;
}
```

任务 5.4 顺序输入 5 个字符的字符串，系统逆序输出字符串

【任务目标】

掌握函数的定义、调用和说明的一般方法；掌握 C 程序中函数的定义和调用规则；正确把握主调函数与被调函数的实参和形参之间的数据传递规则；掌握函数的嵌套调用、递归调用；了解局部变量和全局变量、动态存储变量和静态存储变量、内部函数和外部函数之间的差别并能够在编程中正确使用。

【任务分析】

通过定义一个指向数组首地址的指针，逆序取出数据中的数据，实现顺序输入，逆序输出。

【参考代码】

```
#include "stdio.h"
#include "conio.h"
char str[20];
char *p=str;

void inletter(){
  printf("Please Input string:");
  scanf("%s", str);
  printf("%s\n", str);
}

void outletter(){
  int num;
  printf("Please Output string: \n");
  for(num=4; num>=0; num--)
  printf("%c", p[num]);
}
```

```
main(){
   clrscr();
   inletter();
   outletter();
}
```

【能力拓展】

实现汉诺塔。例如，一块板上有三根针，A、B、C。A针上套有64个大小不等的圆盘，大的在下，小的在上。如果要把64个圆盘从A针移动C针上，每次只能移动一个圆盘，移动可以借助B针进行。但在任何时候，任何针上的圆盘都必须保持大盘在下，小盘在上。

```
#include <stdio.h>
void hanio(int n, char a, char b, char c){
    void move(char x, char y);
    if(n==1)
        move(a, c);
    else{
      hanio(n-1, a, c, b);
      move(a, c);
      hanio(n-1, b, a, c);
    }
}

void move(char x, char y){
  printf("%c-->%c\n", x, y);
}

main(){
  clrscr();
  hanio(3,'A','B','C');
    }
```

5.5 结构体、联合体、枚举等自定义类型

【知识储备】

A. 结构体

1. 结构体类型定义

```
struct 结构体{
    任意类型 任意变量;
```

```
    …
};
```

注意：这不是定义变量，而是自定义一种类型而已。例如：

```
struct employ{
int employnum;
char employname[15];
int employage;
char employsex[2];
char employleve[10];
}employ[50];
```

2. 结构体变量定义

类型定义好以后，则可以定义该类型的变量。

定义结构体变量：

struct employ a，b；// struct 可以省略。

可以在定义结构体变量的时候赋值。如，

employ a={1203，"liudehua"，25，男，'助理馆员'}；

3. 访问结构体

访问结构体成员要用直接成员运算符". "或间接成员运算符"→"。

employ a={1203，"liudehua"，25，男，'助理馆员'}；

printf("%d"，a. employnum)；

对于结构体变量，访问其中的成员采取"结构体变量．成员"的形式；而对于结构体指针，访问它所指向的结构体变量中的成员，则采取"结构体指针→成员"形式。

B. 联合体

联合体也是一种自定义的复合类型，它可以包含多个不同类型的变量。这些变量在内存当中共用一段空间。这段空间的 size 就是各变量中 size 最大的那个变量。

1. 定义联合体类型

```
union myunion{
int num1;
Double num2;
Float num3;
};
```

定义了一个联合体类型 myunion。

myunion a，b；//定义了两个 myunion 型变量。

2. 也可以在定义联合体类型的时候定义联合体变量

例如：

```
union myunion{
int num1;
char char1;
}a，b;
```

注意：任一时刻，只能访问结构体里面的一个变量。

```
a.num1=2;
a.char='A';
myunion *p;
p=&a;
p->num2='a';
...
```

C. 枚举类型

1. 枚举类型的定义

枚举类型也是一种自定义的复合类型。不过，枚举类型中的成员都是常量。如：

```
enum color{
    red, green, blue, white, black
};
```

枚举类型中的成员默认值为从0开始，依次序递增。此时red等于1，green为2，blue为3，white为4，black为5。

也可以改变其默认值。如：

```
enum color{
   red=1,
   green=3,
   blue=5,
   white,
   black
};
```

没有初始化的枚举类型成员的值将在它前面的成员基础上递增。所以，white的值为6，而black的值为7。

2. 定义枚举变量

```
color a1, a2;
```

3. 给枚举变量赋值

```
a1=red;
a2=blue;
printf("d%d%", a1, a2);        //输出结果是15
```

虽然枚举常量的值为整数，但是不能直接将整数值赋给枚举变量。例如：

```
a1=1; //错误！类型不匹配。一个是整型，一个是枚举类型。
a1=(color)1; //正确
```

任务5.5 实现一个可以运行的时钟

【任务说明】

实现运行的有时针、分针、秒针的时钟。

【任务目标】

掌握结构体类型说明和结构体类型变量、数组、指针的定义方法，能够正确引用结构体成员；掌握给结构体变量、数组初始化的方法；理解和掌握利用指向本结构体的指针成员构成链表的基本算法。了解共用体，理解共用体中各成员的存储结构，能正确引用各成员中的数据。

【任务分析】

通过C语言的画图函数、时间函数等，把系统的时间转换成时间的刻度。通过循环设置每秒重绘时针、分针、秒针，来实现动画的效果。

【参考代码】

```
#include <graphics.h>                    /*图形编译头文件*/
#include <math.h>
#include <time.h>

#define X 320
#define Y 240
#define PI 3.1415926
#define SIZE 100

typedef struct T
{
    int x;
    int y;
}TIME;            /*时间的结构体表示*/

TIME h, m, s;            /*全局变量声明*/

void initgr(void)
{                    /*图形编译初始化*/
    int gd = DETECT, gm = 0;
    registerbgidriver(EGAVGA_driver);     /*建立独立图形运行程序 */
    initgraph(&gd, &gm, "");      /*初始化主函数*/
}

void drawclock()
{                                    /*描绘时钟*/
    int i, x1, x2, y1, y2;

    setcolor(15);            /*设置画笔颜色 15 白色*/
```

```
        setfillstyle(1, 7);    /* 设置填充格式及颜色，1以实填充，7淡灰色 */
        fillellipse(X, Y, SIZE+10, SIZE+10);    /* 画出并填充一椭圆，与 set-
fillstyle 函数后使用 */
        setfillstyle(1, 2);                      /* 同上 */
        fillellipse(X, Y, SIZE+5, SIZE+5);

        rectangle(X+SIZE+10, Y-8, X+SIZE+15, Y+8);    /* 画矩形函数，
参数为两坐标 XY 值 */

        setfillstyle(1, 7);
        bar(X+SIZE+11, Y-7, X+SIZE+14, Y+7);    /* 画一个二维条形图 */

        circle(X, Y, 2);                         /* 画圆函数，2为半径，XY为原点 */
        circle(X, Y, 5);

        setcolor(15);                            /* 设置画笔颜色 15 白色 */
        for(i=0; i<60; i++)                      /* 画出外围的点格，描绘时钟 */
        {
            x1=SIZE*cos(i*6*PI/180)+X;
            y1=SIZE*sin(i*6*PI/180)+Y;

            x2=(SIZE-7)*cos(i*6*PI/180)+X;
            y2=(SIZE-7)*sin(i*6*PI/180)+Y;    /* 计算点格位置 */
            if(i%15==0)                          /* 0 3 6 9 点画线(其实是小长方格) */
            {
                setlinestyle(0, 0, 3);
                line(x1, y1, x2, y2);
            }
            else if(i%5==0)                      /* 整点位置 */
            {
                setlinestyle(0, 0, 1);
                circle(x1, y1, 2);
            }
            else
            {
                setlinestyle(0, 0, 1);
                circle(x1, y1, 1);               /* 画整点之间分钟的小圆 */
            }
        }
```

```
}

void showtime(void)                             /*显示时间，画出时针分针秒针*/
{
    time_t t;                                      /*定义 time_t 类型数据，运用于
后面从系统读取时间*/
    int i, j, k;
    char date[5];
    setlinestyle(0, 0, 1);    /****/
    while(! kbhit())                            /*若键盘无输入*/
    {
        time (&t);                              /*读取系统时间*/
        for(i=0; i<3; i++)                       /*把日期和时间转换为字符串*/
            date=ctime(&t);
        date[3]=ctime(&t)[8];
        date[4]=ctime(&t)[9];

        k=(((ctime(&t)[11]-'0')*10+(ctime(&t)[12]-'0'))%12*5+45)%60;
        j=((ctime(&t)[14]-'0')*10+(ctime(&t)[15]-'0')+45)%60;
        i=((ctime(&t)[17]-'0')*10+(ctime(&t)[18]-'0')+45)%60;
  /*日期计算(略)*/

        h.x=(SIZE-60)*cos(k*6*PI/180)+X;
        h.y=(SIZE-60)*sin(k*6*PI/180)+Y;

        m.x=(SIZE-40)*cos(j*6*PI/180)+X;
        m.y=(SIZE-40)*sin(j*6*PI/180)+Y;

        s.x=(SIZE-20)*cos(i*6*PI/180)+X;
        s.y=(SIZE-20)*sin(i*6*PI/180)+Y;

   /*计算三指针指向坐标*/
        setcolor(5);
        settextstyle(0, 0, 1);
        setfillstyle(1, 1);
        bar(X+47, Y-6, X+90, Y+6);

        outtextxy(X+50, Y-3, date);                 /*输出日期*/
```

```
        setcolor(14); line(X, Y, h.x, h.y);

        setcolor(1);   line(X, Y, m.x, m.y);

        setcolor(4);   line(X, Y, s.x, s.y);     /*画出三指针*/
        sound(1000);                             /*声音*/
        nosound();

/*一秒后擦除原来三指针，显示背景色*/
        sleep(1);
        setcolor(2);
        line(X, Y, s.x, s.y);
        line(X, Y, m.x, m.y);
        line(X, Y, h.x, h.y);

        setcolor(15);
        circle(X, Y, 2);
        circle(X, Y, 5);              /*钟中间的两个圆，轴*/
    }
}
void main(void)
{
    initgr();
    drawclock();
    showtime();
    closegraph();
}
```

第6章 数据结构基础

【知识目标】

1. 线性表的特点和基本运算
2. 栈和队列的特点和基本运算
3. 树和二叉树的特点和基本运算
4. 图的特点和基本运算

【能力目标】

1. 线性表的实际应用
2. 栈和队列的实际应用
3. 树的实际应用
4. 二叉树的实际应用
5. 图的实际应用
6. 在综合的条件下选择合适的数据结构解决相应的问题

【重点难点】

1. 各种数据结构的运算和实现
2. 各种数据结构的实际应用

6.1 数据结构概述

【知识储备】

1. 什么是数据结构

数据结构作为一门独立的课程最早在国外出现是1968年，它是介于数学、计算机硬件和计算机软件这三者之间的一门核心课程，数据结构不仅是软件设计的基础而且是实现和设计操作系统、编译程序、数据库系统和其他系统程序的重要基础。

计算机科学是专门用来使用计算机表示和处理各种数据的科学，而数据的表示和组织会直接影响处理数据的程序的执行效率，随着计算机的普及，数据规模的增加，数据范围的拓宽，使许多系统程序和应用程序的规模很大，结构又相当复杂。因此，为了编写出一个“好”的程序，必须分析待处理的对象的特征及各对象之间存在的关系，这就是数据结构这门课所要研究的问题。

到底什么是数据结构呢？简单的说，数据结构就是相互之间存在一种或多种特定关系的数据元素的集合。在前面的学习中我们还提到过一个概念：数据类型，它是指一个值的集合和定义在这个值集上的一组操作的总称。

数据结构中提到的数据元素之间的关系分为逻辑和物理两种情况。在逻辑上，主要体现为是一对一、一对多还是多对多；在物理上，是指数据元素在存储设备中的存储方式，分为顺序存储和非顺序存储两种，顺序存储就是指数据元素在内存中相邻存放，我们知道一个元素的位置后，可以通过相对位置的方式来确定其他元素的位置，非顺序存储是指元素之间借助指针来进行连接。

有了数据结构之后，我们解决实际问题，还需要确定如何使用数据类型，也就是我们要确定算法。算法是对特定问题求解步骤的一种描述，它是指令的有限序列，其中每一条指令都表示一个或多个操作。算法具有以下特征：

(1)有穷性：一个算法，对于正常有效的输入值，在执行有穷的步骤之后一定能够结束。

(2)确定性：算法中规定了每种情况下应该执行的操作，而且在任何情况下，算法只有一条确定的执行路径。

(3)可行性：算法由若干基本操作组成，所有操作都能够执行。

(4)有输入：一个算法有零个或多个输入。

(5)有输出：这是与“输入”相对应的，是算法对数据进行加工执行后得到的一个或多个结果。

对于一个好的算法，有以下要求：

(1) 正确性：算法能够按照预先设定的功能和性能正确执行实现，这是最基本的要求。

(2) 可读性：算法主要是能够让使用者很方便的阅读，易于理解。所以设计时要尽量简单、清晰、结构化。

(3) 健壮性：当接收到非法数据的时候，算法要能做出反应并进行处理，也就是要有很好的容错性，不至于出现死机或者异常。

(4)高效率和低存储：高效率针对的是时间，低存储针对的是空间，这两者不可能完美的兼备，但是可以找到一个最优的方案。通常使用时间复杂度或者空间复杂度来对算法的优劣进行判断。

2. 为什么要学习数据结构

数据结构并不是一门语言，它是一种思想，一种方法，一种思维方式。它不受语言的限制，而是告诉我们如何在程序的基础之上让它变得更优(运算更快，占用资源更少)，它改变的是程序的存储运算结构而不是程序语言本身。

举个例子来说明一下，如果把程序看成汽车，那么程序语言就构成了这辆车的车身和轮胎。而算法则是这辆车的核心——发动机。这辆车跑得是快是慢，关键就在于发动机的好坏(当然轮胎坏掉了也不行)，而数据结构就是用来改造发动机的。

一定要注意这里所说的算法不等同于程序，算法是一种解决问题的方法。众所周知，同样一个问题的解决方案有很多种，但是并非所有的解决方案都是最佳的、最高效的，当一个程序员能够熟练地编写出相应程序，实现特定功能之后，必须要结合数据结构的思想来优化自己的程序，从而达到一个质的变化，最终提高自己的编程能力。数据结构可以告诉我们怎样用最精简的语言，利用最少的资源(包括时间和空间)编写出最优秀最合理的程序。

任务 6.1 数据结构的确定

【任务说明】

在软件设计过程中，主要的工作不仅仅是代码的编写，而是在面对问题的时候，先对其进行分析，确定下来合适的、比较好的解决方案，包括：开发工具的选择、数据类型的确定、数据结构的确定、模块的划分等。对于下面的几个问题，试分析并确定合适的数据结构。

(1)学籍管理系统中的信息检索；

(2)迷宫游戏；

(3)多景点城市游览路线的确定。

【任务目标】

了解数据结构的学习对于软件设计的重要意义。

【任务分析】

(1)学籍管理系统中的信息检索问题。

在学生的学籍管理系统中有很多信息，包括姓名、学号、班级、生日、系部等。按照不同的条件检索学生信息就是在表中查找数据的过程。如果只是进行检索而不是添加或者删除数据，那么需要选择的数据结构就需要支持随机查找，而且效率要高。很显然这是线性结构中的顺序表就可以做到的。

(2)迷宫游戏。

简单的迷宫游戏要求从确定的入口进入迷宫，避开障碍物，从唯一的出口走出迷宫。在这个过程中经常采用"穷举法"对行走方向进行判断的，即从入口出发，顺某一方向进行试探，若能走通，则继续前行；否则沿原路退回，换一个方向进行试探，直到所有可能的通路都试探完毕为止。这就需要一个支持"后进先出"的数据结构来存储从入口到当前位置的路径。也就是我们常说的栈。

(3)多景点城市游览路线的确定。

对于一个有若干景点的城市而言，若想游览所有的景点，我们一定会考虑时间、路程的耗费问题，最好能找到一条路线可以不重复的游览所有景点而且路程最短。这就需要用到数据结构中图的最短路径求解算法。

6.2 线性表

6.2.1 顺序表

【知识储备】

1. 线性表的定义

线性表是最简单、最常用的一种数据结构。是由 n(n≥0)个数据元素(结点)a_1，a_2，…，a_n组成的有限序列。其中 n 叫做表长。其逻辑结构如图 6-1 所示，存储结构分为顺序表和链表两种。

①→④→⑧→②→⑤→⑦

图 6-1　线性表的逻辑结构示意图

对于非空的线性表其逻辑结构是这样的：

(1)有且仅有一个开始结点 a_1，没有直接前趋，有且仅有一个直接后继 a_2；

(2)有且仅有一个终结结点 a_n，没有直接后继，有且仅有一个直接前趋 a_{n-1}；

(3)其余的内部结点 $a_i(2 \leqslant i \leqslant n-1)$都有且仅有一个直接前趋 a_{i-1}；

(4)其余的内部结点 $a_i(2 \leqslant i \leqslant n-1)$都有且仅有一个后继结点 a_{i+1}。

例如：以下两个例子都是线性表。

英文字母表：(A，B，C，D，…，X，Y，Z)；

一周中的七天：(星期日，星期一，星期二，星期三，星期四，星期五，星期六)；

一年中的四个季节(春，夏，秋，冬)

2. 线性表的顺序存储结构

(1)顺序表。

线性表的顺序存储是指在内存中用一块地址连续的存储空间顺序存放线性表的各元素，这样存储的线性表称其为顺序表。因为内存中的地址空间是线性的，因此，用物理上的相邻实现数据元素之间的逻辑相邻关系是既简单，又自然的。如图 6-2 所示。

	0	1	…	i−1	i	…	n−1	…	maxsize−1
data	a_1	a_2	…	a_{i-1}	a_i	a_{i+1}	…	a_n	…	

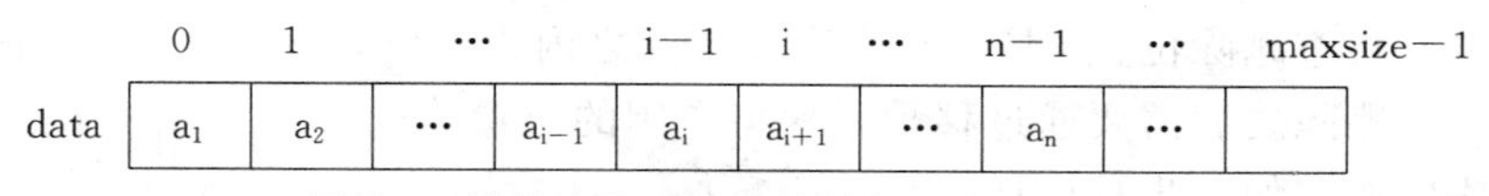

图 6-2　线性表的顺序存储结构示意图

只要知道顺序表首地址和每个数据元素所占地址单元的个数就可求出第 i 个数据元素的地址来，这也是顺序表具有按数据元素的序号随机存取的特点。

在程序设计语言中，由于一维数组在内存中占用的存储空间就是一组连续的存储区域，因此，用一维数组来表示顺序表的数据存储区域是再合适不过的。考虑到线性表的运算有插入、删除等运算，即表长是可变的，因此，数组的容量需设计的足够大，还有由于经过插入和删除操作之后顺序表的长度会发生变化，所以为了便于管理，需要用一个指针 last 来始终指向顺序表的最后一个元素。

(2)顺序表的插入操作 InsertList(L，i)。

顺序表的插入操作是指在表的第 i 个位置上插入一个值为 x 的新元素，插入后使原表长为 n 的表成为表长为 n+1 表，从顺序表的存储结构可以看出，要想实现这个操作，需要考虑以下几个问题：

第一，顺序表是否已满，如果满了就不能进行插入操作，否则会产生溢出；

第二，检查第 i 个位置是否在现有顺序表范围之内；

第三，要通过移动元素将第 i 个位置清空，然后才能插入新元素。

相关算法应该按照如下步骤设计：

首先，将 $a_i \sim a_n$ 顺序向后移动，为新元素让出位置；

其次，将 x 置入空出的第 i 个位置；

再次，修改 last 指针(相当于修改表长)，使之仍指向最后一个元素。

算法如下：

```
int  Insert _ SeqList(SeqList * L, int i, datatype x)
{  int j;
   if (L->last==MAXSIZE-1)
       {  printf("表满"); return(-1); }  /* 表空间已满，不能插入 */
   if (i<1 || i>L->last+2)     /* 检查插入位置的正确性 */
     {  printf("位置错"); return(0); }
   for(j=L->last; j>=i-1; j--)
       L->data[j+1]=L->data[j];        /* 结点移动 */
   L->data[i-1]=x;             /* 新元素插入 */
   L->last++;       /* last 仍指向最后元素 */
   return (1);          /* 插入成功，返回 */
}
```

(3)顺序表的删除操作 DeleteList(L, i)。

顺序表的删除操作是指将表中第 i 个元素从顺序表中去掉，删除后使原表长为 n 的顺序性表成为表长为 n－1 的表，若要实现需要考虑如下问题：

第一，顺序表是否为空，如果为空就不能进行删除操作；

第二，检查删除位置 i 是否在顺序表范围之内；

第三，删除之后需要通过移动元素将空闲的位置填充。

相关算法应按照如下步骤设计：

首先，找到第 i 个元素，将它删除；

其次，将 a_{i+1}～a_n顺序向前移动；

再次，修改 last 指针(相当于修改表长)使之仍指向最后一个元素。

算法如下：

```
int Delete _ SeqList(SeqList * L; int i)
  { int  j;
  if(i<1 || i>L->last+1)   /* 检查空表及删除位置的合法性 */
        { printf ("不存在第 i 个元素"); return(0); }
  for(j=i; j<=L->last; j++)
        L->data[j-1]=L->data[j]; /* 向上移动 */
 L->last--;
 return(1);          /* 删除成功 */
  }
```

(4)顺序表的特点。

优点：存储空间利用率高，不用浪费额外的空间；

　　　可以随机存取表中的任何一个元素。

缺点：插入删除操作不方便，移动元素影响运算效率；

　　　表的长度受限制，太大浪费，太小容易溢出。

适用于：经常进行查找而不是更新的数据。

任务 6.2 顺序表实现字符串的模式匹配

【任务说明】

有两个由字符组成的线性表，求第二个线性表中的字符串是否是第一个线性表中字符串的子串。如果是，返回其在第一个线性表中出现的位置。在这里把第一个线性表称做目标串(或者主串)，第二个线性表称做模式串(或者子串)。

【任务目标】

了解并掌握顺序表的逻辑结构和存储特点。了解模式匹配算法的基本思想，会应用顺序表的知识来实现模式匹配。

【任务分析】

字符串的模式匹配有多种方法，首先尝试从简单的方法开始分析。假设目标串的长度是 legth1，模式串的长度是 length2，从目标串的第一个字符开始与模式串的第一个字符比较。相等则继续逐个比较后面的字符；否则从目标串的第二个字符开始重新与模式串的第一个字符进行比较。当匹配成功时返回 1，失败时返回－1。

【参考代码】

```
int index(SeqList * L_pointer1, SeqList * L_pointer2)   /* 顺序表实现模式匹配 */
{    int i, j, k;
     if(L_pointer2->Length==0)
         return 0;                              /* 模式为空时，匹配 */
     k=0;                                       /* 从主串的第 0 个位置开始比较 */
     i=k;                                       /* 从子串的第 i 个位置开始比较 */
     j=0;
     while (i<L_pointer1->Length&&j<L_pointer2->Length)
     {    if (L_pointer1->Element[i]==L_pointer2->Element[j])   /* 比较的字符相等 */
          {    i++; j++;}                       /* i 和 j 同时加 */
          else                                  /* 否则 */
          {    k++;                             /* k 加 1，开始下一趟 */
               i=k; j=0;                        /* i 从 k 开始，j 从 0 开始 */
          }
     }
     if (j>=L_pointer2->Length)                 /* 匹配成功 */
         return k+1;
     else
         return -1;                             /* 匹配失败 */
```

【能力拓展】

模拟集合的并交差运算

问题描述：

假设以两个线性表A和B分别表示两个集合(同一表中的元素值各不相同)，现要求另外开辟空间构成集合C、D和E，其元素分别为集合A和B中的元素的交集、并集和差集。尝试在顺序表上编写求集合C、D和E的算法。

问题分析：

1. 求交集C

(1)i标记A的当前元素，j标记B的当前元素，k计算C的元素个数。

(2)顺序扫描A中的所有元素：若A的元素也在B中，将A的元素添加到C中；若A的元素不在B中，跳出本次循环。

2. 求并集D

(1)i标记A的当前元素，j标记B的当前元素，k计算D的元素个数。

(2)将A中所有元素复制到D中。

(3)顺序扫描B中的所有元素：若B中的元素不在A中，将B的元素添加到D中；若B的元素在A中，跳出本次循环。

3. 求差集E

(1)i标记A的当前元素，j标记B的当前元素，k计算E的元素个数。

(2)顺序扫描A中的所有元素：若A的元素不在B中，将A的元素添加到E中；若A的元素在B中，跳出本次循环。

6.2.2 链表

【知识储备】

1. 单链表的定义

链表是通过一组任意的存储单元来存储线性表中的数据元素的，那么怎样表示出数据元素之间的线性关系呢？为建立起数据元素之间的线性关系，对每个数据元素除了存放自身的信息之外，还需要存放其后继元素所在的存储单元的地址，这两部分信息组成一个“结点”，每个元素都如此。存放数据元素信息的称为数据域，存放其后继地址的称为指针域。因此n个元素的线性表通过每个结点的指针域拉成了一个“链子”，称之为链表。因为每个结点中只有一个指向后继的指针，所以称其为单链表。如图6-3所示。

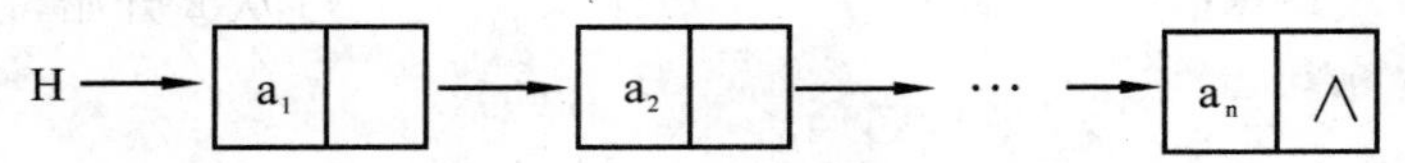

图6-3　单链表示意图

单链表有带头结点的和不带头结点的两种，头结点就是在第一个结点之前附加一个结点，它的数据域可以不存放任何信息，也可以存放链表的长度等附加信息。为了方便，这里全部使用带头结点的单链表。

2. 单链表的基本操作

(1)初始化 InitLinkList()

建立一个带有头结点的单链表，首先创建一个结点作为头结点，然后设置头结点指针域为空即可。

(2)插入元素 Insert

在链式存储方式下进行插入运算，其实质是指针的修改，而且插入操作分为在结点前面插入和在结点后面插入两种。这里主要介绍在结点 p 后面插入数据。指针的变化如图 6-4 所示。

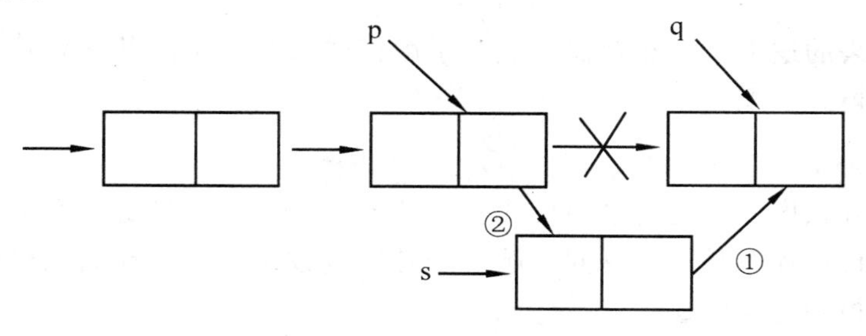

图 6-4 链表的插入示意图

主要的操作：

① s→next＝p→next；

② ②p→next＝s；

(3)删除元素

在链式存储方式下进行删除运算，也是通过修改指针来实现的。这里同样只介绍在结点 p 后面删除数据。

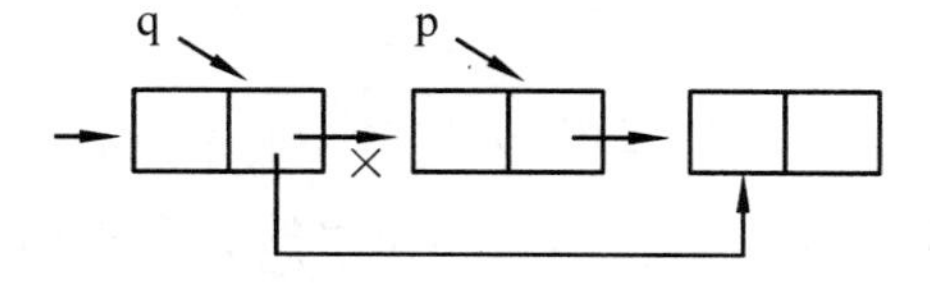

图 6-5 链表的删除示意图

主要操作：

p＝q→next；

q→next＝p→next；

3. 单链表的特点

优点：进行插入和删除操作不需要移动元素，执行效率高；

链表存储空间动态分配，不造成浪费。

缺点：查找数据需要从第一个结点开始顺次向后查找，不支持随机存取。

适用于：频繁进行添加或删除的数据表。

任务 6.3 单链表实现字符串定位函数

【任务说明】

设计字符串定位函数，字符串采用单链表存储，定位函数的功能是求子串 t 在主串

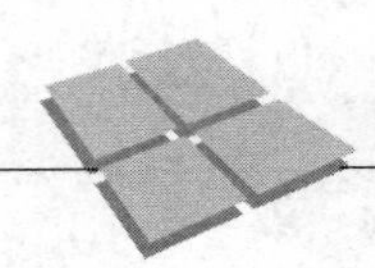

s 中的开始位置。例如：

主串：abcdddfffaes

子串：ddfffa

则定位函数的计算结果是 5

主串：abcdddfffaes

子串：csfed

则定位函数的计算结果是－1，表示不匹配。

【任务目标】

掌握单链表的逻辑结构和存储特点。了解模式匹配算法的基本思想，会应用链表的知识来实现模式匹配。

【任务分析】

这个任务和顺序表中提到过的模式匹配任务是相同的，只是采用了不同的数据存储方式，从而设计程序时略有不同，顺序表是通过数组下标来控制比较的位置，链表是通过指针来控制比较位置。

【参考代码】

```
int index(LinkList L_pointer1, LinkList L_pointer2)
                                        /*单链表实现字符串定位函数*/
{   Node *pi, *pj, *pk;
    int k;
    if(L_pointer2==NULL)        /*模式为空时，匹配*/
        return 0;
    k=0;                                    /*记录匹配的位置*/
    pk=L_pointer1;                      /*取主串的第一个元素的位置*/
    pi=L_pointer1;                  /*从主串的 pi 所指的元素开始比较*/
    pj=L_pointer2;                  /*从子串的 pi 所指的元素开始比较*/

while (pi!=NULL&&pj!=NULL)
                                /*指向主串和子串的指针均不空*/
    {   if (pi->data==pj->data)             /*比较的字符相等*/
        {   pi=pi->next; pj=pj->next;}   /*两个指针下移*/
        else
        {   k++;                            /*匹配位置+1*/
            pk=pk->next; pi=pk;                 /*开始下一趟比较*/
            pj=L_pointer2;
        }
    }
    if (pj==NULL)                       /*匹配成功*/
        return k+1;
```

```
    else                                      /* 匹配失败 */
        return -1;
}
```

【能力拓展】

采用单链表实现线性表的就地逆置

问题描述：

线性表的就地逆置，就是利用原表的存储空间将线性表(a_1, a_2, …, a_n)逆置为(a_n, a_{n-1}, …, a_1)，并且此处要求只使用一个元素的辅助空间。

问题分析：

1. 类型定义

```
    typedef int ElemType;
    typedef struct node{
    ElemType data;
    struct node *next;
}LNode, *LinkList;
```

2. 算法思想如下：

(1) 空表或长度为 1 的表，不做任何处理；

(2) 表长大于等于 2 时，做如下处理：

①从链表的第 1 个结点处断开；

②依次取剩余链表中的每个结点，将其作为第 1 个结点插入到前面的链表中去。

6.2.3 其他线性表

【知识储备】

1. 循环链表

对于单链表而言，最后一个结点的指针域是空指针，如果将该链表头指针置入该指针域，则使得链表头尾结点相连，就构成了单循环链表。如图 6-6 所示。

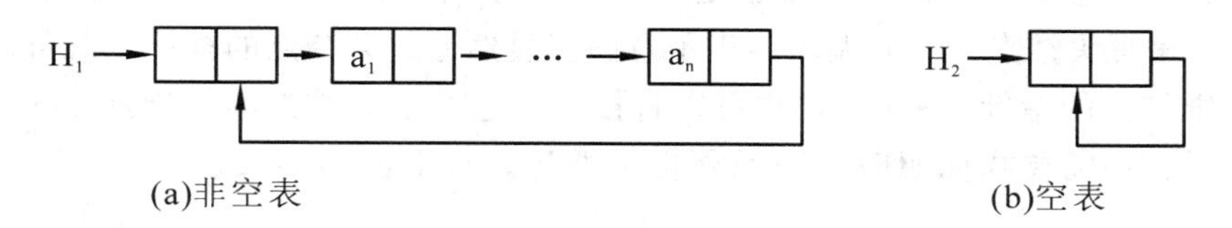

图 6-6 单循环链表

在单循环链表上的操作基本上与非循环链表相同，只是将原来判断指针是否为 NULL 变为是否是头指针而已，没有其他较大的变化。

对于单链表只能从头结点开始遍历整个链表，而对于单循环链表则可以从表中任意结点开始遍历整个链表，不仅如此，有时对链表常做的操作是在表尾、表头进行，此时可以改变一下链表的标识方法，不用头指针而用一个指向尾结点的指针 R 来标识，可以使得操作效率得以提高。这样，尾指针就起到了既指头又指尾的功能。

例如对两个单循环链表 H_1、H_2 的连接操作，是将 H_2 的第一个数据结点接到 H_1 的尾结点，如用头指针标识，则需要找到第一个链表的尾结点，其时间复杂性为O(n)，而链表若用尾指针 R_1、R_2 来标识，则时间性能为 O(1)。操作如下：

```
p= R1→next;        /＊保存 R1 的头结点指针＊/
R1→next=R2→next→next;    /＊头尾连接＊/
free(R2→next);     /＊释放第二个表的头结点＊/
R2→next=p;         /＊组成循环链表＊/
```

这一过程可见图 6-7：

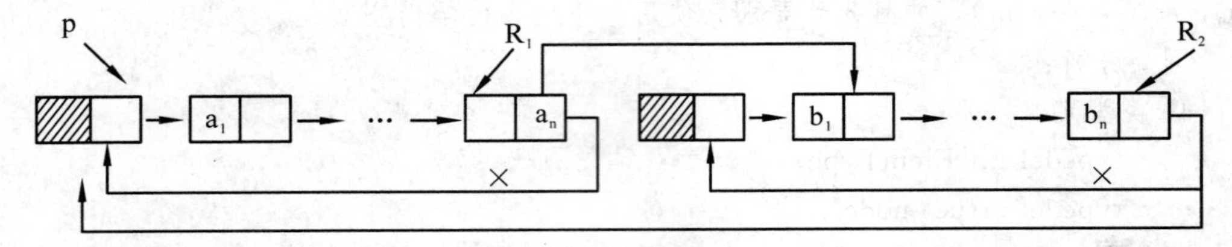

图 6-7　两个带尾指针的单循环链表的连接

2. 双向链表

以上讨论的单链表的结点中只有一个指向其后继结点的指针域 next，因此若已知某结点的指针为 p，其后继结点的指针则为 p→next ，而找其前驱则只能从该链表的头指针开始，顺着各结点的 next 域进行，也就是说找后继的时间性能是 O(1)，找前驱的时间性能是 O(n)，如果也希望找前驱的时间性能达到 O(1)，则只能付出空间的代价：每个结点再加一个指向前驱的指针域，结点的结构为如图 6-8 所示，用这种结点组成的链表称为双向链表。

双向链表结点的定义如下：

```
typedef struct   dlnode
{ datatype data;
  struct dlnode ＊prior, ＊next;
}DLNode, ＊DlinkList;
```

和单链表类似，双向链表通常也是用头指针标识，也可以带头结点和做成循环结构，图 6-9 是带头结点的双向循环链表示意图。显然通过某结点的指针 p 既可以直接得到它的后继结点的指针 p→next，也可以直接得到它的前驱结点的的指针 p→prior。这样在有些操作中需要找前驱时，则无须再用循环。从下面的插入、删除运算中可以看到这一点。

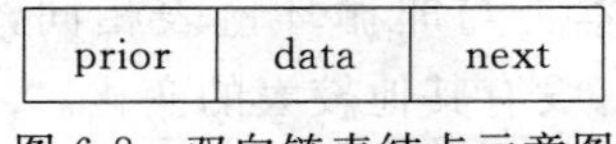

图 6-8　双向链表结点示意图

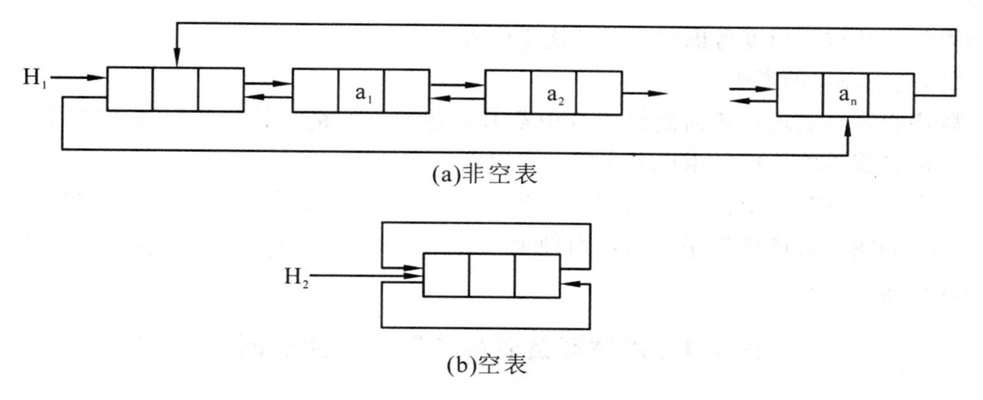

(a)非空表

(b)空表

图 6-9　带头结点的双循环链表

设 p 指向双向循环链表中的某一结点，即 p 中是该结点的指针，则 p→prior→next 表示的是 * p 结点之前驱结点的后继结点的指针，即与 p 相等；类似，p→next→prior 表示的是 * p 结点之后继结点的前驱结点的指针，也与 p 相等，所以有以下等式：

p→prior→next ＝ p ＝ p→next→prior

3. 顺序表与链表的比较

通过对顺序表和链表的任务实现可知它们各有优缺点，现总结如下：

顺序表有三个优点：

(1)方法简单，各种高级语言中都有数组，容易实现。

(2)不用为表示结点间的逻辑关系而增加额外的存储开销。

(3) 具有按元素序号随机访问的特点。

两个缺点：

(1)在顺序表中做插入、删除操作时，平均移动大约表中一半的元素，因此对 n 较大的顺序表效率低。

(2)需要预先分配足够大的存储空间，估计过大，可能会导致顺序表后部大量闲置；预先分配过小，又会造成溢出。

链表的优缺点恰好与顺序表相反，在此不再赘述。

那么，在实际应用中应该怎样选取合适的存储结构呢？通常从以下几个方面来考虑：

(1)基于存储的考虑

顺序表的存储空间是静态分配的，在程序执行之前必须明确规定它的存储规模，也就是说事先对“MAXSIZE”要有合适的设定，过大造成浪费，过小造成溢出。可见对线性表的长度或存储规模难以估计时，不宜采用顺序表；链表不用事先估计存储规模，但链表的存储密度较低，存储密度是指一个结点中数据元素所占的存储单元和整个结点所占的存储单元之比。显然链式存储结构的存储密度是小于 1 的。

(2)基于运算的考虑

在顺序表中按序号访问 a_i 的时间性能是 O(1)，而链表中按序号访问的时间性能 O(n)，所以如果经常做的运算是按序号访问数据元素，显然顺序表优于链表；而在顺序表中做插入、删除时平均移动表中一半的元素，当数据元素的信息量较大且表较长时，这一点是不应忽视的；在链表中作插入、删除，虽然也要找插入位置，但操作主要是

比较操作，从这个角度考虑显然后者优于前者。

(3)基于环境的考虑

顺序表容易实现，任何高级语言中都有数组类型，链表的操作是基于指针的，相对来讲前者简单些，也是用户考虑的一个因素。

总之，两种存储结构各有长短，选择哪一种由实际问题中的主要因素决定。通常“较稳定”的线性表选择顺序存储，而频繁做插入、删除的即动态性较强的线性表宜选择链式存储。

任务 6.4 用循环链表解决猴子选大王的问题

【任务说明】

这是约瑟夫问题的一个具体应用。一堆猴子都有编号，编号是 1，2，3 …，m，这群猴子(m 个)按照 1～m 的顺序围坐一圈，从第 1 开始数，每数到第 N 个，该猴子就要离开此圈，这样依次下来，直到圈中只剩下最后一只猴子，则该猴子为大王。

【任务目标】

通过比较典型的问题来掌握线性表的链式存储特点，并且能够应用循环链表解决实际问题。

【任务分析】

(1) 用 num 记录出列的人数，控制循环执行，当 num 取值 0～(n－1)时，执行循环，否则退出。

(2)变量 count 记录报数人数，决定某个人是否出列，当 count＝m 时，将链表中相应的结点删除，同时 num 的值加 1。

【参考代码】

```
#include <stdlib.h>
#include <stdio.h>
typedef  struct point{
   int  No;
   struct point *next;
}LNode, *LinkList;
int n, m;
LinkList  create(){/*生成单向循环链表并返回*/
   int i;
   LinkList head, tail, new;
   head=NULL;
   printf("\ninput n :");
   scanf("%d", &n);
   printf("\ninput m :");
   scanf("%d", &m);
```

```
    for(i=1; i<=n; i++){
      new=(LinkList)malloc(sizeof(LNode));
      new->No=i;
      if(head==NULL)/*链表的第一个结点插入*/
        {head=new; tail=head;}
      else/                 *链表的其余结点插入*/
        { tail->next=new; tail=new;}
    }
    tail->next=head; /*循环单链表的生成*/
    return head;
  }
  void search(LinkList head){ /* 用单向循环链表实现报数问题*/
    int count, num;
    LinkList pre, p;
    num=0;
    count=1;
    p=head;
    printf("\noutput data :");
    while(num<n){
      do{ /*累计报数*/
        count++;
        pre=p; p=p->next;
      }while(count<m);
      pre->next=p->next; /*报 m 的人出列*/
      printf("%3d", p->No);
      free(p);
      p=pre->next;
      count=1;
      num++;
    }
  }
  main(){
    LinkList head;
    head=create();
    search(head);
```

6.3 栈

【知识储备】

1. 定义

堆栈(Stack)可以看成是一种“特殊的”线性表，这种线性表上的插入和删除运算限定在表的某一端进行的。如图 6-10 所示。

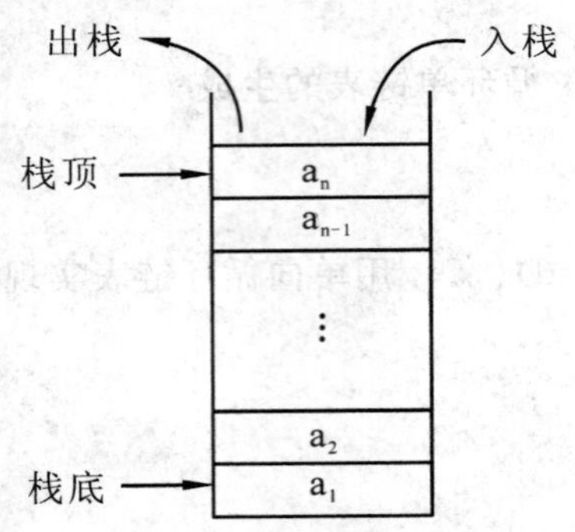

图 6-10　栈的逻辑结构

(1)通常称插入、删除的这一端为栈顶(Top)，另一端称为栈底(Bottom)；

(2)当表中没有元素时称为空栈。

栈的逻辑结构就像一个容器，最先放进去的东西在最下面(栈底)，最后放进去的东西在最上面(栈顶)，进行插入和删除操作时，最先被修改的都会是栈顶元素，所以说栈最大的特点是“后进先出”(Last In First Out)，简称：LIFO 存储结构也分为顺序栈和链栈两种。

在现实生活中，很多地方都会用到栈的特性，比如 Office 办公软件中的 Word 和 Excel，有一个功能叫做撤销，这就是利用栈来存储曾经做过的操作，当执行撤销的时候，最后进行的操作，最先出栈。再比如饭店摆放盘子，最先得到的盘子会摆放在最下面的位置，最后得到的盘子会放在最上面的位置上等。

2. 顺序栈

采用顺序存储方式存储的栈称为顺序栈，和顺序表类似，同样可以使用一维数组来存储，栈底位置可以设置在数组的任一个端点，而栈顶是随着插入和删除而变化的，用一个 int　top 来作为栈顶的指针，指明当前栈顶的位置。同样将 data 和 top 封装在一个结构中，顺序栈的类型描述如下：

```
#define MAXSIZE   1024
typedef   struct
  {datatype   data[MAXSIZE];
   int   top;
  }SeqStack
```

定义一个指向顺序栈的指针：

```
    SeqStack   *s;
```

通常 0 下标端设为栈底，这样空栈时栈顶指针 top＝－1；入栈时，栈顶指针加 1，即 s→top＋＋；出栈时，栈顶指针减 1，即 s→top－－。栈操作的示意图如图 6-11 所示。

图 6-11(a)是空栈，图 6-11(c)是 A、B、C、D、E 5 个元素依次入栈之后的状态，图 6-11(d)是 D、E 相继出栈，此时栈中还有 3 个元素，或许最近出栈的元素 D、E 仍然在原先的单元存储着，但 top 指针已经指向了新的栈顶，则元素 D、E 已不在栈中了，通过这个示意图要深刻理解栈顶指针的作用。

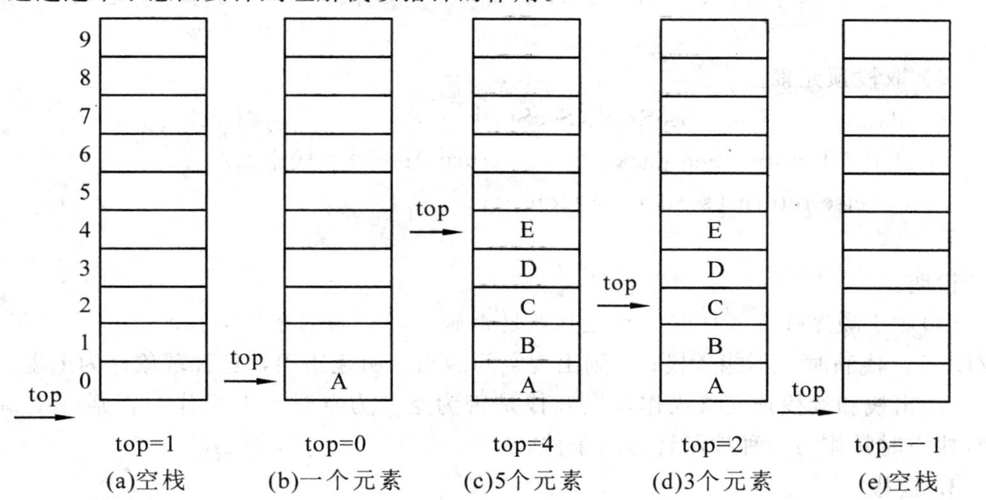

图 6-11　栈顶指针与栈中数据元素的关系

在上述存储结构上基本操作的实现如下：

(1) 置空栈：首先建立栈空间，然后初始化栈顶指针。

```
SeqStack  * Init_SeqStack()
  { SeqStack  * s;
    s=malloc(sizeof(SeqStack));
    s->top= -1;   return s;
  }
```

(2) 判栈空。

```
int Empty_SeqStack(SeqStack * s)
  { if (s->top= = -1)  return 1;
    else  return 0;
  }
```

(3) 入栈。

```
int Push_SeqStack (SeqStack * s, datatype  x)
   {if (s->top= =MAXSIZE-1)  return 0; /* 栈满不能入栈 */
   else {  s->top++;
     s->data[s->top]=x;
```

```
            return 1;
        }
    }
```

(4) 出栈。

```
int  Pop_SeqStack(SeqStack *s, datatype *x)
{ if  (Empty_SeqStack ( s ))  return 0; /* 栈空不能出栈 */
  else {  *x=s->data[s->top];
     s->top--;    return 1; }          /* 栈顶元素存入 *x, 返回 */
}
```

(5) 取栈顶元素。

```
datatype  Top_SeqStack(SeqStack *s)
{ if ( Empty_SeqStack ( s )) return 0;    /* 栈空 */
   else return (s->data[s->top] );
}
```

说明：

(1)对于顺序栈，入栈时，首先判栈是否满了，栈满的条件为：s→top= =MAXSIZE−1，栈满时，不能入栈；否则出现空间溢出，引起错误，这种现象称为上溢。

(2)出栈和读栈顶元素操作，先判栈是否为空，为空时不能操作，否则产生错误。通常栈空时常作为一种控制转移的条件。

3. 链栈

用链式存储结构实现的栈称为链栈。通常链栈用单链表表示，因此其结点结构与单链表的结构相同，在此用 LinkStack 表示，即有：

```
typedef  struct node
  { datatype data;
    struct node *next;
  }StackNode, * LinkStack;
```

说明 top 为栈顶指针：　LinkStack top ;

因为栈中的主要运算是在栈顶插入、删除，显然在链表的头部做栈顶是最方便的，而且没有必要像单链表那样为了运算方便附加一个头结点。通常将链栈表示成图 6-12 的形式。

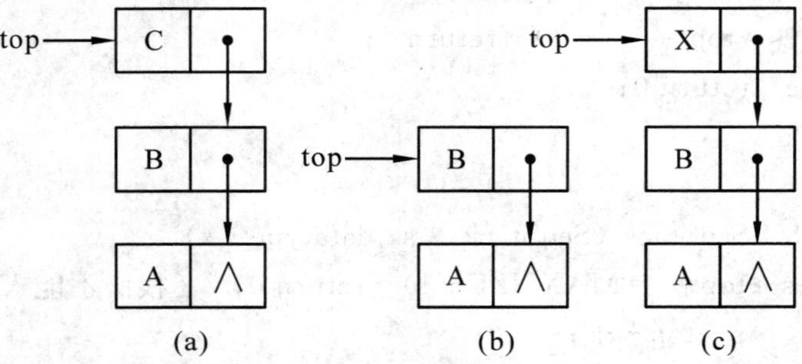

图 6-12　栈的链式存储示意图

链栈基本操作的实现如下：

(1)置空栈。

```
LinkStack  Init _ LinkStack()
   {  return  NULL;
    }
```

(2) 判栈空。

```
int  Empty _ LinkStack(LinkStack  top )
  {  if(top==-1) return 1;
     else  return  0;
   }
```

(3) 入栈。

```
LinkStack  Push _ LinkStack(LinkStack  top, datatype x)
  { StackNode  * s;
     s=malloc(sizeof(StackNode));
     s->data=x;
     s->next=top;
     top=s;
     return top;
   }
```

(4) 出栈。

```
LinkStack  Pop _ LinkStack (LinkStack  top, datatype  * x)
  {  StackNode  * p;
     if(top= =NULL) return NULL;
     else { * x = top->data;
            p = top;
            top = top->next;
            free (p);
            return  top;
          }
   }
```

任务 6.5　数制转换

【任务说明】

将十进制数 N 转换为 r 进制的数。

【任务目标】

通过数值转换算法的设计实现，深刻理解栈的存储特点以及实用价值。

【任务分析】

数值转换过程采用辗转相除法。以 N=3456，r=8 为例转换方法如下：

N	N/8(整除)	N %8(求余)
3467	433	3
433	54	1
54	6	6
6	0	6

（↑ 低 … 高）

所以：$(3456)_{10} = (6563)_{8}$

算法思想如下：当 N＞0 时重复 1，2

1. 若 N≠0，则将 N % r 压入栈 S 中，执行 2；若 N＝0，将栈 S 的内容依次出栈，算法结束。

2. 用 N / r 代替 N。

【参考代码】

```
#define L   10
  void conversion(int N, int r)
  {  int   s[L], top;           /* 定义一个顺序栈 */
     int    x;
     top =-1;     /* 初始化栈 */
     while ( N )
     {   s[++top]=N%r;            /* 余数入栈 */
   N=N / r ;     /* 商作为被除数继续 */
  }
  while (top! =-1)
  { x=s[top--];
     printf("%d", x);
     }
  }
```

【能力拓展】

括号匹配

问题描述：

假设表达式中允许包含 3 种括号：圆括号“(”和“)”，方括号“[”和“]”和花括号“{”和“}”，其嵌套的顺序随意，如“{([]())}”或“[([][])]”等为正确的格式，“[{(]”或“([])}()”或“(()))”均为错误的格式。设计一个算法，要求检验一个给定表达式中的括号是否匹配。

问题分析：

1. 类型定义

```
#define MAXSIZE 100      /* 最多元素数 */
typedef char ElemType;
```

```
typedef struct{
        ElemType data[MAXSIZE];       /* 栈空间 */
        int top;              /* 栈顶指针 */
}SqStack;
```

2. 算法思想

假设表达式存储在字符数组 str 中，设置一个元素为字符类型的栈 S，用它来存储表达式中从左到右顺序扫描到的左括号，栈的最大深度不会超过表达式中左括号的个数。

算法思想：顺序扫描字符数组 str 中的每一个字符，若遇到的是左括号，则令其入栈。若遇到的是右括号，则当栈空时(缺少相配的左括号)报错。否则，将栈顶元素弹出。若弹出的括号不是相配的左括号(缺少相配的左括号)，则报错。当表达式扫描结束时，若栈空，则说明表达式中的括号匹配，返回 1。否则，说明表达式括号不匹配(缺少相配的右括号)，报错，返回 0。

6.4 队列

【知识储备】

1. 队列的定义

队列(Queue)是只允许在一端进行插入，而在另一端进行删除的运算受限的线性表。

(1)允许删除的一端称为队头(front)。

(2)允许插入的一端称为队尾(rear)。

(3)当队列中没有元素时称为空队列。

(4)队列亦称作先进先出(First In First Out)的线性表，简称为 FIFO 表。

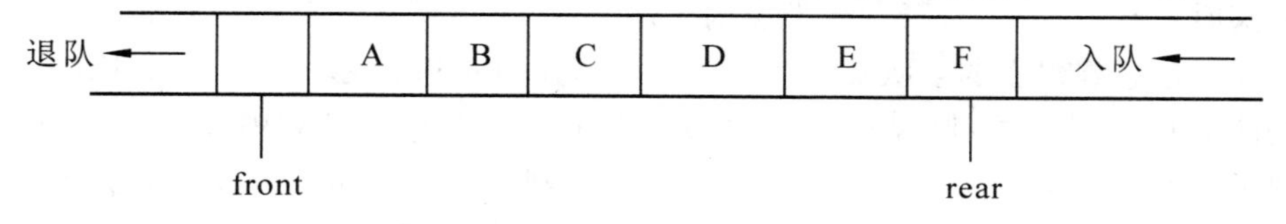

图 6-13 队列的逻辑结构

队列的适用范围：

操作系统的资源分配会经常用到队列，对于这些资源操作系统可以按照先来先服务、优先级等策略进行分配和调度。

队列的逻辑结构就和我们在现实生活中看到的一样，先排队的先得到服务，它的存储结构分为顺序存储结构和链式存储结构两种。这里我们只介绍比较基础的顺序队列和循环队列。

2. 顺序队列

顺序存储的队列称为顺序队列。因为队列的队头和队尾都是活动的，因此，除了队列的数据外还有队头、队尾两个指针。顺序队列的类型定义如下：

```
define   MAXSIZE   1024    /* 队列的最大容量 */
```

```
typedef   struct
{datatype   data[MAXSIZE];     /* 队列的存储空间 */
  int rear, front;    /* 队头队尾指针 */
}SeQueue;
```

定义一个指向队列的指针变量：

```
  SeQueue   * sq;
```

申请一个顺序队的存储空间：

```
  sq=malloc(sizeof(SeQueue));
```

队列的数据区为：

sq→data[0]———sq→data[MAXSIZE －1]

队头指针：sq→front

队尾指针：sq→rear

设队头指针指向队头元素前面一个位置，队尾指针指向队尾元素(这样的设置是为了某些运算的方便，并不是唯一的方法)。

置空队则为：sq→front＝sq→rear＝－1；

在不考虑溢出的情况下，入队操作队尾指针加1，指向新位置后，元素入队。

操作如下：

```
    sq->rear++;
    sq->data[sq->rear]=x;    /* 原队头元素送 x 中 */
```

在不考虑队空的情况下，出队操作队头指针加1，表明队头元素出队。

操作如下：

```
    sq->front++;
    x=sq->data[sq->front];
```

队中元素的个数：m＝(sq→rear)－(q→front)；

队满时：m＝ MAXSIZE；   队空时：m＝0。

按照上述思想建立的空队及入队出队示意图如图6-14所示，设MAXSIZE＝10。

从图6-14中可以看到，随着入队出队的进行，会使整个队列整体向后移动，这样就出现了图6-14(d)中的现象：队尾指针已经移到了最后，再有元素入队就会出现溢出，而事实上此时队中并未真的“满员”，这种现象为“假溢出”，这是由于“队尾入队头出”这种受限制的操作所造成。解决假溢出的方法之一是将队列的数据区data[0..MAXSIZE-1]看成头尾相接的循环结构，头尾指针的关系不变，将其称为“循环队列”。

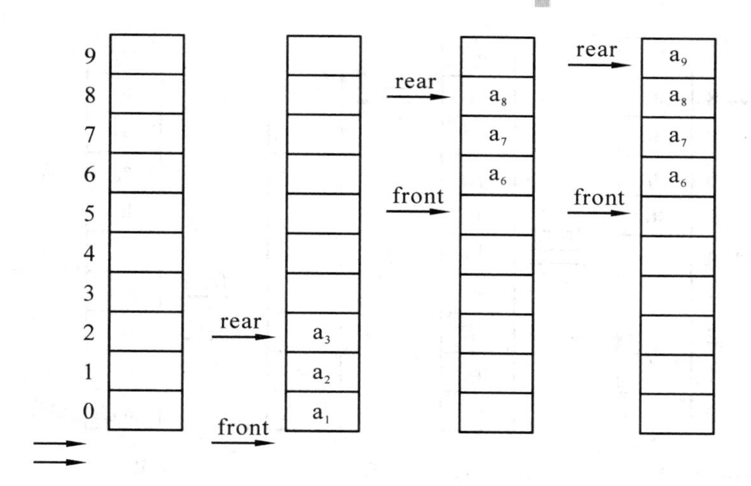

图 6-14 队列操作示意图

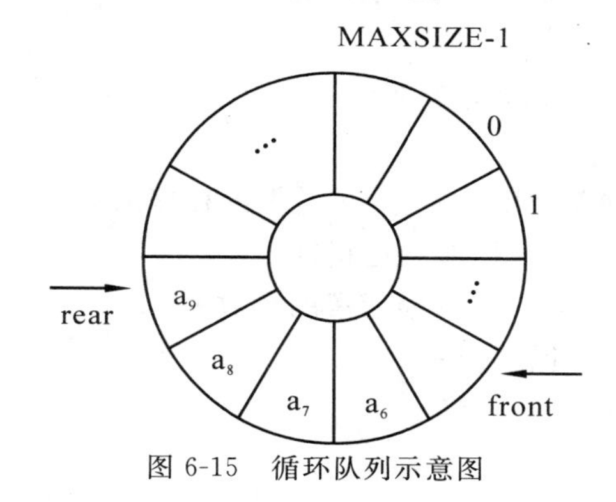

图 6-15 循环队列示意图

3. 循环队列

因为是头尾相接的循环结构，入队时的队尾指针加 1 操作修改为：sq→rear＝(sq→rear＋1) ％ MAXSIZE；出队时的队头指针加 1 操作修改为：sq→front＝(sq→front＋1) ％ MAXSIZE；设 MAXSIZE＝10，图 6-16 是循环队列操作示意图。

从图 6-16 所示的循环队可以看出，图 6-16(a)中具有 a_5、a_6、a_7、a_8 四个元素，此时 front＝4，rear＝8；随着 a_9～a_{14} 相继入队，队中具有了 10 个元素——队满，此时 front＝4，rear＝4，如图 6-16(b)所示，可见在队满情况下有：front＝＝rear。若在图 6-16(a)情况下，a_5～a_8 相继出队，此时队空，front＝4，rear＝4，如图 6-16(c)所示，即在队空情况下也有：front＝＝rear。就是说“队满”和“队空”的条件是相同的了。这显然是必须要解决的一个问题。

方法之一是假设一个存储队中元素个数的变量如 num，当 num＝＝0 时队空，当 num＝＝MAXSIZE 时为队满。

另一种方法是少用一个元素空间，把图 6-16(d)所示的情况就视为队满，此时的状态是队尾指针加 1 就会从后面赶上队头指针，这种情况下队满的条件是：(rear＋1) ％ MAXSIZE＝＝front，也能和空队区别开。

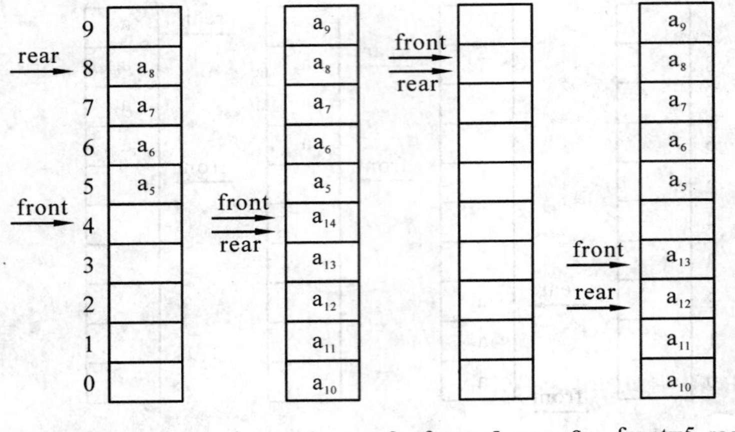

图 6-16　循环队列操作示意图

下面的循环队列及操作按第一种方法实现。

循环队列的类型定义及基本运算如下：

```
typedef   struct      {
    datatype data[MAXSIZE];    /＊数据的存储区＊/
    int front, rear;   /＊队头队尾指针＊/
    int num;               /＊队中元素的个数＊/
}c_SeQueue;       /＊循环队＊/
```

(1)置空队

```
c_SeQueue＊   Init_SeQueue()
  {   q=malloc(sizeof(c_SeQueue));
    q→front=q→rear=MAXSIZE-1;
    q→num=0;
    return q;
  }
```

(2) 入队

```
int   In_SeQueue ( c_SeQueue ＊q, datatype   x)
  {   if   (num==MAXSIZE)
     { printf("队满");
    return - 1;     /＊队满不能入队＊/
     }
    else
     { q→rear=(q→rear+1) % MAXSIZE;
       q→data[q→rear]=x;
```

```
        num++;
        return 1;       /* 入队完成 */
    }
}
```

(3) 出队

```
int  Out_SeQueue (c_SeQueue *q, datatype  *x)
{  if  (num==0)
        {  printf("队空");
           return -1;     /* 队空不能出队 */
        }
   else
      { q->front=(q->front+1) % MAXSIZE;
        *x=q->data[q->front]; /* 读出队头元素 */
        num--;
        return 1;       /* 出队完成 */
      }
}
```

(4) 判队空

```
int  Empty_SeQueue(c_SeQueue  *q)
    {  if  (num==0)  return 1;
       else return 0;
}
```

任务 6.6 两人三足比赛程序设计

【任务说明】

学生们组织两人三足比赛，要求每次参赛的两个人是一男一女。首先要求同学按照性别排成两队，每次都从两个队中顺序选出一个人组成一组，多余的等下一轮比赛。要求程序先接受用户的输入，内容是每个人的姓名和性别。

【任务目标】

通过对两人三足程序的编写深入理解队列的存储特点和应用领域。

【任务分析】

使用两个队列分别存储男生和女生的信息，两个队列同时进行出队的运算，出队的一男一女作为一组参加两人三足比赛。这里用到的是链式存储的队列。

【参考代码】

```
int In_LinkQueue(LinkQueue *Q_pointer, ElemType x)       /* 进链队列 */
{   Node *p;
    p=(Node *)malloc(sizeof(Node));                      /* 分配一个结点 */
```

```
    if (p==NULL)
        return OverFlow;                                /*分配失败*/
    strcpy((p→data).name, x.name);                      /*数据域赋值*/
    (p→data).sex=x.sex;
    p→next=NULL;                                        /*新结点指针域设置为空*/
    if (Q_pointer→Rear==NULL)                           /*原来为空队列*/
        Q_pointer→Rear= Q_pointer→Front=p;              /*设置队头和队
尾指针*/
    else
    {   Q_pointer→Rear→next=p;                          /*插入队尾*/
        Q_pointer→Rear=p;
    }
    return OK;                                          /*插入成功，返回 */
}
int Out_LinkQueue (LinkQueue *Q_pointer, ElemType *x_pointer)
                                                        /*出队列*/
{   Node *p;
    if (Empty_LinkQueue (*Q_pointer)==True)             /*判队列空*/
        return UnderFlow ;                              /*队列空则操作失败*/
    else
    {   strcpy(x_pointer→name, (Q_pointer→Front)→data.name);
                                                        /*取队头元素到*/
        x_pointer→sex=(Q_pointer→Front)→data.sex;
                                                        /*数据域赋值所指的空间*/
        p= Q_pointer→Front;
        Q_pointer→Front=(Q_pointer→Front)→next;         /*取队头元素的后
继结点的指针*/
        if (Q_pointer→Front==NULL)
            Q_pointer→Rear=NULL;
        free(p);                                        /*释放原来的队头元素*/
        return OK;                                      /*返回操作成功标记*/
    }
}
void main()
{   int i;
    ElemType temp_f, temp_m;
    LinkQueue LQ_Male;                                  /*定义存储队列男生的队列*/
    LinkQueue LQ_Female;                                /*定义存储队列女生的队列*/
    ElemType per[Size]={{"林", 0}, {"赵", 1}, {"钱", 1}, {"孙", 0}, {"
```

```
李", 1}, {"王", 0}};                                      /*定义一组测试数据*/
        Init_LinkQueue(&LQ_Male);                        /*初始队列 LQ_Male */
        Init_LinkQueue(&LQ_Female);                      /*初始队列 LQ_Female */
    for (i=0; i<Size; i++)                               /*从测试数据中取数据到队列中*/
            if (per[i].sex==0)
      In_LinkQueue (&LQ_Female, per[i]);        /*从女生的数据中取数据到队
列中*/
            else
                In_LinkQueue (&LQ_Male, per[i]);
                                                         /*从男生的数据中取数据到队列中*/
                 while  (Empty_LinkQueue (LQ_Female)==False&&Empty
_LinkQueue
    (LQ_Male)==False)
                                                         /*两个队列均不为空*/
        {    Out_LinkQueue(&LQ_Female, &temp_f);         /*女生数据出队列*/
             Out_LinkQueue(&LQ_Male, &temp_m);           /*男生数据出队列*/
             printf("\n%s %d --- %s %d", temp_f.name, temp_f.sex,
temp_m.name, temp_m.sex);
                                                         /*输出数据*/
        }
        SetNull_LinkQueue (&LQ_Female);                  /*清空 LQ_Female */
        SetNull_LinkQueue (&LQ_Male);                    /*清空 LQ_Male */
```

【能力拓展】

使用队列打印杨辉三角形

问题描述:

杨辉三角形的图案如图 6-17 所示。由图可以看出杨辉三角形的特点:即每一行的第一个数字和最后一个数字均为 1,其他位置上的数字是其上一行中与之相邻的两个整数之和。所以第 i 行上的元素要由第 i—1 行中的元素来生成。

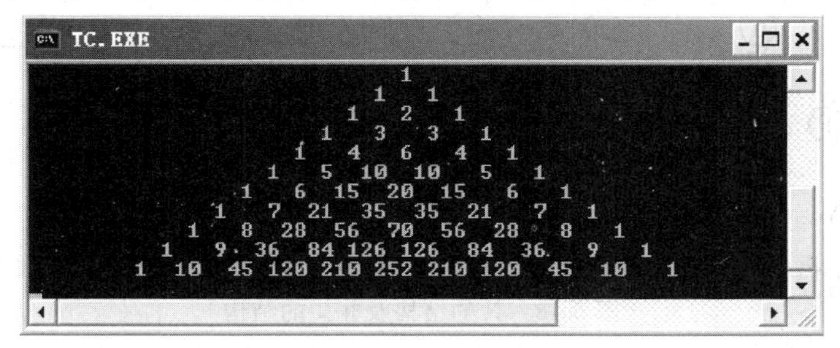

图 6-17 杨辉三角形图案

问题分析：

1. 类型定义

```
#define  MAXSIZE 100   /*最大队列长度*/
typedef int ElemType;
typedef  struct {
    ElemType  data[MAXSIZE];        /*队列存储空间*/
    int  front;      /*头指针，若队列不空，指向队头元素*/
    int  rear; /*尾指针，若队列不空，指向队尾元素的下一个位置*/
}SqQueue;
```

2. 算法思想

利用顺序队列实现打印杨辉三角形的过程：在队列中依次存放第 i 行上的元素，然后逐个出队并打印，同时生成第 i+1 行上的元素并入队。

如果要求计算并输出杨辉三角前 n 行的值，则队列的最大空间应为 n+2。为了计算方便，在每行开始处添加一个 0 作为行界值，则在计算第 i+1 行元素时，队列头指针指向第 i 行开始处的 0，而队列尾指针指向第 k+1 行开始处的 0。

6.5 树和二叉树

6.5.1 树的基本概念

【知识储备】

1. 树的定义

树(Tree)是 n(n≥0)个有限数据元素的集合。当 n=0 时，称这棵树为空树。在一棵非空树 T 中：

(1)有且仅有一个特殊的数据元素称为树的根结点(Root)，根结点没有前驱结点。

(2)若 n>1，除根结点之外的其余数据元素被分成 m(m>0)个互不相交的集合 T_1，T_2，…，T_m，其中每一个集合 $T_i(1\leqslant i\leqslant m)$本身又是一棵树。树 T_1，T_2，…，T_m称根结点的子树。

可以看出，在树的定义中用了递归概念，即用树来定义树。这是树的固有特性。

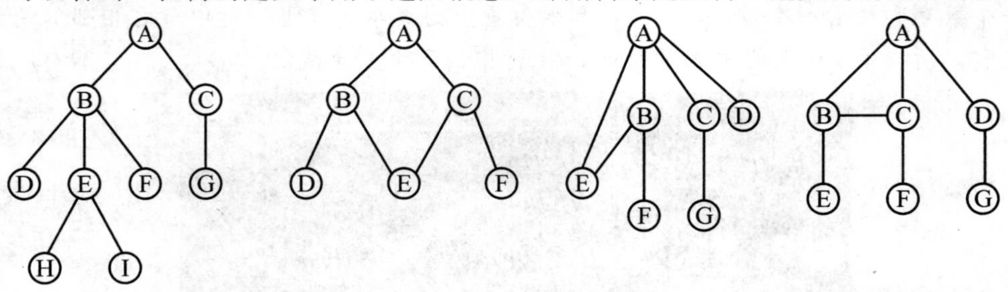

(a)树的结构　(b)非树的结构　(c)非树的结构　(d)非树的结构

图 6-18　树的结构及非树的结构

如图 6-18(a)所示，这是一棵树的结构，这棵树共有 9 个结点，其中 A 是根结点，B 和 C 是根结点的孩子，也是根结点子树的树根。同理 D、E 和 F 是 B 结点的孩子，也是B结点子树的树根。如此可以向下划分更小的子树，直到每棵子树只有一个根结点为止。

从树的定义和图6-18(a)的示例可以看出，树具有下面两个特点：

(1)树的根结点没有前驱结点，除根结点之外的所有结点有且只有一个前驱结点。

(2)树中所有结点可以有零个或多个后继结点。

由此特点可知，图6-18(b)、图6-18(c)、图6-18(d)所示的都不是树结构。

2. 相关术语

树中的相关术语和现实生活中的家庭成员关系很相似，以图6-18(a)为例来说明：

孩子：B和C是A的孩子；D、E、F是B的孩子；G是C的孩子。

双亲：A是B和C的双亲；B是D、E、F的双亲。

兄弟：有相同父母的孩子称为兄弟。如B和C是兄弟；D、E、F也是兄弟。

结点：A、B、C、D、E、F、G、H、I都是树的结点。

结点的度：一个结点的子树的个数称为结点的度。图中A的度为2，B的度为3。

叶子结点：度为0的结点，也称作终端结点。图中D、F、G、H和I都是叶子结点。

树的层数：根结点的层数为1，其他结点的层数等于其双亲结点的层数加1，如E结点的层数为3。

树的度：树中所有结点度的最大值。图6-18(a)这棵树的度为3。

树的深度：树中结点的最大层数。图6-18(a)这棵树的深度为4。

森林：零棵或者有限棵互不相交的树的集合称为森林。图6-18(a)这棵树除去根结点A就得到了一个森林。这个森林由两棵树组成，树根分别是B和C。

遍历：将树或者森林中的结点按照某种顺序全部访问一次。

3. 树的表示方法

树的表示方法有以下四种，各用于不同的目的。

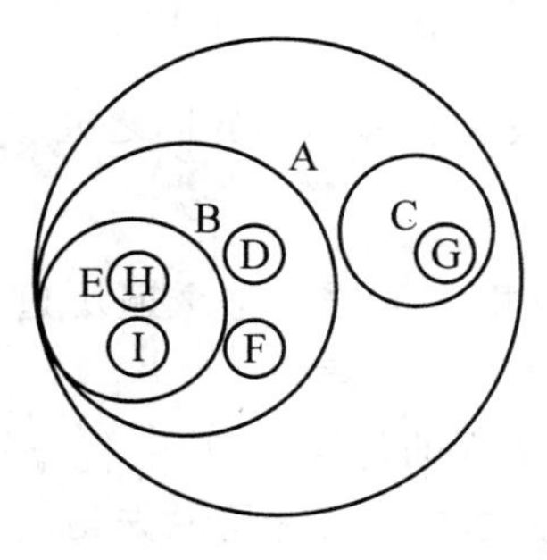

(a) 树的嵌套集合表示

(A(B(D,E(H,I),F),C)G)

(b) 树的广义表表示

A
B
D
E
H
I
F
C
G

(c) 树的凹入表示

图6-19　树的表示方法

(1)直观表示法。

树的直观表示法就是以倒着的分支树的形式表示，图6-18(a)就是一棵树的直观表示。其特点就是对树的逻辑结构的描述非常直观。是数据结构中最常用的树的描述方法。

(2)嵌套集合表示法。

所谓嵌套集合是指一些集合的集体，对于其中任何两个集合，或者不相交，或者一个包含另一个。用嵌套集合的形式表示树，就是将根结点视为一个大的集合，其若干棵子树构成这个大集合中若干个互不相交的子集，如此嵌套下去，即构成一棵树的嵌套集合表示。图 6-19(a)就是一棵树的嵌套集合表示。这种方法也称作文氏图表示法。

(3)广义表表示法。

树用广义表表示，就是将根作为由子树森林组成的表的名字写在表的左边，这样依次将树表示出来。图 6-19(b)就是一棵树的广义表表示。

(4)凹入表示法。

树的凹入表示法如图 6-19(c)所示。树的凹入表示法主要用于树的屏幕和打印输出。

任务 6.7　树和森林的遍历

【任务说明】

1. 将图 6-20 的树按照先根遍历和后根遍历，写出相应的遍历序列。
2. 将图 6-21 的森林按照先序遍历的方法得出遍历序列。

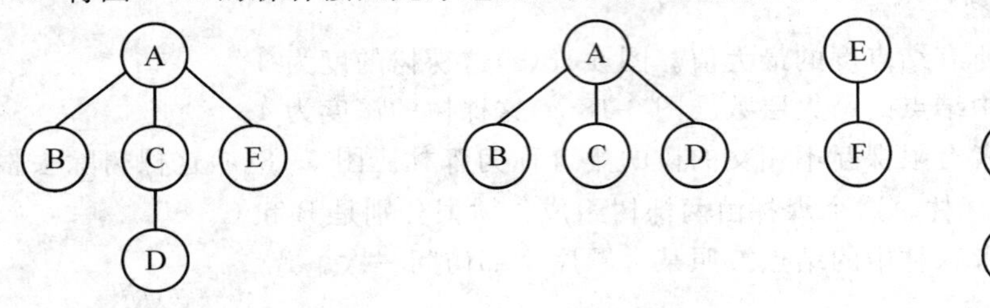

图 6-20　任务图 1　　　　图 6-21　任务图 2

【任务目标】

通过对树和森林的遍历来了解树的特点和常用术语以及树和森林的异同之处。

【任务分析】

实现树和森林的遍历，需要了解树和森林的特点以及相关术语，整个遍历过程需要遵守如下规则：

树的先根遍历：先访问树的根结点，然后依次先根遍历根的每棵子树。

树的后根遍历：依次后根遍历每棵子树，然后访问根结点。也就是说先访问每棵子树中非根的结点然后再访问根结点。依照从左向右的顺序来访问子树。

森林的先序遍历：若森林非空，则

(1)先序遍历森林中第一棵子树；

(2)依次先序遍历森林中其他子树。

【任务结果】

图 6-19 中树的先根遍历序列为：A　B　C　D　E

后根遍历序列为：B　D　C　E　A

图6-20中森林的先序遍历序列为：A B C D E F G H I J

6.5.2 二叉树

【知识储备】

1. 二叉树的定义

二叉树(Binary Tree)是个有限元素的集合，该集合或者为空、或者由一个称为根(root)的元素及两个不相交的、被分别称为左子树和右子树的二叉树组成。当集合为空时，称该二叉树为空二叉树。在二叉树中，一个元素也称作一个结点。

二叉树是有序的，即若将其左、右子树颠倒，就成为另一棵不同的二叉树。即使树中结点只有一棵子树，也要区分它是左子树还是右子树。

2. 二叉树的相关概念

(1)满二叉树。

在一棵二叉树中，如果所有分支结点都存在左子树和右子树，并且所有叶子结点都在同一层上，这样的一棵二叉树称做满二叉树。如图6-21所示，图6-22(a)就是一棵满二叉树，图6-22(b)则不是满二叉树，因为，虽然其所有结点要么是含有左右子树的分支结点；要么是叶子结点，但由于其叶子未在同一层上，故不是满二叉树。

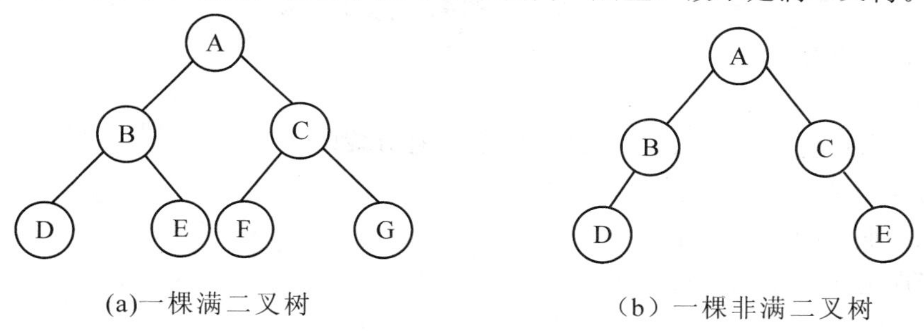

图6-22 满二叉树

(2)完全二叉树。

一棵深度为k的有n个结点的二叉树，对树中的结点按从上至下、从左到右的顺序进行编号，如果编号为i(1⩽i⩽n)的结点与满二叉树中编号为i的结点在二叉树中的位置相同，则这棵二叉树称为完全二叉树。完全二叉树的特点是：叶子结点只能出现在最下层和次下层，且最下层的叶子结点集中在树的左部。显然，一棵满二叉树必定是一棵完全二叉树，而完全二叉树未必是满二叉树。如图6-23(a)所示为一棵完全二叉树，图6-23(b)和图6-22(b)都不是完全二叉树。

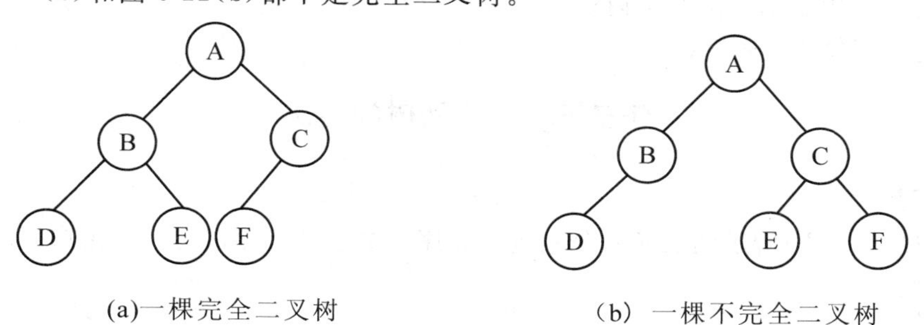

图6-23 完全二叉树

3. 二叉树的性质

性质1　一棵非空二叉树的第i层上最多有2^{i-1}个结点($i \geqslant 1$)。

性质2　一棵深度为k的二叉树中，最多具有2^{k-1}个结点。

性质3　对于一棵非空的二叉树，如果叶子结点数为n_0，度数为2的结点数为n_2，则有：$n_0=n_2+1$。

性质4　具有n个结点的完全二叉树的深度k为$[\log_2 n]+1$。

性质5　对于具有n个结点的完全二叉树，如果按照从上至下和从左到右的顺序对二叉树中的所有结点从1开始顺序编号，则对于任意的序号为i的结点，有：

(1)如果$i>1$，则序号为i的结点的双亲结点的序号为i/2("/"表示整除)；如果$i=1$，则序号为i的结点是根结点，无双亲结点。

(2)如果$2i \leqslant n$，则序号为i的结点的左孩子结点的序号为2i；如果$2i>n$，则序号为i的结点无左孩子。

(3)如果$2i+1 \leqslant n$，则序号为i的结点的右孩子结点的序号为$2i+1$；如果$2i+1>n$，则序号为i的结点无右孩子。

此外，若对二叉树的根结点从0开始编号，则相应的i号结点的双亲结点的编号为$(i-1)/2$，左孩子的编号为$2i+1$，右孩子的编号为$2i+2$。

4. 二叉树的遍历

先序遍历：

先序遍历的递归过程为：若二叉树为空，遍历结束。否则，

(1)访问根结点；

(2)先序遍历根结点的左子树；

(3)先序遍历根结点的右子树。

中序遍历：

中序遍历的递归过程为：若二叉树为空，遍历结束。否则，

(1)中序遍历根结点的左子树；

(2)访问根结点；

(3)中序遍历根结点的右子树。

后序遍历：

后序遍历的递归过程为：若二叉树为空，遍历结束。否则，

(1)后序遍历根结点的左子树；

(2)后序遍历根结点的右子树；

(3)访问根结点。

任务6.8　二叉树的遍历

【任务说明】

对于图6-22(b)所示的二叉树分别进行先序、中序和后序遍历。写出遍历序列。

【任务目标】

通过任务的完成熟悉二叉树的特点和遍历方法。

【任务分析】

想得到正确的二叉树的遍历序列，首先要清楚二叉树的结构特点；其次要了解各种遍历方法的要求。

【任务结果】

先序遍历序列为：A B D C E F

中序遍历序列为：D B A E C F

后序遍历序列为：D B E F C A

任务 6.9　二叉树和森林的转换

【任务说明】

1. 将图 6-21 中的森林转换成二叉树。

2. 将图 6-23(b)中的二叉树转换成森林。

【任务目标】

通过任务的完成了解二叉树与森林的关系以及相互转换过程。

【任务分析】

森林转换成二叉树的方法：

(1)在所有相邻兄弟结点(森林中每棵树的根结点可以看成是兄弟结点)之间增加一条水平连线。

(2)对每个非叶子结点 K，除了它最左边的孩子结点外，删除 K 与其他孩子结点的连线。

(3)所有水平线段以左边结点为轴心顺时针旋转 45°。

二叉树转换成森林的方法：将上述方法倒过来就是二叉树转换成森林的过程。

整个转换无论是森林到二叉树还是二叉树到森林，方法可以简述为八个字：孩子在左，兄弟在右。也就是第一个孩子是自己的左子树根，兄弟是右子树根。把握住这个原则很容易得到响应问题的结果。

【任务结果】

图 6-20 的森林转换成二叉树结果如图 6-24 所示，图 6-22 二叉树转换成森林结果如图 6-25 所示。

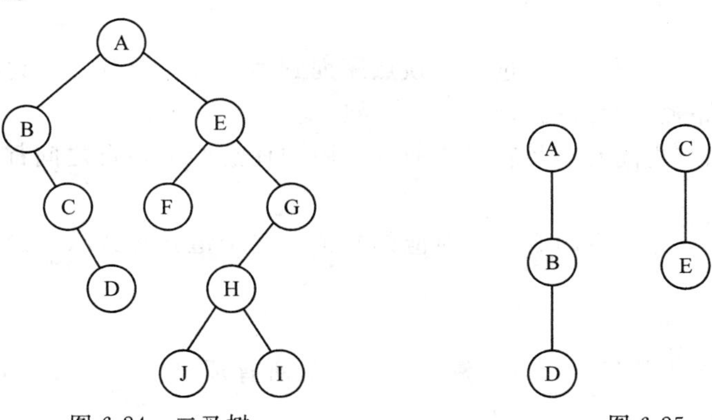

图 6-24　二叉树

图 6-25　森林

6.6 图

6.6.1 图的基本概念

【知识储备】

1. 图的定义和基本术语

图状结构是一种比树形结构更复杂的非线性结构。在树状结构中，结点间具有分支层次关系，每一层上的结点只能和上一层中的至多一个结点相关，但可能和下一层的多个结点相关。而在图状结构中，任意两个结点之间都可能相关，即结点之间的邻接关系可以是任意的。因此，图状结构被用于描述各种复杂的数据对象，在自然科学、社会科学和人文科学等许多领域有着非常广泛的应用。

图的基本术语：

(1)无向图：顶点的序列是无序的图为无向图，如图 6-26(a)；

(2)有向图：顶点的序列是有序的图为有向图，如图 6-26(b)；

(3)邻接点：在有向图和无向图中一条边上的两个顶点称为邻接点；

(4)顶点的度：无向图中，顶点所拥有的边数称为该顶点的度，如图 6-26(a)中顶点 3 的度为 4，顶点 1 的度为 3；

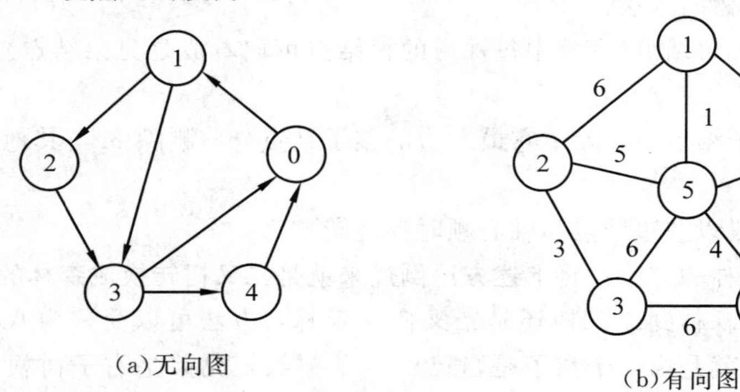

图 6-26　图的定义

(5)顶点的出度和入度：有向图中以顶点为终点的边的数目称为该顶点的入度；以顶点为起点的边的数目称为该顶点的出度；一个顶点入度与出度的和称为该顶点的度。如图 6-26(b)中，顶点 3 的出度为 1，入度为 3，度为 3＋1＝4，顶点 2 的出度为 2，入度为 1，度为 2＋1＝3；

(6)路径：在图中一个顶点能经过一个顶点序列到达另外一个顶点，说明这两个顶点之间有路径，一条路径上经过的边数称为路径长度。

(7)连通：两个顶点之间有路径就是连通的，图中任意两个顶点之间都有路径，就称这个图是连通图。

(8)权和网：图中的边可以附有一个对应的数值，这个值就称为权。边上带有权的图称为网。

2. 图的遍历

图的遍历是指从图中的任一顶点出发，对图中的所有顶点访问一次且只访问一次。

图的遍历操作和树的遍历操作功能相似。图的遍历是图的一种基本操作，图的许多其他操作都是建立在遍历操作的基础之上。

由于图结构本身的复杂性，图的遍历操作也较复杂，主要表现在以下四个方面：

(1) 在图结构中，没有一个“自然”的首结点，图中任意一个顶点都可作为第一个被访问的结点。

(2) 在非连通图中，从一个顶点出发，只能够访问它所在的连通分量上的所有顶点，因此，还需考虑如何选取下一个出发点以访问图中其余的连通分量。

(3) 在图结构中，如果有回路存在，那么一个顶点被访问之后，有可能沿回路又回到该顶点。

(4)在图结构中，一个顶点可以和其他多个顶点相连，当这样的顶点访问过后，存在如何选取下一个要访问的顶点的问题。

图的遍历通常有深度优先搜索和广度优先搜索两种方式，下面分别介绍。

a. 图的深度优先遍历

深度优先搜索(Depth _ First Search)遍历类似于树的先根遍历，是树的先根遍历的推广。假设初始状态是图中所有顶点未曾被访问，则深度优先搜索可从图中某顶点 v 出发，访问此顶点，然后依次从 v 的未被访问的邻接点出发深度优先遍历图，直至图中所有和 v 有路径相通的顶点都被访问到；若此时图中尚有顶点未被访问，则另选图中一个未曾被访问的顶点作起始点，重复上述过程，直至图中所有顶点都被访问到为止。

如图 6-27 所示：从 v_1 出发对其进行深度优先遍历的结果是 $v_1 \to v_2 \to v_4 \to v_8 \to v_5 \to v_3 \to v_6 \to v_7$。

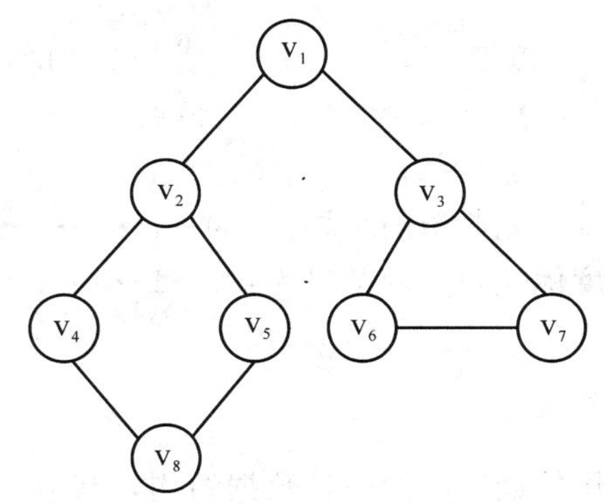

图 6-27　图的深度优先遍历和广度优先遍历

b. 广度优先遍历

广度优先搜索(Breadth _ First Search) 遍历类似于树的按层次遍历的过程。假设从图中某顶点 v 出发，在访问了 v 之后依次访问 v 的各个未曾访问过的邻接点，然后分别从这些邻接点出发依次访问它们的邻接点，并使“先被访问的顶点的邻接点”先于“后被访问的顶点的邻接点”被访问，直至图中所有已被访问的顶点的邻接点都被访问到。若此时图中尚有顶点未被访问，则另选图中一个未曾被访问的顶点作起始点，重复上述过程，直至图中所有顶点都被访问到为止。换句话说，广度优先搜索遍历图的过程中以 v 为起始点，由近至远，依次访问和 v 有路径相通且路径长度为 1，2，…的顶点。

对图 6-27：从 v_1 出发进行广度优先遍历的结果是 $v_1 \rightarrow v_2 \rightarrow v_3 \rightarrow v_4 \rightarrow v_5 \rightarrow v_6 \rightarrow v_7 \rightarrow v_8$。

任务 6.10　一个有向图的分析

【任务说明】

写出图 6-28 中各个顶点的度并且对图进行深度优先遍历和广度优先遍历。

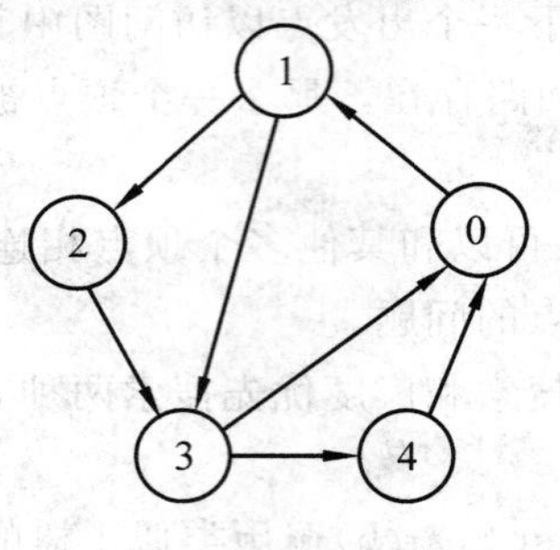

图 6-28　任务图

【任务目标】

通过任务的完成来深刻理解图中顶点的度的概念，并且熟练掌握图的遍历方法。

【任务分析】

此图是一个有向图，所以顶点的度＝顶点的出度＋顶点的入度，遍历的时候可以选定一个出发点 0。

【任务结果】

顶点 0 的度：出度 1＋入度 2＝3；　　顶点 1 的度：出度 2＋入度 1＝3；
顶点 2 的度：出度 1＋入度 1＝2；　　顶点 3 的度：出度 2＋入度 2＝4；
顶点 4 的度：出度 1＋入度 1＝2；

从 0 出发对图进行深度优先遍历的结果为：0→1→2→3→4。

从 0 出发对图进行广度优先遍历的结果为：0→1→3→4→2。

6.6.2　图的应用

【知识储备】

图是在现实生活中应用的最广泛的一种数据结构，其应用主要体现在最小生成树、最短路径、拓扑排序和关键路径这几种典型的问题上，下面分别来介绍：

1. 最小生成树

什么是生成树呢？一个连通图的生成树是一个极小连通子图，它含有图中全部顶点，但是只有构成一棵树的 n－1 条边。如果在一棵生成树上添加一条边，必定构成一个环。

带权图的最小生成树指的就是图的所有生成树中边上的权值和最小的那棵树。

构造最小生成树的准则：

(1)必须只是用该图中的边来构造最小生成树；

(2)必须使用且仅使用 n－1 条边来连接图中的 n 个顶点；

(3)不能使用产生回路的边。

2. 最短路径

什么是路径？在一个无权图中，若从一个顶点到另一个顶点存在这一条路径，称该路径上所经过的边的数目为该路径的长度，它等于该路径上的顶点数减去 1。路径长度最短的那条路径称为最短路径。

通常情况下求解最短路径分成求解从一个顶点到其余各顶点的最短路径和两个顶点之间的最短路径两种情况。

3. 拓扑排序

在一个具有 n 个顶点的有向图中，顶点序列 v_1，v_2，v_3，…，v_n 称为一个拓扑排序，当且仅当该顶点序列满足下列条件：若＜v_i，v_j＞是图中的边，则在序列中 v_i 必须排在 v_j 之前。在一个图中找一个拓扑序列的过程称为拓扑排序。

拓扑排序的方法如下：

(1)从有向图中选择一个入度为 0 的顶点并且输出它；

(2)从图中删除该顶点，并且删除从该顶点出发的全部有向边；

(3)重复上述两步操作，直到图中不在存在入度为 0 的顶点为止。

4. AOE 网与关键路径

在现实生活中，可以使用带权的有向图来描述工程的预计进度，以顶点表示事件，有向边表示活动，权表示完成活动所需的时间。入度为 0 的顶点表示工程的开始事件，出度为 0 的顶点表示工程的结束事件，称这样的有向图为 AOE 网。

在 AOE 网中，从开始事件(也叫做源点)到达结束事件(也叫做汇点)的所有路径中具有最大路径长度的路径称为关键路径。

任务 6.11 构造最小生成树

【任务说明】

尝试构造图 6-29 所示的最小生成树。

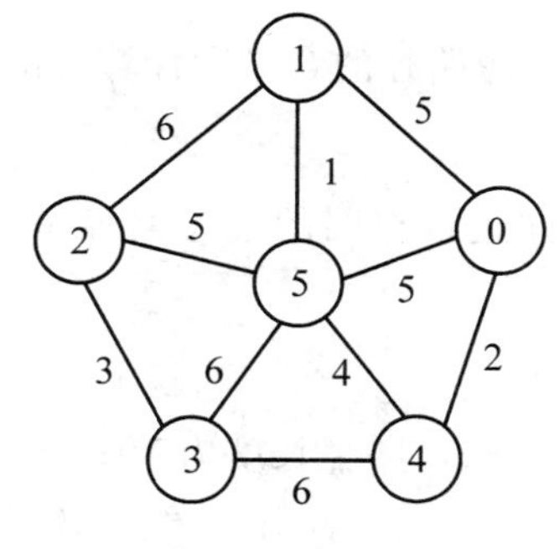

图 6-29 任务图

【任务目标】

通过任务的完成了解构造最小生成树的过程，掌握构造的技巧。

【任务分析】

根据最小生成树的概念可以知道，构造最小生成树的过程中只需要留下图中权值

最小而且不构成环路的边即可，如果图中有 n 个顶点，则最小生成树有 n−1 条边。

【任务结果】

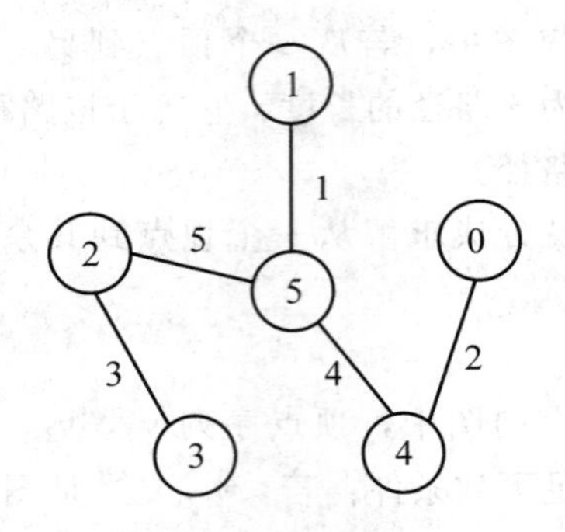

图 6-30　结果图

任务 6.12　求解最短路径

【任务说明】

求图 6-31 中顶点 1 到其余各个顶点的最短路径。

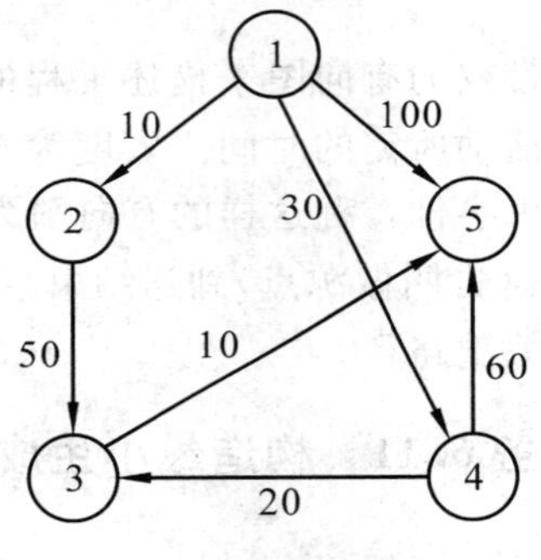

图 6-31　任务图

【任务目标】

通过任务的完成深刻理解最短路径的含义和计算方法。

【任务分析】

根据最短路径的定义可以知道带权图的最短路径是权值和最小的那条，一定注意这条路径不一定是边数最少的。

【任务结果】

顶点 1 到 2 的最短路径为 1→2，路径长度为 10；

顶点 1 到 3 的最短路径为 1→4→3，路径长度为 50；

顶点 1 到 4 的最短路径为 1→4，路径长度为 30；

顶点 1 到 5 的最短路径为 1→4→3→5，路径长度为 60。

任务6.13 利用拓扑排序安排学习计划

【任务说明】

某大学计算机专业计划学习课程如下表，怎样安排能够顺利地学完所有课程。

课程代号	课程名称	先修课程
c_1	高等数学	
c_2	计算机基础	
c_3	离散数学	c_1，c_2
c_4	数据结构	c_2，c_3
c_5	程序设计	c_2
c_6	编译原理	c_4，c_5
c_7	操作系统	c_4，c_9
c_8	普通物理	c_1
c_9	计算机原理	c_8

【任务目标】

通过学习计划的安排任务来熟练掌握拓扑排序的方法，并且用以解决实际问题。

【任务分析】

若想顺利学完所有课程，必须保证每一门课程的先修课程已经学习完毕，这样就要用到拓扑排序的思想，所以需要从一个不需要先修课程的课程开始学习，比如这个任务中的高等数学或者计算机基础，我们把课程之间的关系用有向图来表示为如图6-32。

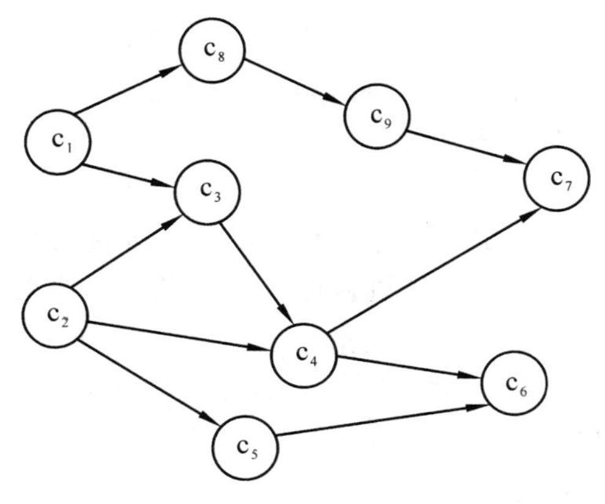

图6-32 课程关系有向图

当然，学习计划的安排结果并不是唯一的。

【任务结果】

结果一：$c_1 \rightarrow c_2 \rightarrow c_3 \rightarrow c_8 \rightarrow c_9 \rightarrow c_4 \rightarrow c_5 \rightarrow c_7 \rightarrow c_6$

结果二：$c_2 \rightarrow c_5 \rightarrow c_1 \rightarrow c_8 \rightarrow c_3 \rightarrow c_9 \rightarrow c_4 \rightarrow c_6 \rightarrow c_7$

第7章 软件设计常用算法

【知识目标】

1. 什么是迭代法
2. 什么是穷举搜索法
3. 什么是递推法
4. 什么是递归
5. 什么是回溯法
6. 什么是贪婪法
7. 什么是分治法
8. 什么是动态规划法

【能力目标】

1. 迭代法的实际应用
2. 穷举搜索法的实际应用
3. 递推法的实际应用
4. 递归的实际应用
5. 回溯法的实际应用
6. 贪婪法的实际应用
7. 分治法的实际应用
8. 动态规划法的实际应用

【重点难点】

1. 各种软件设计过程中常用算法的原理
2. 各种常用算法的实际应用

要使计算机能完成人们预定的工作，首先必须为如何完成预定的工作设计一个算法，其次再根据算法编写程序。计算机程序要对问题的每个对象和处理规则给出正确详尽的描述，其中程序的数据结构和变量用来描述问题的对象，程序结构、函数和语句用来描述问题的算法。算法、数据结构是程序的两个重要方面。因此在很多年前，国外的计算机专家就提出了“程序＝数据结构＋算法”这样一种说法。可见一个好的算法对于编写程序有很重要的作用。

算法是问题求解过程的精确描述，一个算法由有限条可完全机械地执行的、有确定结果的指令组成。指令正确地描述了要完成的任务和它们被执行的顺序。计算机按算法指令所描述的顺序执行算法的指令能在有限的步骤内终止，或终止于给出问题的解，或终止于指出问题对此输入数据无解。

通常求解一个问题可能会有多种算法可供选择，选择的主要标准首先是算法的正确性和可靠性，简单性和易理解性。其次是算法所需要的时间复杂度和空间复杂度。我们期待能找到最节省运行空间而且执行效率最高的算法。

算法设计是一件非常困难的工作，经常采用的算法设计技术主要有迭代法、穷举搜索法、递推法、贪婪法、回溯法、分治法、动态规划法等。本章将分别进行介绍。

7.1 迭代法

【知识储备】

迭代法也称辗转法，是一种不断用变量的旧值递推新值的过程，跟迭代法相对应的是直接法(或者称为一次解法)，即一次性解决问题。迭代法又分为精确迭代和近似迭代。“二分法”和“牛顿迭代法”属于近似迭代法。

迭代算法是用计算机解决问题的一种基本方法。它利用计算机运算速度快、适合做重复性操作的特点，让计算机对一组指令(或一定步骤)进行重复执行，在每次执行这组指令(或这些步骤)时，都从变量的原值推出它的一个新值。

利用迭代算法解决问题，需要做好以下三个方面的工作：

(1)确定迭代变量。在可以用迭代算法解决的问题中，至少存在一个直接或间接的不断由旧值递推出新值的变量，这个变量就是迭代变量。

(2)建立迭代关系式。所谓迭代关系式，是指如何从变量的前一个值推出其下一个值的公式(或关系)。迭代关系式的建立是解决迭代问题的关键，通常可以使用递推或倒推的方法来完成。

(3)对迭代过程进行控制。在什么时候结束迭代过程？这是编写迭代程序必须考虑的问题。不能让迭代过程无休止地重复执行下去。迭代过程的控制通常可分为两种情况：一种是所需的迭代次数是个确定的值，可以计算出来；另一种是所需的迭代次数无法确定。对于前一种情况，可以构建一个固定次数的循环来实现对迭代过程的控制；对于后一种情况，需要进一步分析出用来结束迭代过程的条件。

任务7.1 用迭代法求方程的根

【任务说明】

用迭代法求方程 $f(x)=\sqrt{1+2x^2}-\ln x-\ln(1+\sqrt{x^2+2})+3$ 的根。

【任务目标】

通过求方程的根这个具体任务的实现来理解什么是迭代法，这种算法的实际指导意义是什么。

【任务分析】

迭代法是用于求方程或方程组近似根的一种常用的算法设计方法。设方程为 $f(x)=0$，用某种数学方法导出等价的形式 $x=g(x)$，然后按以下步骤执行：

(1) 选一个方程的近似根，赋给变量 x_0；

(2) 将 x_0 的值保存于变量 x_1，然后计算 $g(x_1)$，并将结果存于变量 x_0；

(3) 当 x_0 与 x_1 的差的绝对值还小于指定的精度要求时，重复步骤(2)的计算。

若方程有根，并且用上述方法计算出来的近似根序列收敛，则按上述方法求得的 x_0 就认为是方程的根。

具体使用迭代法求根时应注意以下两种可能发生的情况：

(1) 如果方程无解，算法求出的近似根序列就不会收敛，迭代过程会变成死循环，因此在使用迭代算法前应先考察方程是否有解，并在程序中对迭代的次数给予限制；

(2) 方程虽然有解，但迭代公式选择不当，或迭代的初始近似根选择不合理，也会导致迭代失败。

【参考代码】

```
#include <stdio.h>
#include <math.h>
#define epsilon 1e-10
void main( )
{
double x0, x1, c;
printf("请输入方程的一个近似解!:");
scanf("%f", &x0);
   x1 = x0;
do {
   x0 = x1;
   c = sqrt((double)(1+2 * x0 * x0)) - log(1+sqrt(2+x0 * x0))+3;
   x1 = exp(c);
} while(epsilon < fabs(x1 - x0));
printf("%f\n", x1);
}
```

【能力拓展】

迭代法求解方程组的根：

问题：用迭代法求解方程组 $\begin{cases} x_1-x_2-x_3=2 \\ 2x_1-x_2-3x_3=1 \\ 3x_1+2x_2-5x_3=0 \end{cases}$ 的根。

【程序】

```
#include <stdio.h>
#include <math.h>
#define epsilon 1e-10
#define MAX     10
void main( )
{
```

```
double x[MAX], y[MAX], delta;
int  i, n=3;
for (int i = 0; i<3; i++ ) {
    printf("please input x%d: \n", i);
scanf("%f", &x[i]);
}
  do {
     for ( i = 1; i<=n; i++ ) {
     y[i] = x[i] ;
     x[1] = x[2] +x[3] + 2;
     x[2] = 2 * x[1] - 3 * x[3] - 1;
     x[3] = (3 * x[1]+2 * x[2])/5;
    for ( delta=0.0, i = 1; i<=n; i++ )
if ( fabs(y[i]-x[i]) >delta )
delta= fabs(y[i]-x[i]);
} while(epsilon <delta);
for ( i = 1; i<=n; i++ ) {
  printf("x[%d]=%f", i, x[i]);
printf(" \n");
}
```

7.2 穷举搜索法

【知识储备】

穷举搜索法从字面上可以看出是穷举所有可能的情形，并从中找出符合要求的解，即对可能是解的众多候选解按某种顺序进行逐一枚举和检验，并从中找出那些符合要求的候选解作为问题的解。这种方法对于没有有效解法的、规模不大的离散型问题而言，是比较适合使用的。

任务7.2 用穷举搜索法求解背包问题

【任务说明】

有不同价值、不同重量的物品n件，求从这n件物品中选取一部分物品的选择方案，使选中物品的总重量不超过指定的限制重量，但选中物品的价值之和最大。

【任务目标】

通过背包问题的实现了解穷举搜索法的特点。

【任务分析】

解决背包问题一般用递归和贪婪法，但是在背包问题规模不大的时候，也可以采

用穷举法。设 n 个物品的重量和价值分别存储于数组 w[ ]和 v[ ]中，限制重量为 tw。考虑一个 n 元组(x_0，x_1，…，x_{n-1})，其中 $x_i=0$ 表示第 i 个物品没有选取，而 $x_i=1$ 则表示第 i 个物品被选取。显然这个 n 元组等价于一个选择方案。用穷举搜索法解决背包问题，需要穷举所有的选取方案，而根据上述方法，我们只要枚举所有的 n 元组，就可以得到问题的解。

显然，每个分量取值为 0 或 1 的 n 元组的个数共为 2^n 个。而每个 n 元组其实对应了一个长度为 n 的二进制数，且这些二进制数的取值范围为 $0\sim2^n-1$。因此，如果把 $0\sim2^n-1$ 分别转化为相应的二进制数，则可以得到我们所需要的 2^n 个 n 元组。

【参考代码】

```
#include <stdio.h>
#include<math.h>
#define MAX 100 // 限定最多物品数
/*将 n 化为二进制形式，结果存放到数组 b 中*/
void conversion(int n, int b[MAX])
{int i;
  for(i=0; i<MAX; i++)
{
b[i] = n%2;
n = n/2;
if(n==0)break;
}
}
void main()
{
int i, j, n, b[MAX], temp[MAX];
float tw, maxv, w[MAX], v[MAX], temp_w, temp_v;
printf("please input n: ");
scanf("%d", &n); // 输入物品个数
printf("please input tw:");
scanf("%f", &tw);
printf("please input the values of w[]");
for(i=0; i<n; i++) scanf("%f", &w[i]);
printf("\n");
printf("please input the values of v[]");
for(i=0; i<n; i++) scanf("%f", &v[i]);
maxv = 0;
/*穷举 2^n个可能的选择，找出物品的最佳选择*/
for (j=0; j<n; j++){b[j]=0; temp[j]=0;}
```

```
for(i=0; i<pow(2, n); i++)
conversion(i, b);
temp_v = 0;
temp_w = 0;
for (j=0; j<n; j++)
    if (b[j]==1)        /*试探当前选择是否是最优选择，如果是就保存下来*/
{
temp_w = temp_w+w[j];
temp_v = temp_v + v[j];
}
if ((temp_w <=tw)&&(temp_v>maxv))
{ maxv=temp_v;
  for (j=0; j<n; j++)
      temp[j]=b[j];
  }
}
printf("the max values is %f: ", maxv); // 输出放入背包的物品的最大价值
printf("the selection is: ");          /*输出物品的选择方式*/
for (j=0; j<n; j++)
  printf("%d ", temp[j]);
  }
```

【能力拓展】

变量和相等问题

问题：将A、B、C、D、E、F这六个变量排成如图7-1(a)所示的三角形，这六个变量分别取[1，6]上的整数，且均不相同。求使三角形三条边上的变量之和相等的全部解。图7-1(b)是一个解。

```
      A              1
    B   F          6   4
  C   D   E      3   2   5
     (a)            (b)
```

图7-1　六个变量排成的三角形

程序引入变量a、b、c、d、e、f，并让它们分别顺序取1～6的整数，在它们互不相同的条件下，测试由它们排成的三角形三条边上的变量之和是否相等，如相等即为一种满足要求的排列，把它们输出。当这些变量取尽所有的组合后，程序就可得到全部可能的解。

【程序】

```
# include <stdio.h>
```

```
#include<math.h>
void main()
    { int a, b, c, d, e, f;
     for (a=1; a<=6; a++)
       for (b=1; b<=6; b++) {
       if (b==a) continue;
       for (c=1; c<=6; c++) {
         if (c==a) | |(c==b) continue;
         for (d=1; d<=6; d++) {
           if (d==a) | |(d==b) | |(d==c) continue;
    for (e=1; e<=6; e++) {
           if (e==a) | |(e==b) | |(e==c) | |(e==d) continue;
           f=21-(a+b+c+d+e);
           if ((a+b+c==c+d+e))&&(a+b+c==e+f+a))
    printf("%6d", a);
                printf("%4d%4d", b, f);
                printf("%2d%4d%4d", c, d, e);
              }
                }
              }
          }
      }
}
```

7.3 递推法

【知识储备】

递推法是将具体问题抽象成一种递推关系，然后按照递推关系求解。递推法通常有两种表现方式：从简单到一般和从复杂到简单。这两种反映了两种不同的递推方向，前者常用于计算级数，后者与“回归”配合成为另一种算法——递归法。

任务7.3 阶乘计算

【任务说明】

问题描述：编写程序，对给定的n(n≤1000)，计算并输出k的阶乘k!(k=1，2，…，n)的全部有效数字。

【任务目标】

通过阶乘的计算深入了解递推法的特点。

【任务分析】

要求得阶乘 k!，必定已经求得了(k−1)！的值，依次递推，当 k=2 时，要求得的 1！=1 为已知条件。求得(k−1)！的值之后，对(k−1)！连续累加 k−1 次后即可求得 k！的值。例如，已知 4！=24，计算 5!，可对原来的 24 累加 4 次 24 后得到 120。

由于 k！可能大大超出一般整数的位数，程序用一维数组存储长整数，存储长整数数组的每个元素只存储长整数的一位数字。如有 m 位成整数 N 用数组 a[ ]存储：

$N=a[m]\times 10m-1+a[m-1]\times 10m-2+ \cdots +a[2]\times 101+a[1]\times 100$

并用 a[0]存储长整数 N 的位数 m，即 a[0]=m。按上述约定，数组的每个元素存储 k 的阶乘 k！的一位数字，并从低位到高位依次存于数组的第二个元素、第三个元素……。例如，5！=120，在数组中的存储形式为：

3 0 2 1 …

首元素 3 表示长整数是一个 3 位数，接着是低位到高位依次是 0、2、1，表示成整数 120。

【参考代码】

```
# include<stdio. h>
# include<malloc. h>
# define MAXN 1000
void pnext(int a[ ], int k)
{ int *b, m=a[0], i, j, r, carry;
b=(int * ) malloc(sizeof(int) * (m+1));
for ( i=1; i<=m; i++) b[i]=a[i];
for ( j=1; j<=k; j++)
{ for ( carry=0, i=1; i<=m; i++)
{ r=(i<=a[0]? a[i]+b[i]: a[i])+carry;
    a[i]=r%10;
    carry=r/10;
    }
if (carry) a[++m]=carry;
    }
free(b);
a[0]=m;
}
void write(int *a, int k)
{ int i;
 printf("%4d! =", k);
for (i=a[0]; i>0; i--)
printf("%d", a[i]);
printf("\n");
```

```
    }
  void main()
  { int a[MAXN], n, k;
    printf("Enter the number n:");
    scanf("%d", &n);
    a[0]=1;
    a[1]=1;
    write(a, 1);
    for (k=2; k<=n; k++)
    { pnext(a, k);
    write(a, k);
    getchar();
    }
  }
```

【能力拓展】

递推法求最小数生成问题

问题：按递增次序生成1个集合M的最小的n个数。M定义如下：

1. 1属于M
2. 若x属于M，则2x+1属于M，3x+1属于M
3. 无别的数属于M

1为n个数中的第1个数，再由1递推出余下的n−1个数。从两个队列(2x+1，3x+1)选一个“排头”(两个队列中，尚未选入的第1个小的数)送入数组M中。

【程序】

```
    #include "stdio.h"
    #define M 100
    main()
  {
    int m[M];
    int n, p2, p3, i;
    m[1]=p2=p3=1;                    /* 设p2表示2x+1, p3表示3x+1 */
    printf("please Input number:");
    scanf("%d", &n);
    for(i=2; i<=n; i++)
    {
        if(2*m[p2]==3*m[p3])       /* p2==p3 数组放入任一个，调整p2,
p3*/
        {
```

```
            m[i]=2*m[p2]+1;
            p2++;
            p3++;
        }
        else if(2*m[p2]<3*m[p3])/* p2<p3 数组放入 p2 的排头，调整 p2*/
        {
            m[i]=2*m[p2]+1;
            p2++;
        }
        else                          /* p2>p3 数组放入 p3 的排头，调整 p3*/
        {
            m[i]=3*m[p3]+1;
            p3++;
        }
    }
  for(i=1; i<=n; i++)
    {
        printf("%4d", m[i]);
        if(! (i%10))          printf(" ");
    }
}
```

7.4 递归

【知识储备】

简单地解释递归就像我们讲的那个故事：山上有座庙，庙里有个老和尚，老和尚在讲故事，他讲的故事是：山上有座庙，庙里有个老和尚，老和尚在讲故事，他讲的故事是：……也就是直接或间接地调用了其自身。

递归是设计和描述算法的一种有力的工具，不仅在数学和程序设计领域，在日常生活中也会广泛应用到它。能采用递归描述的算法通常有这样的特征：为求解规模为 N 的问题，设法将它分解成规模较小的问题，然后从这些小问题的解方便地构造出大问题的解，并且这些规模较小的问题也能采用同样的分解和综合方法，分解成规模更小的问题，并从这些更小问题的解构造出规模较大问题的解。特别地，当规模 $N=1$ 时，能直接得解。

递归算法的执行过程分递推和回归两个阶段。在递推阶段，把较复杂的问题(规模为 n)的求解推到比原问题简单一些的问题(规模小于 n)的求解。在回归阶段，当获得最简单情况的解后，逐级返回，依次得到稍复杂问题的解。

在编写递归函数时要注意，函数中的局部变量和参数只是局限于当前调用层，当

递推进入“简单问题”层时，原来层次上的参数和局部变量便被隐蔽起来。在一系列“简单问题”层，它们各有自己的参数和局部变量。

由于递归只需要少量的步骤就可描述解题过程中所需要的多次重复计算，所以大大地减少了代码量。递归算法设计的关键在于，找出递归方程和递归终止条件(又叫边界条件或递归出口)。递归关系就是使问题向边界条件转化的过程，所以递归关系必须能使问题越来越简单，规模越来越小。一定要知道，没有设定边界的递归是只能“递”不能“归”的，即死循环。

因此，递归算法设计，通常有以下三个步骤：

1. 分析问题，得出递归关系；
2. 设置边界条件，控制递归；
3. 设计函数，确定参数。

任务 7.4　递归法求解组合问题

【任务说明】

找出从自然数 1、2、…、n 中任取 r 个数的所有组合。例如 n＝5，r＝3 的所有组合为：

(1)5、4、3　(2)5、4、2　(3)5、4、1
(4)5、3、2　(5)5、3、1　(6)5、2、1
(7)4、3、2　(8)4、3、1　(9)4、2、1
(10)3、2、1

【任务目标】

通过组合任务的实现了解递归的特点。

【任务分析】

分析所列的 10 个组合，可以采用这样的递归思想来考虑求组合函数的算法。设 void comb(int m，int k)为找出从自然数 1、2、…、m 中任取 k 个数的所有组合的函数。当组合的第一个数字选定时，其后的数字是从余下的 m－1 个数中取 k－1 数的组合。这就将求 m 个数中取 k 个数的组合问题转化成求 m－1 个数中取 k－1 个数的组合问题。设函数引入工作数组 a[ ]存放求出的组合的数字，约定函数将确定的 k 个数字组合的第一个数字放在 a[k]中，当一个组合求出后，才将 a[ ]中的一个组合输出。第一个数可以是 m、m－1、…、k，函数将确定组合的第一个数字放入数组后，有两种可能的选择，因还未确定组合的其余元素，继续递归去确定；或因已确定了组合的全部元素，输出这个组合。

【参考代码】

```
# include <stdio.h>
# define MAXN 100
int a[MAXN];
void comb(int m, int k)
```

```
{ int i, j;
for (i=m; i>=k; i--)
{ a[k]=i;
if (k>1)
comb(i-1, k-1);
else
{ for (j=a[0]; j>0; j--)
printf("%4d", a[j]);
printf(" ");
}
}
}

void main()
{ a[0]=3;
comb(5, 3);
}
```

【能力拓展】

用递归法求解 Fibonacci 数列

问题：斐波那契数列为：0、1、2、3、…，即：

fib(0)=0;

fib(1)=1;

fib(n)=fib(n-1)+fib(n-2)（当 n>1 时）。

【程序】

写成递归函数有：

```
int fib(int n)
{ if (n==0) return 0;
if (n==1) return 1;
if (n>1) return fib(n-1)+fib(n-2);
}
```

7.5 回溯法

【知识储备】

回溯法也称为选有搜索法，按照选优条件向前搜索，以达到目标。当搜索到某一步时，发现原来的选择并不优越或者达不到目标，就退回到上面一步重新选择。这种走不通就退回重新走的方法就是回溯法。其中需要用到数据结构里面提到的栈来存储

已经走过的选择情况。

1. 回溯法的一般描述

可用回溯法求解的问题P，通常要能表达为：对于已知的由n元组(x_1，x_2，…，x_n)组成的一个状态空间E={(x_1，x_2，…，x_n)｜$x_i \in S_i$，i=1，2，…，n}，给定关于n元组中的一个分量的一个约束集D，要求E中满足D的全部约束条件的所有n元组。其中S_i是分量x_i的定义域，且｜S_i｜有限，i=1，2，…，n。我们称E中满足D的全部约束条件的任一n元组为问题P的一个解。

解问题P的最朴素的方法就是枚举法，即对E中的所有n元组逐一地检测其是否满足D的全部约束，若满足，则为问题P的一个解。但显然，其计算量是相当大的。

我们发现，对于许多问题，所给定的约束集D具有完备性，即i元组(x_1，x_2，…，x_i)满足D中仅涉及x_1，x_2，…，x_i的所有约束意味着j(j<i)。因此，对于约束集D具有完备性的问题P，一旦检测断定某个j元组(x_1，x_2，…，x_j)违反D中仅涉及x_1，x_2，…，x_j的一个约束，就可以肯定，以(x_1，x_2，…，x_j)为前缀的任何n元组(x_1，x_2，…，x_j，x_{j+1}，…，x_n)都不会是问题P的解，因而就不必去搜索它们、检测它们。回溯法正是针对这类问题，利用这类问题的上述性质而提出来的比枚举法效率更高的算法。

回溯法首先将问题P的n元组的状态空间E表示成一棵高为n的带权有序树T，把在E中求问题P的所有解转化为在T中搜索问题P的所有解。树T类似于检索树，它可以这样构造：

设Si中的元素可排成$x_{i(1)}$，$x_{i(2)}$，…，$x_{i(mi-1)}$，｜S_i｜=m_i，i=1，2，…，n。从根开始，让T的第I层的每一个结点都有m_i个孩子。这m_i个孩子到它们的双亲的边，按从左到右的次序，分别带权$x_{i+1(1)}$，$x_{i+1(2)}$，…，$x_{i+1(mi)}$，i=0，1，2，…，n−1。照这种构造方式，E中的一个n元组(x_1，x_2，…，x_n)对应于T中的一个叶子结点，T的根到这个叶子结点的路径上依次的n条边的权分别为x_1，x_2，…，x_n，反之亦然。另外，对于任意的0≤i≤n−1，E中n元组(x_1，x_2，…，x_n)的一个前缀i元组(x_1，x_2，…，x_i)对应于T中的一个非叶子结点，T的根到这个非叶子结点的路径上依次的i条边的权分别为x_1，x_2，…，x_i，反之亦然。特别，E中的任意一个n元组的空前缀()，对应于T的根。

因而，在E中寻找问题P的一个解等价于在T中搜索一个叶子结点，要求从T的根到该叶子结点的路径上依次的n条边相应带的n个权x_1，x_2，…，x_n满足约束集D的全部约束。在T中搜索所要求的叶子结点，很自然的一种方式是从根出发，按深度优先的策略逐步深入，即依次搜索满足约束条件的前缀1元组(x_1)、前缀2元组(x_1，x_2)、…，前缀1元组(x_1，x_2，…，x_i)，…，直到i=n为止。

在回溯法中，上述引入的树被称为问题P的状态空间树；树T上任意一个结点被称为问题P的状态结点；树T上的任意一个叶子结点被称为问题P的一个解状态结点；树T上满足约束集D的全部约束的任意一个叶子结点被称为问题P的一个回答状态结点，它对应于问题P的一个解。

2. 回溯法的方法

对于具有完备约束集D的一般问题P及其相应的状态空间树T，利用T的层次结构和D的完备性，在T中搜索问题P的所有解的回溯法可以形象地描述为：

从T的根出发，按深度优先的策略，系统地搜索以其为根的子树中可能包含着回答结点的所有状态结点，而跳过对肯定不含回答结点的所有子树的搜索，以提高搜索效率。具体地说，当搜索按深度优先策略到达一个满足D中所有有关约束的状态结点时，即“激活”该状态结点，以便继续往深层搜索；否则跳过对以该状态结点为根的子树的搜索，而一边逐层地向该状态结点的祖先结点回溯，一边“杀死”其孩子结点已被搜索遍的祖先结点，直到遇到其孩子结点未被搜索遍的祖先结点，即转向其未被搜索的一个孩子结点继续搜索。

在搜索过程中，只要所激活的状态结点又满足终结条件，那么它就是回答结点，应该把它输出或保存。由于在回溯法求解问题时，一般要求出问题的所有解，因此在得到回答结点后，同时也要进行回溯，以便得到问题的其他解，直至回溯到T的根且根的所有孩子结点均已被搜索过为止。

任务7.5 回溯法求解组合问题

【任务说明】

找出从自然数1，2，…，n中任取r个数的所有组合。

【任务目标】

通过组合问题的求解深入理解体会回溯法解决问题的关键之处。

【任务分析】

采用回溯法找问题的解，将找到的组合以从小到大顺序存于a[0]，a[1]，…，a[r－1]中，组合的元素满足以下性质：

(1) a[i＋1]＞a[i]，后一个数字比前一个大；

(2) a[i]－i＜＝n－r＋1。

按回溯法的思想，找解过程可以叙述如下：

首先放弃组合数个数为r的条件，候选组合从只有一个数字1开始。因该候选解满足除问题规模之外的全部条件，扩大其规模，并使其满足上述条件(1)，候选组合改为1，2。继续这一过程，得到候选组合1，2，3。该候选解满足包括问题规模在内的全部条件，因而是一个解。在该解的基础上，选下一个候选解，因a[2]上的3调整为4，以及以后调整为5都满足问题的全部要求，得到解1，2，4和1，2，5。由于对5不能再作调整，就要从a[2]回溯到a[1]，这时，a[1]＝2，可以调整为3，并向前试探，得到解1，3，4。重复上述向前试探和向后回溯，直至要从a[0]再回溯时，说明已经找完问题的全部解。

【参考代码】

```
# define MAXN 100
int a[MAXN];
void comb(int m, int r)
{ int i, j;
```

```
i=0;
a[i]=1;
do {
if (a[i]-i<=m-r+1
{ if (i==r-1)
{ for (j=0; j      printf("%4d", a[j]);
printf("\ n");
}
a[i]++;
continue;
}
else
{ if (i==0)
return;
a[i]++;
}
} while (1)
}
main()
{ comb(5, 3);
}
```

【能力拓展】

用回溯法求解迷宫问题

问题：对于迷宫问题，用回溯法的难点就在如何为解空间排序，以确保曾被放弃过的填数序列不被再次试验。在二维迷宫里面，从出发点开始，每个点按四邻域算，按照右，上，左，下的顺序搜索下一落脚点，有路则进，无路即退，前点再从下一个方向搜索，即可构成一有序模型。下表即迷宫

```
{  1, 1, 1, 1, 1, 1, 1, 1, 1, 1,
   0, 0, 0, 1, 0, 0, 0, 1, 0, 1,
   1, 1, 0, 1, 0, 0, 0, 1, 0, 1,
   1, 0, 0, 0, 0, 1, 1, 0, 0, 1,
   1, 0, 1, 1, 1, 0, 0, 0, 0, 1,
   1, 0, 0, 0, 1, 0, 0, 0, 0, 0,
   1, 0, 1, 0, 0, 0, 1, 0, 0, 1,
   1, 0, 1, 1, 1, 0, 1, 1, 0, 1,
   1, 1, 0, 0, 0, 0, 0, 0, 0, 1,
```

```
1，1，1，1，1，1，1，1，1，1  }
```

从出发点开始，按序查找下一点所选点列构成有序数列，如果4个方向都搜遍都无路走，就回退，并置前点的方向加1，依此类推……

【程序】

```
#include<stdio.h>
#include<stdlib.h>
#define n1 10
#define n2 10
typedef struct node
{
int x; //存X坐标
int y; //存Y坐标
int c;   //存该点可能的下点所在的方向，1表示向右，2向上，3向左，4向右
} linkstack;

linkstack top[100];
// 迷宫矩阵
int maze[n1][n2] = { 1，1，1，1，1，1，1，1，1，1，
                     0，0，0，1，0，0，0，1，0，1，
                     1，1，0，1，0，0，0，1，0，1，
                     1，0，0，0，0，1，1，0，0，1，
                     1，0，1，1，1，0，0，0，0，1，
                     1，0，0，0，1，0，0，0，0，0，
                     1，0，1，0，0，0，1，0，0，1，
                     1，0，1，1，1，0，1，1，0，1，
                     1，1，0，0，0，0，0，0，0，1，
                     1，1，1，1，1，1，1，1，1，1  };

int i, j, k, m = 0;

main()
{
//初始化top[]，置所有方向数为左
for(i=0; i<n1 * n2; i++)
{
top[i].c=1;
}
printf("the maze is: \ n");
```

```
//打印原始迷宫矩阵
for(i=0; i<n1; i++)
{
for(j=0; j<n2; j++)
printf(maze[i][j]?" * ":"  ");
printf("\n");
}
i=0; top[i].x=1; top[i].y=0;
maze[1][0]=2;
/* 回溯算法 */
do
{
if(top[i].c<5)       //还可以向前试探
{
if(top[i].x==5 && top[i].y==9) //已找到一个组合
  {
  //打印路径
  printf("The way %d is: \n", m++);
  for(j=0; j<=i; j++)
  {
  printf("(%d,%d)-->", top[j].x, top[j].y);
  }
  printf("\n");

  //打印选出路径的迷宫
  for(j=0; j<n1; j++)
  {
  for(k=0; k<n2; k++)
  {
  if(maze[j][k]==0) printf("  ");
  else if(maze[j][k]==2)  printf("0");
  else printf(" * ");
  }
  printf("\n");
  }

  maze[top[i].x][top[i].y]=0;
  top[i].c = 1;
```

```
i--;
top[i].c += 1;
continue;
}
switch (top[i].c)   //向前试探
{
case 1:
{
if(maze[top[i].x][top[i].y+1]==0)
{
  i++;
  top[i].x=top[i-1].x;
  top[i].y=top[i-1].y+1;
  maze[top[i].x][top[i].y]=2;
  }
  else
  {
  top[i].c += 1;
  }
  break;
  }
case 2:
  {
  if(maze[top[i].x-1][top[i].y]==0)
  {
i++;
top[i].x=top[i-1].x-1;
top[i].y=top[i-1].y;
maze[top[i].x][top[i].y]=2;
}
else
{
  top[i].c += 1;
}
break;
}
case 3:
{
if(maze[top[i].x][top[i].y-1]==0)
```

```
{
  i++;
  top[i].x=top[i-1].x;
  top[i].y=top[i-1].y-1;
    maze[top[i].x][top[i].y]=2;
   }
   else
   {
    top[i].c += 1;
   }
   break;
  }
   case 4:
   {
   if(maze[top[i].x+1][top[i].y]==0)
   {
    i++;
    top[i].x=top[i-1].x+1;
    top[i].y=top[i-1].y;
    maze[top[i].x][top[i].y]=2;
   }
   else
   {
    top[i].c += 1;
   }
   break;
   }
   }
   }
   else   //回溯
   {
  if(i==0) return;    //已找完所有解
  maze[top[i].x][top[i].y]=0;
  top[i].c = 1;
  i--;
  top[i].c += 1;
}
}while(1);
}
```

7.6 贪婪法

【知识储备】

贪婪法是一种不追求最优解，只希望得到较为满意解的方法。贪婪法一般可以快速得到满意的解，因为它省去了为找最优解要穷尽所有可能而必须耗费的大量时间。贪婪法常以当前情况为基础作最优选择，而不考虑各种可能的整体情况，所以贪婪法不要回溯。

例如，平时购物找钱时，为使找回的零钱的硬币数最少，不考虑找零钱的所有各种发表方案，而是从最大面值的币种开始，按递减的顺序考虑各币种，先尽量用大面值的币种，当不足大面值币种的金额时才去考虑下一种较小面值的币种。这就是在使用贪婪法。这种方法在这里总是最优，是因为银行对其发行的硬币种类和硬币面值的巧妙安排。如只有面值分别为1、5和11单位的硬币，而希望找回总额为15单位的硬币。按贪婪算法，应找1个11单位面值的硬币和4个1单位面值的硬币，共找回5个硬币。但最优的解应是3个5单位面值的硬币。

贪婪算法的基本思路如下：

1. 建立数学模型来描述问题。
2. 把求解的问题分成若干个子问题。
3. 对每一子问题求解，得到子问题的局部最优解。
4. 把子问题的解局部最优解合成原来解问题的一个解。

实现该算法的过程：

从问题的某一初始解出发；

while 能朝给定总目标前进一步 do

求出可行解的一个解元素；

由所有解元素组合成问题的一个可行解。

任务7.6 求解装箱问题

【任务说明】

装箱问题可简述如下：设有编号为0，1，…，n－1的n种物品，体积分别为 v_0，v_1，…，v_{n-1}。将这n种物品装到容量都为v的若干箱子里。约定这n种物品的体积均不超过v，即对于 $0 \leqslant i < n$，有 $0 < v_i \leqslant v$。不同的装箱方案所需要的箱子数目可能不同。装箱问题要求使装尽这n种物品的箱子数要少。

【任务目标】

通过装箱任务的完成深入了解贪婪法的解题特点。

【任务分析】

若考察将n种物品的集合分划成n个或小于n个物品的所有子集，最优解就可以找到。但所有可能划分的总数太大。对适当大的n，找出所有可能的划分要花费的时间

是无法承受的。为此，对装箱问题采用非常简单的近似算法，即贪婪法。该算法依次将物品放到它第一个能放进去的箱子中，该算法虽不能保证找到最优解，但还是能找到非常好的解。不失一般性，设n件物品的体积是按从大到小排好序的，即有 $v_0 \geqslant v_1 \geqslant \cdots \geqslant v_{n-1}$。如不满足上述要求，只要先对这n件物品按它们的体积从大到小排序，然后按排序结果对物品重新编号即可。装箱算法简单描述如下：

```
{ 输入箱子的容积；
输入物品种数 n；
按体积从大到小顺序，输入各物品的体积；
预置已用箱子链为空；
预置已用箱子计数器 box _ count 为 0；
for (i=0; i      { 从已用的第一只箱子开始顺序寻找能放入物品 i 的箱子 j；
if  (已用箱子都不能再放物品 i)
{ 另用一个箱子，并将物品 i 放入该箱子；
box _ count++；
}
else
将物品 i 放入箱子 j；
}
}
```

上述算法能求出需要的箱子数 box _ count，并能求出各箱子所装物品。下面的例子说明该算法不一定能找到最优解，设有6种物品，它们的体积分别为：60、45、35、20、20和20个单位体积，箱子的容积为100个单位体积。按上述算法计算，需三只箱子，各箱子所装物品分别为：第一只箱子装物品1、3；第二只箱子装物品2、4、5；第三只箱子装物品6。而最优解为两只箱子，分别装物品1、4、5和2、3、6。

若每只箱子所装物品用链表来表示，链表首结点指针存于一个结构中，结构记录尚剩余的空间量和该箱子所装物品链表的首指针。另将全部箱子的信息也构成链表。

【参考代码】

```
# include
# include
typedef struct ele
{ int vno;
struct ele * link;
} ELE;
typedef struct hnode
{ int remainder;
ELE * head;
struct hnode * next;
} HNODE;
```

```
void main()
{ int n, i, box_count, box_volume, *a;
HNODE *box_h, *box_t, *j;
ELE *p, *q;
printf("输入箱子容积");
scanf("%d", &box_volume);
printf("输入物品种数");
scanf("%d", &n);
A=(int *)malloc(sizeof(int)*n);
printf("请按体积从大到小顺序输入各物品的体积:");
for (i=0; i      Box_h=box_t=NULL;
box_count=0;
for (i=0; i      { p=(ELE *)malloc(sizeof(ELE));
p->vno=i;
for (j=box_h; j! =NULL; j=j->next)
if (j->remainder>=a[i]) break;
if (j==NULL)
{ j=(HNODE *)malloc(sizeof(HNODE));
j->remainder=box_volume-a[i];
j->head=NULL;
if (box_h==NULL) box_h=box_t=j;
else box_t=boix_t->next=j;
j->next=NULL;
box_count++;
}
else j->remainder-=a[i];
for (q=j->next; q! =NULL&&q->link! =NULL; q=q->link);
if (q==NULL)
{ p->link=j->head;
j->head=p;
}
else
{ p->link=NULL;
q->link=p;
}
}
printf("共使用了%d只箱子", box_count);
printf("各箱子装物品情况如下:");
for (j=box_h, i=1; j! =NULL; j=j->next, i++)
```

```
{ printf("第%2d只箱子，还剩余容积%4d，所装物品有;", I, j->remainder);
for (p=j->head; p! =NULL; p=p->link)
printf("%4d", p->vno+1);
printf(" ");
}
}
```

【能力拓展】

马踏棋盘问题

问题描述：

在 8×8 方格的棋盘上，从任意指定的方格出发，为马寻找一条走遍棋盘每一格并且只经过一次的一条路径。

马在某个方格，可以在一步内到达的不同位置最多有 8 个，如图所示。如用二维数组 board[ ][ ]表示棋盘，其元素记录马经过该位置时的步骤号。另对马的 8 种可能走法(称为着法)设定一个顺序，如当前位置在棋盘的(i, j)方格，下一个可能的位置依次为(i+2, j+1)、(i+1, j+2)、(i−1, j+2)、(i−2, j+1)、(i−2, j−1)、(i−1,j−2)、(i+1, j−2)、(i+2, j−1)，实际可以走的位置仅限于还未走过的和不越出边界的那些位置。为便于程序的容易处理，可以引入两个数组，分别存储各种可能走法对当前位置的纵横增量。

		4	3	
5				2
			马	
6				1
	7		0	

对于本题，一般可以采用回溯法，这里采用 Warnsdoff 策略求解，这也是一种贪婪法，其选择下一出口的贪婪标准是在那些允许走的位置中，选择出口最少的那个位置。如马的当前位置(i, j)只有三个出口，他们是位置(i+2, j+1)、(i−2, j+1)和(i−1, j−2)，如分别走到这些位置，这三个位置又分别会有不同的出口，假定这三个位置的出口个数分别为 4、2、3，则程序就选择让马走向(i−2, j+1)位置。

由于程序采用的是一种贪婪法，整个找解过程是一直向前，没有回溯，所以能非常快地找到解。但是，对于某些开始位置，实际上有解，而该算法不能找到解。对于找不到解的情况，程序只要改变 8 种可能出口的选择顺序，就能找到解。改变出口选择顺序，就是改变有相同出口时的选择标准。以下程序考虑到这种情况，引入变量 start，用于控制 8 种可能着法的选择顺序。开始时为 0，当不能找到解时，就让 start 增 1，重新找解。

【程序】

```
#include <stdio.h>
```

```
int  delta_i[  ]={2, 1, -1, -2, -2, -1, 1, 2};
int  delta_j[  ]={1, 2, 2, 1, -1, -2, -2, -1};
int  board[8][8];
int  exitn(int  i, int  j, int  s, int  a[  ])
{ /*求(i, j)的出口数和各出口号于a[], s是顺序选择着法的开始序号*/
int  i1, j1, k, count;
for  (count=k=0; k<8; k++)
{ i1=i+delta_i[(s+k)%8];
j1=i+delta_j[(s+k)%8];
if  (i1>=0&&i1<8&&j1>=0&&j1<8&&board[i1][j1]==0)
a[count++]=(s+k)%8;
}
return  count;
}
int  next(int  i, int  j, int  s)  /*选下一出口, 从s着法开始顺序选择*/
{ int  m, k, mm, min, a[8], b[8], temp;
m=exitn(i, j, s, a); /*确定(i, j)的出口个数*/
if  (m==0) return  - 1; /*没有出口*/
for  (min=9, k=0; k<m; k++)/*逐一考察各出口*/
{ temp=exitn(i+delta_i[a[k]], j+delta_j[a[k]], s, b);
if  (temp<min)/*找出有最少出口数的出口*/
{ min=temp;
kk=a[k];
}
}
return    kk; /*返回选中着法*/
}

void  main()
{ int  sx, sy, i, j, step, no, start;
for  (sx=0; sx<8; sx++)
for  (sy=0; sy<8; sy++)
{ start=0; /*从0号着法开始顺序检查*/
do  {
for  (i=0; i<8; i++)
for  (j=0; j<8; j++)
board[i][j]=0; /*清棋盘*/
board[sx][sy]=1;
i=sx; j=sy;
```

```
For  (step=2; step<64; step++)
{ if  ((no=next(i, j, start))==-1) break;
i+=delta_i[no]; /*前进一步*/
j+=delta_j[no];
board[i][j]=step;
}
if  (step>64) break;
start++; /*最先检查的着法序号增1*/
}  while(step<=64)
for  (i=0; i<8; i++)
{ for  (j=0; j<8; j++)
printf("%4d", board[i][j]);
printf("\n\n");
}
scanf("%*c"); /*输入回车，找下一个起点的解*/
}
}
```

7.7 分治法

【知识储备】

任何一个可以用计算机求解的问题所需的计算时间都与其规模有关。问题的规模越小，越容易直接求解，解题所需的计算时间也越少。例如，对于 n 个元素的排序问题，当 n=1 时，不需任何计算。

n=2 时，只要作一次比较即可排好序。n=3 时只要作 3 次比较即可，……

而当 n 较大时，问题就不那么容易处理了。要想直接解决一个规模较大的问题，有时是相当困难的。

分治法的设计思想是，将一个难以直接解决的大问题，分割成一些规模较小的相同问题，以便各个击破，分而治之。

分治策略是：对于一个规模为 n 的问题，若该问题可以容易地解决(比如说规模 n 较小)则直接解决，否则将其分解为 k 个规模较小的子问题，这些子问题互相独立且与原问题形式相同，递归地解这些子问题，然后将各子问题的解合并得到原问题的解。这种算法设计策略叫做分治法。

如果原问题可分割成 k 个子问题，$1<k\leqslant n$ ，且这些子问题都可解并可利用这些子问题的解求出原问题的解，那么这种分治法就是可行的。由分治法产生的子问题往往是原问题的较小模式，这就为使用递归技术提供了方便。在这种情况下，反复应用分治手段，可以使子问题与原问题类型一致而其规模却不断缩小，最终使子问题缩小到很容易直接求出其解。这自然导致递归过程的产生。分治与递归像一对孪生兄弟，经

常同时应用在算法设计之中，并由此产生许多高效算法。

分治法所能解决的问题一般具有以下几个特征：

(1) 该问题的规模缩小到一定的程度就可以容易地解决；

(2) 该问题可以分解为若干个规模较小的相同问题，即该问题具有最优子结构性质；

(3) 利用该问题分解出的子问题的解可以合并为该问题的解；

(4) 该问题所分解出的各个子问题是相互独立的，即子问题之间不包含公共的子问题。

上述的第(1)条特征是绝大多数问题都可以满足的，因为问题的计算复杂性一般是随着问题规模的增加而增加；第(2)条特征是应用分治法的前提，它也是大多数问题可以满足的，此特征反映了递归思想的应用；第(3)条特征是关键，能否利用分治法完全取决于问题是否具有第(3)条特征，如果具备了第(1)条和第(2)条特征，而不具备第(3)条特征，则可以考虑用贪婪法或动态规划法；第(4)条特征涉及分治法的效率，如果各子问题是不独立的，则分治法要做许多不必要的工作，重复地解公共的子问题，此时虽然可用分治法，但一般用动态规划法较好。

分治法在每一层递归上都有三个步骤：

分解：将原问题分解为若干个规模较小，相互独立，与原问题形式相同的子问题；

解决：若子问题规模较小而容易被解决则直接解，否则递归地解各个子问题；

合并：将各个子问题的解合并为原问题的解。

任务7.7 求解最大数最小数问题

【任务说明】

设计一个有效的算法，求一组数据中最大的两个数和最小的两个数。

【任务目标】

通过最大数和最小数的任务了解分治法的特点。

【任务分析】

我们事先要知道数据的规模，如果 n=1，则不用计算，当 n=2 时，一次比较就可以找出两个数据元素的最大数和最小数。当 n>2 时，可以把 n 个数据元素分为大致相等的两半，一半有 n/2 个数据元素，而另一半有 n/2 个数据元素。先分别找出各自组中的最大数和最小数，然后将两个最大数进行比较，确定哪个是最大的，哪个是第二大的；将两个最小数进行比较，就可得到最小数和第二小的数。

【参考代码】

```
#include <stdio.h>
main()
{
int a[10]={1, 3, 5, 7, 9, 10, 8, 6, 4, 2};
int i, max1=0, max2=0, min1=0, min2=0;
```

```
    for(i=0; i<10; i++)
    {
      if(a[max1]<a[i])
        max1=i;
      if(a[min1]>a[i])
        min1=i;
    }
    if(max1==0)
      max2=1;
    if(min1==0)
      min2=1;
    for(i=0; i<10; i++)
    {
      if(i==max1 || i==min1)
        continue;
      if(a[max2]<a[i])
        max2=i;
      if(a[min2]>a[i])
        min2=i;
    }
    printf("max1=%d\nmax2=%d\nmin1=%d\nmin2=%d\n", a[max1],
a[max2], a[min1], a[min2]);
    }
```

【能力拓展】

循环赛日程表

问题描述：

设有n(n = 2^k)位选手参加网球循环赛，循环赛共进行n—1天，每位选手要与其他n—1位选手比赛一场，且每位选手每天必须比赛一场，不能轮空。试按此要求为比赛安排日程。

编程思想：

假设n位选手被顺序编号为1，2，3，…，n，比赛的日程表是一个n行n—1列的表格，i行j列的表格内容是第i号选手在第j天的比赛对手。根据分而治之的原则，可从其中一半选手(2^(n—1位))的比赛日程，导出全体n位选手的日程，最终细分到只有两位选手的比赛日程出发。

可假设只有8位选手参赛，若1～4号选手之间的比赛日程填在日程表的左上角(4行3列)，5～8号选手之间的比赛日程填在日程表的左下角(4行3列)；那么左下角的内容可由左上角的对应项加上数字4得到。至此，剩余的右上角(4行4列)是为编号小的1～4号选手与编号大的5～8号选手之间的比赛日程安排。例如，在第4天，让1～4号选手分别与5～8号选手比赛，以后各天，依次由前一天的日程安排，让5～8号选手“循环轮转”即可。最后，比赛日程表的右下角的比赛日程表可由右上角的对应项减去数字4得到。

编程图例：

*	选手	1天	2天	3天	4天	5天	6天	7天	*
*	1号	2	3	4	5	6	7	8	*
*	2号	1	4	3	6	7	8	7	*
*	3号	4	1	2	7	8	5	6	*
*	4号	3	2	1	8	5	6	5	*
			[左上角]			[右上角]			
*	5号	6	7	8	1	4	3	2	*
*	6号	5	8	7	2	1	4	3	*
*	7号	8	5	6	3	2	1	4	*
*	8号	7	6	5	4	3	2	1	*
			[左下角]			[右下角]			

*/

【程序】

```
#define    MAXN    64
//日程表数组
int    calendar[MAXN + 1][MAXN];
void    Round_Robin_Calendar()
{
    int i, j, m, number, p, q;
    printf("输入选手个数：(注意：2^k)");
    scanf("%d", &number);
    //预置两位选手的比赛日程表：//第i位选手第j天与第calendar[i][j]位选手比赛
    calendar[1][1] = 2;          //第1位选手第1天与第2位选手比赛
    calendar[2][1] = 1;          //第2位选手第1天与第1位选手比赛
    m = 1;
    p = 1;
    while(m < number)
    {
      m ++;
      //p = p + p;
      p += p;
      q = 2 * p;       //为2^m位选手安排比赛日程
```

```
    //填充日程表的左下角
    for(i = p + 1; i <= q; i++)
        for(j = 1; j<= p - 1; j++)
            calendar[i][j] = calendar[i - p][j] + p;        //左下角的内容 =
左上角的对应项加上数字
    //填充日程表的右上角
    //填充日程表的右上角的第1列
    calendar[1][p] = p + 1;
    for(i = 2; i <= p; i++)
        calendar[i][p] = calendar[i - 1][p] + 1;
    //填充日程表的右上角的其他列，参照前一列填充当前列[循环轮转算法]
    for(j = p + 1; j < q; j++)
    {
        for(i = 1; i < p; i++)
            calendar[i][j] = calendar[i + 1][j - 1];
        calendar[p][j] = calendar[1][j - 1];
    }
    //填充日程表的右下角
    for(j = p; j < q; j++)
        for(i = 1; i <= p; i++)
            calendar[calendar[i][j]][j] = i;        //关键语句
    for(i = 1; i <= q; i++)
    {
        for(j = 1; j < q; j++)
            printf("%4d", calendar[i][j]);
        printf(" ");
    }
    printf(" ");
  }
}

int main(int argc, char * argv[])
{
    Round_Robin_Calendar();
    printf(" 应用程序运行结束！");
    return 0;
}
```

7.8 动态规划法

【知识储备】

1. 动态规划法的定义

在求解问题中，对于每一步决策，列出各种可能的局部解，再依据某种判定条件，舍弃那些肯定不能得到最优解的局部解，在每一步都经过筛选，以每一步都是最优解来保证全局是最优解，这种求解方法称为动态规划法。动态规划是所有算法设计方法中难度最大的一种。

2. 动态规划的基本思想

一般来说，只要问题可以划分成规模更小的子问题，并且原问题的最优解中包含了子问题的最优解(即满足最优子化原理)，则可以考虑用动态规划解决。

动态规划的实质是分治思想和解决冗余，因此，动态规划是一种将问题实例分解为更小的、相似的子问题，并存储子问题的解而避免计算重复的子问题，以解决最优化问题的算法策略。

由此可知，动态规划法与分治法和贪婪法类似，它们都是将问题实例归纳为更小的、相似的子问题，并通过求解子问题产生一个全局最优解。其中贪婪法的当前选择可能要依赖已经作出的所有选择，但不依赖于有待于做出的选择和子问题。因此贪婪法自顶向下，一步一步地作出贪婪选择；而分治法中的各个子问题是独立的（即不包含公共的子子问题），因此一旦递归地求出各子问题的解后，便可自下而上地将子问题的解合并成问题的解。但不足的是，如果当前选择可能要依赖子问题的解时，则难以通过局部的贪婪策略达到全局最优解；如果各子问题是不独立的，则分治法要做许多不必要的工作，重复地解公共的子问题。

解决上述问题的办法是利用动态规划。该方法主要应用于最优化问题，这类问题会有多种可能的解，每个解都有一个值，而动态规划找出其中最优(最大或最小)值的解。若存在若干个取最优值的解的话，它只取其中的一个。在求解过程中，该方法也是通过求解局部子问题的解达到全局最优解，但与分治法和贪婪法不同的是，动态规划允许这些子问题不独立(即各子问题可包含公共的子子问题)，也允许其通过自身子问题的解作出选择，该方法对每一个子问题只解一次，并将结果保存起来，避免每次碰到时都要重复计算。

因此，动态规划法所针对的问题有一个显著的特征，即它所对应的子问题树中的子问题呈现大量的重复。动态规划法的关键就在于，对于重复出现的子问题，只在第一次遇到时加以求解，并把答案保存起来，让以后再遇到时直接引用，不必重新求解。

一般来说，适合于用动态规划法求解的问题具有以下特点：

1. 可以划分成若干个阶段，问题的求解过程就是对若干个阶段的一系列决策过程。
2. 每个阶段有若干个可能状态。
3. 一个决策将你从一个阶段的一种状态带到下一个阶段的某种状态。
4. 在任一个阶段，最佳的决策序列和该阶段以前的决策无关。

5. 各阶段状态之间的转换有明确定义的费用，而且在选择最佳决策时有递推关系(即动态转移方程)。

任务 7.8　求两字符序列的最长公共字符子序列

【任务说明】

字符序列的子序列是指从给定字符序列中随意地(不一定连续)去掉若干个字符(可能一个也不去掉)后所形成的字符序列。令给定的字符序列 X＝“x_0，x_1，…，x_{m-1}”，序列 Y＝“y_0，y_1，…，y_{k-1}”是 X 的子序列，存在 X 的一个严格递增下标序列<i_0，i_1，…，i_{k-1}>，使得对所有的 j＝0，1，…，k－1，有 $x_i=y_j$。例如，X＝“ABCBDAB”，Y＝“BCDB”是 X 的一个子序列。

【任务目标】

通过任务的完成深入理解动态规划法的解题特点。

【任务分析】

给定两个序列 A 和 B，称序列 Z 是 A 和 B 的公共子序列，是指 Z 同是 A 和 B 的子序列。问题要求已知两序列 A 和 B 的最长公共子序列。

如采用列举 A 的所有子序列，并一一检查其是否又是 B 的子序列，并随时记录所发现的子序列，最终求出最长公共子序列。这种方法因耗时太多而不可取。

考虑最长公共子序列问题如何分解成子问题，设 A＝“a_0，a_1，…，a_{m-1}”，B＝“b_0，b_1，…，b_{m-1}”，并 Z＝“z_0，z_1，…，z_{k-1}”为它们的最长公共子序列。不难证明有以下性质：

(1) 如果 $a_{m-1}=b_{n-1}$，则 $z_{k-1}=a_{m-1}=b_{n-1}$，且“z_0，z_1，…，z_{k-2}”是“a_0，a_1，…，a_{m-2}”和“b_0，b_1，…，b_{n-2}”的一个最长公共子序列；

(2) 如果 a_{m-1}！＝b_{n-1}，则若 z_{k-1}！＝a_{m-1}，蕴涵“z_0，z_1，…，z_{k-1}”是“a_0，a_1，…，a_{m-2}”和“b_0，b_1，…，b_{n-1}”的一个最长公共子序列；

(3) 如果 a_{m-1}！＝b_{n-1}，则若 z_{k-1}！＝b_{n-1}，蕴涵“z_0，z_1，…，z_{k-1}”是“a_0，a_1，…，a_{m-1}”和“b_0，b_1，…，b_{n-2}”的一个最长公共子序列。

这样，在找 A 和 B 的公共子序列时，如有 $a_{m-1}=b_{n-1}$，则进一步解决一个子问题，找“a_0，a_1，…，a_{m-2}”和“b_0，b_1，…，b_{m-2}”的一个最长公共子序列；如果 a_{m-1}！＝b_{n-1}，则要解决两个子问题，找出“a_0，a_1，…，a_{m-2}”和“b_0，b_1，…，b_{n-1}”的一个最长公共子序列和找出“a_0，a_1，…，a_{m-1}”和“b_0，b_1，…，b_{n-2}”的一个最长公共子序列，再取两者中较长者作为 A 和 B 的最长公共子序列。

定义 c[i][j]为序列“a_0，a_1，…，a_{i-2}”和“b_0，b_1，…，b_{j-1}”的最长公共子序列的长度，计算 c[i][j]可递归地表述如下：

(1)c[i][j]＝0 如果 i＝0 或 j＝0；

(2)c[i][j]＝ c[i－1][j－1]＋1 如果 i，j＞0，且 a[i－1]＝b[j－1]；

(3)c[i][j]＝max(c[i][j－1]，c[i－1][j]) 如果 j，j＞0，且 a[i－1]！＝b[j－1]。

按此算式可写出计算两个序列的最长公共子序列的长度函数。由于 c[i][j]的产生仅依赖于 c[i－1][j－1]、c[i－1][j]和 c[i][j－1]，故可以从 c[m][n]开始，跟踪

c[i][j]的产生过程，逆向构造出最长公共子序列。

【参考代码】

```
# include <stdio. h>
# include <string. h>
# define N 100
char a[N], b[N], str[N];
int lcs _ len(char * a, char * b, int c[ ][ N])
{ int m=strlen(a), n=strlen(b), i, j;
for (i=0; i<=m; i++) c[i][0]=0;
for (i=0; i<=n; i++) c[0][i]=0;
for (i=1; i<=m; i++)
for (j=1; j<=m; j++)
if (a[i-1]==b[j-1])
c[i][j]=c[i-1][j-1]+1;
else if (c[i-1][j]>=c[i][j-1])
c[i][j]=c[i-1][j];
else

c[i][j]=c[i][j-1];
return c[m][n];
}
char * buile _ lcs(char s[ ], char * a, char * b)
{ int k, i=strlen(a), j=strlen(b);
k=lcs _ len(a, b, c);
s[k]='"0';
while (k>0)
if (c[i][j]==c[i-1][j]) i--;
else if (c[i][j]==c[i][j-1]) j--;
else { s[--k]=a[i-1];
i--; j--;
}
return s;
}
void main()
{ printf ("Enter two string(<%d)!"n", N);
scanf("%s%s", a, b);
printf("LCS=%s"n", build _ lcs(str, a, b));
}
```

【能力拓展】

多段图的最短路径

问题描述：

用邻接矩阵的方法建立多段图结构，应用动态规划递推算法求多段图的最短路径。

【程序】

```
#include "stdio.h"
#define n 7 //图的顶点数
#define k 4 //图的段数
#define MAX 23767
int cost[n][n]; //成本值数组
int path[k]; //存储最短路径的数组
void creatgraph() //创建图的(成本)邻接矩阵
{ int i, j;
  for(i=0; i<n; i++)
    for(j=0; j<n; j++)
scanf("%d", &cost[i][j]); //获取成本矩阵数据
}

void printgraph() //输出图的成本矩阵
{ int i, j;
  printf("成本矩阵: \n");
  for(i=0; i<n; i++)
  { for(j=0; j<n; j++)
  printf("%d ", cost[i][j]);
  printf("\n");
  }
}

//使用向前递推算法求多段图的最短路径
void FrontPath()
{ int i, j, length, temp, v[n], d[n];
  for(i=0; i<n; i++) v[i]=0;
  for(i=n-2; i>=0; i--)
  { for(length=MAX, j=i+1; j<=n-1; j++)
  if(cost[i][j]>0 && (cost[i][j])+v[j]<length)
  {length=cost[i][j]+v[j]; temp=j;}
  v[i]=length;
```

```
    d[i]=temp;
    }
    path[0]=0; //起点
    path[k-1]=n-1; //最后的目标
    for(i=1; i<=k-2; i++) (path[i])=d[path[i-1]]; //将最短路径存入数
组中}

  //使用向后递推算法求多段图的最短路径
  void BackPath()
  { int i, j, length, temp, v[n], d[n];
    for(i=0; i<n; i++) v[i]=0;
    for(i=1; i<=n-1; i++)
    { for(length=MAX, j=i-1; j>=0; j--)
    if(cost[j][i]>0 && (cost[j][i])+v[j]<length)
    {length=cost[j][i]+v[j]; temp=j;}
    v[i]=length;
    d[i]=temp;
    }
    path[0]=0;
    path[k-1]=n-1;
    for(i=k-2; i>=1; i--) (path[i])=d[path[i+1]];}

  //输出最短路径序列
  void printpath()
  { int i;
    for(i=0; i<k; i++)
    printf("%d ", path[i]);
  }

  main()
  {
  freopen("input.txt","r", stdin);
  creatgraph();
    printgraph();
    FrontPath();
    printf("输出使用向前递推算法所得的最短路径: \n");
    printpath();
    printf("\n输出使用向后递推算法所得的最短路径: \n");
    BackPath();
```

```
  printpath();
printf("\n");
}
```

input. txt

0 3 2 7 0 0 0
0 0 0 0 5 0 0
0 0 0 0 4 11 0
0 0 0 0 0 9 0
0 0 0 0 0 0 8
0 0 0 0 0 0 7
0 0 0 0 0 0 0

运行结果：

成本矩阵：

0 3 2 7 0 0 0
0 0 0 0 5 0 0
0 0 0 0 4 11 0
0 0 0 0 0 9 0
0 0 0 0 0 0 8
0 0 0 0 0 0 7
0 0 0 0 0 0 0

输出使用向前递推算法所得的最短路径：

0 2 4 6

输出使用向后递推算法所得的最短路径：

0 2 4 6

第 8 章　数据库基础

【知识目标】

1. 什么是信息、数据和数据库
2. 什么是数据库的一个完整实现过程

【能力目标】

1. 数据库的实现过程
2. 数据库的工具
3. 具体的数据库软件产品的使用

【重点难点】

1. 数据库的设计过程
2. 数据库的实际应用

随着信息管理系统的发展，信息资源的爆炸式增长，对于信息的处理、存储、管理，需要独立的专业化数据管理系统和工具。数据库是按照数据结构来组织、存储和管理数据的仓库。数据库有很多种类型，广泛的应用于我们日常生活的方方面面。

现代程序开发很大的程度上也都依赖于或大或小的数据库系统。因此，对数据库的知识的学习和掌握显得尤为重要，也是程序开发的基石。

8.1　数据库概论

【知识储备】

8.1.1　信息、数据与数据库

1. 信息：由于信息的复杂性和人类认知的演化，很难给信息下一个绝对的定义。从狭义上，信息就是现实世界事物的存在方式、属性特征和运动状态。从广义上，信息是自然中能被人接收的任何形式的数据。信息特征主要是信息有物质载体、信息能够传递和获取、信息可以感知、信息可以存储、压缩、加工、传递、共享、扩散、再生和增值等。

2. 数据：数据是信息的载体和具体化。文字、数字、图形、声音等多媒体都是数据的展示形式。

3. 数据库：按一定的结构和规则组织起来的相关数据的集合，是存放数据的仓库。数据库系统一般包括数据、数据库管理系统、数据库开发工具、数据库管理员以及数据库使用者等。

8.1.2　数据库管理系统的发展历程

伴随计算机技术的发展，人类对信息处理的进步，数据库管理系统的发展经历了

以下阶段：

1. 网状型数据库管理系统

网状数据库系统采用网状模型作为数据的组织方式。网状模型允许一个以上的结点无双亲结点，一个结点可以有多于一个的双亲结点。网状模型是一种比层次模型更具普遍性的结构，它去掉了层次模型的两个限制，允许多个结点没有双亲结点，允许结点有多个双亲结点，此外它还允许两个结点之间有多种联系(称之为复合联系)。因此，网状模型可以更直接地去描述现实世界。而层次模型实际上是网状模型的一个特例。与层次模型一样，网状模型中每个结点表示一个记录类型(实体)，每个记录类型可包含若干个字段(实体的属性)，结点间的连线表示记录类型(实体)之间一对多的父子联系。最早的网状数据库管理系统是美国通用电气公司 Bachman 等人在 1961 年开发成功的 IDS(Integrated DataStore)。1961 年通用电气公司的 Charles Bachman 成功地开发出世界上第一个网状数据库管理系统。IDS 集成数据存储，在当时得到了广泛的应用。IDS 同时具有数据模式和日志的特征，但是它只能在通用电气的主机上运行，并且数据库只有一个文件，数据库所有的表必须通过手工编码来生成。

2. 层次型数据库管理系统

层次型数据库管理系统是紧随网状数据库而出现的。层次型数据库管理系统就是按照层次关系模式来实现的数据库管理系统。现实世界中很多事物是按层次组织起来的。层次数据模型的提出是为了模拟这种按层次组织起来的事物。层次数据库也是按记录来存取数据的。层次数据模型中最基本的数据关系是基本层次关系，它代表两个记录型之间一对多的关系，也叫做双亲子女关系(PCR)。数据库中有且仅有一个记录型无双亲，称为根节点。其他记录型有且仅有一个双亲。在层次模型中从一个节点到其双亲的映射是唯一的，所以对每一个记录型(除根节点外)只需要指出它的双亲，就可以表示出层次模型的整体结构。层次模型是树状的。最典型的层次数据库系统是 IBM 公司在 1968 年开发的信息管理系统，一种适合其主机的层次型数据库。从 20 世纪 60 年代末到如今已经发展到信息管理系统 V6.0，提供群集、N 路数据共享、消息队列共享等先进特性的支持。这个具有 30 年历史的数据库产品在商务智能应用中扮演着新的角色。

3. 关系型数据库管理系统

关系型数据库，是指采用了关系模型来组织数据的数据库。一般而言，关系型模型指的就是二维表格模型，而一个关系型数据库就是由二维表及其之间的联系组成的一个数据组织。关系型数据库主要的内容是关系(可以理解为一张二维表，每个关系都具有一个关系名，通常是表名)、元组(二维表中的一行，在数据库中称之为记录)、属性(二维表中的一列，在数据库中经常被称为字段)、域(属性的取值范围，也就是数据库中某一列的取值限制)、关键字(唯一标识元组的属性。数据库中常称为主键，由一个或多个列组成)、关系模式(指对关系的描述，在数据库中通常称为表结构)。网状型数据库管理系统和层次型数据库管理系统已经很好地解决了数据的集中和共享问题，但是在数据独立性和抽象级别上仍存着很大欠缺。用户在对这两种数据库进行存取时，仍然需要明确数据的存储结构，指出存取路径。而后来出现的关系型数据库较好地解决了这些问题。1970 年，E. F. Codd 博士发表的 *A Relational Model of Data for*

Large Shared Data Banks 的论文，首先提出了关系模型的概念，奠定了关系型数据库模型的理论基础。这篇论文被普遍认为是数据库系统历史上具有划时代意义的里程碑。E. F. Codd 博士又陆续发表多篇文章，论述了范式理论和衡量关系系统的 12 条标准，用数学理论奠定了关系型数据库的基础。关系型数据库模型有严格的数学基础，抽象级别比较高，而且简单清晰，便于理解和使用。但是当时也有人认为关系模型是理想化的数据模型，用来实现数据库管理系统是不现实的，尤其担心关系型数据库的性能难以接受，更有人视其为当时正在进行中的网状数据库规范化工作的严重威胁。1970 年关系模型建立之后，IBM 公司在 San Jose 实验室增加了更多的研究人员研究这个项目，这个项目就是著名的 System R。其目标是论证一个全功能关系型数据库管理系统的可行性。该项目结束于 1979 年，完成了第一个实现 SQL 的关系型数据库管理系统。然而 IBM 对 IMS 的承诺阻止了 System R 的投产，一直到 1980 年 System R 才作为一个产品正式推向市场。1973 年加州大学伯克利分校的 Michael Stonebraker 和 Eugene Wong 利用 System R 已发布的信息开始开发自己的关系型数据库系统 Ingres。他们开发的 Ingres 项目最后由 Oracle 公司、Ingres 公司以及硅谷的其他厂商商品化。后来，System R 和 Ingres 系统双双获得 ACM 的 1988 年"软件系统奖"。1976 年霍尼韦尔公司(Honeywell)开发了第一个商用关系型数据库系统——Multics Relational Data Store。关系型数据库系统以关系代数为坚实的理论基础，经过几十年的发展和实际应用，技术越来越成熟和完善。其代表产品有 Oracle、IBM 公司的 DB2、微软公司的 MS SQL Server 以及 Informix、ADABASD 等等。目前大部分数据库管理系统采用的是关系型数据库管理系统。因为关系型数据库管理系统将以更加丰富的数据模型和更强大的数据管理功能为特征，以提供传统数据库系统难以支持的新应用。它必须支持面向对象，具有开放性，能够在多个平台上使用。

4. 面向对象的数据库管理系统

面向对象是一种认识方法学，也是一种程序设计方法学。把面向对象的方法和数据库技术结合起来，可以使数据库系统的分析、设计最大程度地与人们对客观世界的认识相一致。面向对象数据库系统是为了满足新的数据库应用需要而产生的新一代数据库系统。

在数据库中提供面向对象的技术是为了满足特定应用的需要。随着许多基本设计应用(如 MACD 和 ECAD)中的数据库向面向对象数据库的过渡，面向对象思想也逐渐延伸到其他涉及复杂数据的应用中，其中包括辅助软件工程(CASE)、计算机辅助印刷(CAP)和材料需求计划(MRP)。这些应用如同设计应用一样在程序设计方面和数据类型方面都是数据密集型的，它们需要识别于类型关系的存储技术，并能对相近数据备份进行调整。人工智能(AI)应用的需要，如专家系统，也推动了面向对象数据库的发展。专家系统常需要处理各种(通常是复杂的)数据类型。与关系型数据库不同，面向对象数据库不因数据类型的增加而降低处理效率。由于这些应用需求，20 世纪 80 年代已开始出现一些面向对象数据库的商品和许多正在研究的面向对象数据库。多数这样的面向对象数据库被用于基本设计的学科和工程应用领域。

早期的面向对象数据库由于一些特性限制了在一般商业领域里的应用。首先，同许多别的商业事务相比，面向设计假定用户只执行有限的扩充事务；其次，商业用户

要求易于使用的查询手段，如结构查询语言(SQL)所提供的手段。而开发商用于商业领域的数据库定义和操作语言未获成功，使得它们对规模较大的应用完全无法适应。面向对象数据库的新产品都在试图改变这些状况，使得面向对象数据库的开发从实验室走向市场。面向对象数据库从面向程序设计语言的扩充着手使之成为基于面向对象程序设计语言的面向对象数据库。例如：ONTOS、ORION 等，它们均是 C＋＋的扩充，熟悉 C＋＋的人均能很方便地掌握并使用这类系统。面向对象数据库研究的另一个进展是在现有关系数据库中加入许多纯面向对象数据库的功能。在商业应用中对关系模型的面向对象扩展着重于性能优化，处理各种环境的对象的物理表示的优化和增加 SQL 模型以赋予面向对象特征。如 UNISQL、O2 等，它们均具有关系型数据库的基本功能，采用类似于 SQL 的语言，用户很容易掌握。

5. 分布式数据库

分布式数据库系统是当前数据库系统研究的前沿课题。分布式数据库可以解决数据异地存储、扩容便捷、负载均衡、异系统平台或者异数据之间的交融等问题。一个分布式数据库系统包含一个节点的集合，这些节点通过某种类型的网络连接在一起。其中，每个节点是一个独立的数据库系统节点，这些节点协调工作，使得任何一个节点上的用户都可以对网络上的任何数据进行访问，就如同这些数据都存储在用户自己所在的节点上一样。它们在逻辑上属于同一系统，但在物理结构上是分布式的。分布式数据库管理系统的三个标准：物理分布(分布而非集中)-集中式、逻辑整体(分布而非分散)-分散式、站点自治(部分集中而非完全并行)-多处理机系统。

8.1.3 数据库系统的组成和特点

数据库系统是一个采用数据库技术，具有管理数据库功能，由硬件、软件、数据库及各类人员组成的计算机系统。1. 数据库(DB)：数据库是存储数据的集合。2. 数据库管理系统：数据库管理系统是维护和管理数据库的软件，是数据库与用户之间沟通的桥梁。3. 应用程序：在数据库中，可以对数据进行各种处理的程序。4. 计算机软件：操作系统平台，编译系统和其他应用程序。5. 计算机硬件：包括服务器、网络等。6. 各类人员。7. 相关的管理制度。

数据库系统的特点：1. 数据共享；2. 数据结构化：数据不再从属于一个特定应用，而是按照某种模型组织成为一个结构化的整体。它描述数据自身的特性，也描述数据与数据之间的种种联系；3. 数据独立性；4. 可控数据冗余度；5. 统一数据控制功能；6. 数据安全性控制：指采取一定的安全保密措施确保数据库中的数据不被非法用户存取而造成数据的泄密和破坏；7. 数据完整性控制：是指数据的正确性、有效性与相容性。8. 并发控制：多个用户对数据进行存取时，采取必要的措施进行数据保护；9. 数据恢复：系统能进行应急处理，把数据恢复到正确状态。

8.1.4 数据库前沿

1. 面向对象的方法和技术与数据库

随着关系型数据库的成熟和完善，关系型数据库存在的一些缺陷也不可避免地寻找一些新的数据库技术。面向对象的方法和技术在计算机各个领域产生了深远的影响，带来了技术上的突飞猛进，同时，也给当前数据库技术带来了新的机遇和希望。数据库研究人员借鉴和吸收了面向对象的方法和技术，提出了面向对象的数据库模型。在基本数据库模型、复杂对象的支持、模式演化、面向对象的查询语言、处理机制、基于指针的连接方法等面向对象的方式和思路方面在数据库领域取得突破。

2. 多学科与数据库

数据库技术与多学科技术的有机结合是当前数据库发展的重要特征。计算机领域中其他新兴技术的发展对数据库技术产生了重大影响。传统的数据库技术和其他计算机技术的结合、互相渗透，使数据库中新的技术内容层出不穷。数据库的许多概念、技术内容、应用领域，甚至某些原理都有了重大的发展和变化。建立和实现了一系列新型的数据库，如并行数据库、演绎数据库、知识库、多媒体库、移动数据库等。

3. 专业应用与数据库技术

随着数据库技术的发展和数据库技术的普及应用，在传统的程序领域内数据库发挥了重要的作用。信息技术多元化的趋势促使数据库应用多元化。在各个专门应用领域，数据库出现适合该应用领域的数据库技术，如工程数据库、统计数据库、科学数据库、空间数据库、地理数据库、Web 数据库等，这是当前数据库技术发展的又一重要特征。

4. 分布式与数据库

分布式是实现跨越区域和空间限制，多个处理单元协同处理，在对外调用逻辑上统一接口。分布式数据库就是通过通信线路和协议跨区域和空间的各个子结点数据，通过系统协调成逻辑上统一的数据库系统。分布式数据实现了物理上的分离、逻辑上的统一。通过分布式数据库可以实现高效、安全、分布处理和集中管理。

8.2 数据库设计过程

【知识储备】

数据库技术是当前信息资源管理最有效的方法和手段。数据库设计是指对于一个给定的应用环境，构造最优的数据库模式，建立数据库及其应用系统，有效存储和管理数据，满足用户需求。

数据库设计过程

数据库设计中，需求分析阶段综合各个用户的应用需求(现实世界的需求)，在概念设计阶段形成独立于机器特点、独立于各个数据库管理系统产品的概念模式(信息世界模型)，用 E-R 图来描述。在逻辑设计阶段将 E-R 图转换成具体的数据库产品支持的数据模型如关系模型，形成数据库逻辑模式。然后根据用户处理的要求，安全性的考虑，在基本表的基础上再建立必要的视图，形成数据的外模式。在物理设计阶段根据数据库管理系统特点和处理的需要，进行物理存储安排，设计索引，形成数据库内模式。

(1)需求分析阶段

需求收集和分析，结果得到数据字典描述的数据需求(和数据流图描述的处理需求)。需求分析的重点是调查、收集与分析用户在数据管理中的信息要求、处理要求、

安全性与完整性要求。

需求分析的主要内容有调查组织机构情况、调查各部门的业务活动情况、协助用户明确对新系统的各种要求、确定新系统的边界。

常用的调查方法有跟班作业、开调查会、请专人介绍、询问、设计调查表请用户填写、查阅记录。

分析和表达用户需求的方法主要包括自顶向下和自底向上两类方法。自顶向下的结构化分析方法从最上层的系统组织机构入手，采用逐层分解的方式分析系统，并把每一层用数据流图和数据字典描述。

数据流图表达了数据和处理过程的关系。系统中的数据则借助数据字典来描述。

数据字典是各类数据描述的集合，它是关于数据库中数据的描述，即元数据，而不是数据本身。数据字典通常包括数据项、数据结构、数据流、数据存储和处理过程五个部分(至少应该包含每个字段的数据类型和在每个表内的主、外键)。

数据项描述＝{数据项名，数据项含义说明，别名，数据类型，长度，取值范围，取值含义，与其他数据项的逻辑关系}

数据结构描述＝{数据结构名，含义说明，组成：{数据项或数据结构}}

数据流描述＝{数据流名，说明，数据流来源，数据流去向，组成：{数据结构}，平均流量，高峰期流量}

数据存储描述＝{数据存储名，说明，编号，流入的数据流，流出的数据流，组成：{数据结构}，数据量，存取方式}

处理过程描述＝{处理过程名，说明，输入：{数据流}，输出：{数据流}，处理：{简要说明}}

(2)概念结构设计阶段

通过对用户需求进行综合、归纳与抽象，形成一个独立于具体数据库管理系统的概念模型，可以用 E-R 图表示。

概念模型用于信息世界的建模。概念模型不依赖于某一个数据库管理系统支持的数据模型。概念模型可以转换为计算机上某一数据库管理系统支持的特定数据模型。

概念模型特点：(1) 具有较强的语义表达能力，能够方便、直接地表达应用中的各种语义知识。(2) 应该简单、清晰、易于用户理解，是用户与数据库设计人员之间进行交流的语言。概念模型设计的一种常用方法为 IDEF1X 方法，它就是把实体-联系方法应用到语义数据模型中的一种语义模型化技术，用于建立系统信息模型。

①首先，初始化工程。

这个阶段的任务是从目的描述和范围描述开始，确定建模目标，开发建模计划，组织建模队伍，收集原材料，制定约束和规范。收集原材料是这阶段的重点。通过调查和观察结果，业务流程，原有系统的输入/输出，各种报表，收集原始数据，形成基本数据资料表。

②第一步，定义实体。

实体集成员都有一个共同的特征和属性集，可以从收集的原材料——基本数据资料表中直接或间接标识出大部分实体。根据原材料名字表中表示物的术语以及具有“代码”结尾的术语，如客户代码、代理商代码、产品代码等将其名词部分代表的实体标识出来，从而初步找出潜在的实体，形成初步实体表。

③第二步，定义联系。

IDEF1X模型中只允许二元联系，n元联系必须定义为n个二元联系。根据实际的业务需求和规则，使用实体联系矩阵来标识实体间的二元关系，然后根据实际情况确定出连接关系的势、关系名和说明，确定关系类型，是标识关系、非标识关系(强制的或可选的)还是非确定关系、分类关系。如果子实体的每个实例都需要通过和父实体的关系来标识，则为标识关系，否则为非标识关系。非标识关系中，如果每个子实体的实例都与而且只与一个父实体关联，则为强制的，否则为非强制的。如果父实体与子实体代表的是同一现实对象，那么它们为分类关系。

④第三步，定义码。

通过引入交叉实体除去上一阶段产生的非确定关系，然后从非交叉实体和独立实体开始标识候选码属性，以便唯一识别每个实体的实例，再从候选码中确定主码。为了确定主码和关系的有效性，通过非空规则和非多值规则来保证，即一个实体实例的一个属性不能是空值，也不能在同一个时刻有一个以上的值。找出误认的确定关系，将实体进一步分解，最后构造出IDEF1X模型的键基视图。

⑤第四步，定义属性。

从源数据表中抽取说明性的名词开发出属性表，确定属性的所有者。定义非主码属性，检查属性的非空及非多值规则。此外，还要检查完全依赖函数规则和非传递依赖规则，保证一个非主码属性必须依赖于主码、整个主码、仅仅是主码。以此得到了至少符合关系理论第三范式的改进的IDEF1X模型的全属性视图。

⑥第五步，定义其他对象和规则。

定义属性的数据类型、长度、精度、非空、缺省值、约束规则等。定义触发器、存储过程、视图、角色、同义词、序列等对象信息。

(3)逻辑结构设计阶段

将概念结构转换为某个数据库管理系统所支持的数据模型(例如关系模型)，并对其进行优化。设计逻辑结构应该选择最适于描述与表达相应概念结构的数据模型，然后选择最合适的数据库管理系统。

将E-R图转换为关系模型实际上就是要将实体、实体的属性和实体之间的联系转化为关系模式，这种转换一般遵循如下原则：(1)一个实体型转换为一个关系模式。实体的属性就是关系的属性。实体的码就是关系的码。(2)一个m∶n联系转换为一个关系模式。与该联系相连的各实体的码以及联系本身的属性均转换为关系的属性。而关系的码为各实体码的组合。(3)一个1∶n联系可以转换为一个独立的关系模式，也可以与n端对应的关系模式合并。如果转换为一个独立的关系模式，则与该联系相连的各实体的码以及联系本身的属性均转换为关系的属性，而关系的码为n端实体的码。(4)一个1∶1联系可以转换为一个独立的关系模式，也可以与任意一端对应的关系模式合并。(5)三个或三个以上实体间的一个多元联系转换为一个关系模式。与该多元联系相连的各实体的码以及联系本身的属性均转换为关系的属性，而关系的码为各实体码的组合。(6)同一实体集的实体间的联系，即自联系，也可按上述1∶1、1∶n和m∶n三种情况分别处理。(7)具有相同码的关系模式可合并。

为了进一步提高数据库应用系统的性能，通常以规范化理论为指导，还应该适当地修改、调整数据模型的结构，这就是数据模型的优化。确定数据依赖，消除冗余的联系，确定各关系模式分别属于第几范式。确定是否要对它们进行合并或分解。一般来说将关系分解为3N范式的标准，即：表内的每一个值都只能被表达一次、表内的每一行都应该被唯一的标识(有唯一键)、表内不应该存储依赖于其他键的非键信息。

(4)数据库物理设计阶段

为逻辑数据模型选取一个最适合应用环境的物理结构(包括存储结构和存取方法)。根据数据库管理系统特点和处理的需要，进行物理存储安排，设计索引，形成数据库内模式。

(5)数据库实施阶段

运用数据库管理系统提供的数据语言(例如SQL)及其宿主语言(例如C)，根据逻辑设计和物理设计的结果建立数据库，编制与调试应用程序，组织数据入库，并进行试运行。数据库实施主要包括以下工作：用DDL定义数据库结构、组织数据入库、编制与调试应用程序、数据库试运行。

(6)数据库运行和维护阶段

数据库应用系统经过试运行后即可投入正式运行。在数据库系统运行过程中必须不断地对其进行评价、调整和修改。包括：数据库的转储和恢复、数据库的安全性、完整性控制、数据库性能的监督、分析和改进、数据库的重组织和重构造。

(7)建模工具的使用

为加快数据库设计速度，目前有很多数据库辅助工具(CASE工具)，如Rational公司的Rational Rose，CA公司的Erwin，Sybase公司的PowerDesigner以及Oracle公司的Oracle Designer等。

任务　简单的贸易型库存管理系统

【任务说明】

通过系统分析、概要设计、逻辑设计、实现等一个完整的过程，对某贸易型企业的库存管理信息化。

【任务目标】

实现一个简单的贸易型库存管理系统。

【任务分析】

数据库是这个信息管理系统的核心，数据库的系统的体系结构设计、实现对应用系统的安全性、效率等都会产生严重的影响。在本例中，我们以一个贸易型企业的库存管理为例，简要地从需求分析、概要设计、逻辑设计、实现等几个方面来演示。

1. 需求分析

通过对某贸易型企业的业务流程的跟踪、分析，设计了以下数据项：

(1)出入库信息，包括数据项：编号、日期、出库与入库、商品编码、计量单位、价格、数量、出入库原由、供应商编号、客户编号、录入信息员工编号、申请出入库员工编号。

(2)供应商信息，包括数据项：供应商编号、供应商名称、地址、联系人、电话、邮编。

(3)客户信息，包括数据项：客户编号、客户姓名、联系电话、地址、邮编。

(4)员工信息，包括数据项：员工编号、员工姓名、密码、权限、部门编号。

(5)部门信息，包括数据项：部门编号、部门名称。

2. 概要设计

根据需求分析得出的结果，按照实体-关系的模型，使用 Erwin 画出相关的E-R图：

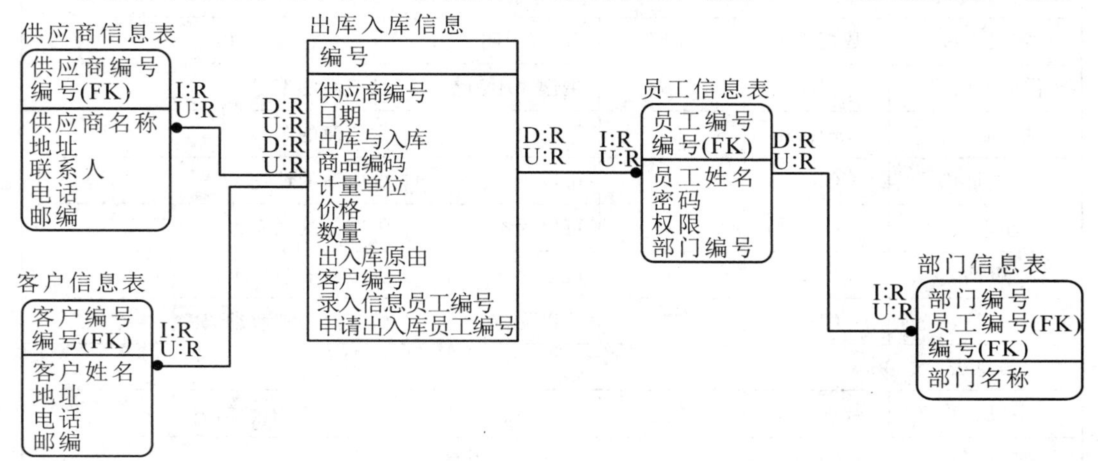

3. 逻辑设计

通过概要设计，接下来对数据库的逻辑结构进行设计：

出入库信息表				
字段名称	数据类型	长度	说明	描述
编号	Char	10	主键、不为空	用来记录出库入库的信息
日期	Datetime		不为空	用来记录出库入库的日期
出库与入库	Char	4	不为空	用于选择出库或者入库
商品编码	Char	10	外键、不为空	出库或者入库的商品编码
计量单位	Char	10	可以为空	商品的计量单位
价格	money	8	不为空	出库或者入库商品的价格
数量	int	10	不为空	出库或者入库商品的数量
出入库原由	varChar	50	可以为空	采购入库或者是销售出库，或者其他原因
供应商编号	Char	10	外键、可以空	如果入库，输入数据供应商的编号
客户编号	Char	10	外键、可以空	如果出库，输入数据供应商的编号

续表

字段名称	数据类型	长度	说明	描述
录入信息员工编号	Char	10	外键、不为空	管理库存人员的信息
申请出入库员工编号	Char	10	外键、不为空	申请出入库人员的信息
供应商信息表				
字段名称	数据类型	长度	说明	描述
供应商编号	Char	10	主键、不为空	供应商的编号
供应商名称	varChar	50	不为空	供应商的名称
地址	Char	50	可以为空	供应商的地址
联系人	Char	10	可以为空	供应商的联系人
电话	Char	30	可以为空	供应商的联系电话
邮编	Char	6	可以为空	供应商的邮政编码
客户信息表				
字段名称	数据类型	长度	说明	描述
客户编号	Char	10	主键、不为空	客户的编号
客户姓名	varChar	50	不为空	客户的名称
地址	Char	50	可以为空	客户的地址
联系人	Char	10	可以为空	客户的联系人
电话	Char	30	可以为空	客户的联系电话
邮编	Char	6	可以为空	客户的邮政编码
员工信息表				
字段名称	数据类型	长度	说明	描述
员工编号	Char	10	主键、不为空	员工的编号
员工姓名	varChar	50	不为空	员工的名称
密码	Char	50	可以为空	员工的登入系统密码
权限	Char	10	不为空	员工系统控制权限
部门编号	Char	30	外键、不为空	员工所在的部门
部门信息表				
字段名称	数据类型	长度	说明	描述
部门编号	Char	10	主键、不为空	部门的编号
部门名称	varChar	50	不为空	部门的名称

【代码实现】

根据以上的需求分析、系统设计、概要设计等，我们使用SQL语句来创建设计好的数据库结构和相关信息表。

```
Create datebase Stock
        On
        (name=stock _ dat,
filename='C: \ Stock _ dat. mdf'
size=5,
maxsize=2000,
filegrowth=1)
LOG on
(name=stock _ log,
filename='C: \ Stock _ log. ldf'
size=5,
maxsize=2000,
filegrowth=1)

create table 出入库信息表
(编号 Char(10) not null,
日期 datetime not null,
出库与入库 Char(4) not null,
商品编码 Char(10) not null,
计量单位 Char(10) null,
价格      money8      不为空
数量 int(10) not null,
出入库原由      varChar(50) null,
供应商编号      Char(10) null
contraint FK _ gysbh foreign key references 供应商信息表(供应商编号),
客户编号 Char(10) null
contraint FK _ khbh foreign key references 客户信息表(客户编号),
录入信息员工编号      Char(10) null
contraint FK _ llxxygbh foreign key references 员工信息表(员工编号),
申请出入库员工编号 Char(10) null
contraint FK _  sqcrkygbh foreign key references 员工信息表(员工编号),
)
Go
…
(略)
```

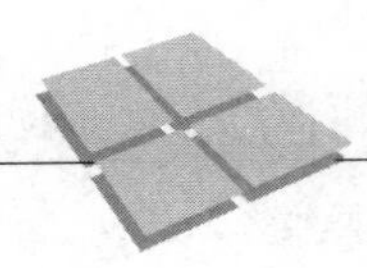

8.3 典型数据库

8.3.1 IBM 公司的 DB2 数据库

1970 年，IBM 圣何塞研究室的 E. F. Codd 发表了一篇开创了计算机管理信息新方法的论文。他的论文 *A Relational Model of Data for Large Shared Data Banks* 提出了用于存储、管理和交互操作数据的新体系结构。这一新的关系模型使应用程序开发人员从必须了解被管理数据的详细信息的桎梏中解脱出来。

4 年以后，IBM 员工 Don Chamberlin 和 Ray Boyce 发表了 *SEQUEL: A Structured English Query Language*。该论文成为了 SQL 语言标准的基础。用新的 SQL 语言编写问题变得比如何在磁盘存储和组织数据更重要。该语言可以询问和回答功能更强大的新问题。构建应用程序也比以往迅速得多。该关系数据库系统自身承担了更多数据管理的任务，从而使应用程序拥有更多的自由以专注于业务逻辑。

自 1970 年以来，IBM 已经开发出了完整的关系型数据库管理系统(R 数据库管理系统)软件系列(现称为 DB2 通用数据库 (Universal Database，UDB))。另外，IBM 还用 DB2 作为“引擎”构建了其他信息管理软件，用途包括数据仓库、数据分析、数据挖掘、媒体资产管理、企业内容管理和信息集成。DB2 和 IBM 信息管理(Information Management)产品组合表示一个产品组合元素，IBM 称之为中间件——即充当联结系统和软件应用程序“粘合剂”的软件。DB2 是 IBM 五个软件品牌之一。从一开始就成为 DB2 系列扎实的技术来源的一系列研究项目有：System R 项目使 IBM 实现了第一个关系模型。基于成本的查询优化从 System R 时代开始就一直取得巨大成就和创新。R Star 项目将关系模型扩展至分布式系统环境。Starburst 项目专注于扩展关系模型，使之能处理新的信息形式和新的优化策略类型。Garlic 项目强调数据联邦，允许一起管理不同系统(而不仅仅是 DB2 系统)中的数据。最近，Xperanto 项目已经演示了 Web 服务信息的集成和用于管理 XML 内容的又一功能强大的查询语言——XQuery 的使用。

1980 年，最初的 System R 项目首次实现了关系技术：集成到 System/38 服务器的数据库。1982 年，SQL/DS 数据库管理系统产品被用于大型机操作系统 VM 和 VSE，它也是基于 System R 的。DB2(正式名称是 DATABASE 2)于 1983 年诞生于 MVS 数据库管理系统上。1987 年，OS/2 数据库管理系统 Extended Edition 中的数据库管理器是分布式系统上的首个关系型数据库。用于新的 AS/400 数据库管理系统服务器的 SQL/400 数据库管理系统在 1988 年出现。新的 DB2 版本被用于 AIX(1993)、HP-UX 和 Solaris(1994)、Windows(1995)和 Linux(1999)。

如今，DB2 系列跨越了各种 UNIX 数据库管理系统、Linux 与 Windows 平台和 IBM iSeries 数据库管理系统(OS/400 数据库管理系统操作系统)和 zSeries 数据库管理系统(OS/390 数据库管理系统、z/OS 数据库管理系统、z/VM 和 Linux)服务器系列。DB2 Everyplace 数据库管理系统支持手持设备和嵌入式 Linux 环境，并提供了与更大型系统的数据同步。为整个系列的应用程序开发和数据库管理提供了常用工具。来自所有系列成员的创新以及 2001 年收购的 Informix 数据库系列，满足了整个系列的发展需求。

如今的 DB2 技术解决了几个新领域中新兴的客户需求：

自主计算要求服务器、操作系统和中间件(包括 DB2)在无人干涉的情况下诊断和纠正问题。为数据库管理员实现数据库自我管理和自动化是最新版的 DB2 中特别强调的内容。

基于标准的 Web 服务是作为一种新的 DB2 全力支持的应用程序处理样式出现的。

网格计算，即将大规模计算资源用作实用程序或服务(包括数据库服务)的思想，利用 DB2 大量群集的可伸缩性，以高度可用的方式来支持大型数据库和同一时间内的大量用户。基于标准的 Web 服务是 DB2 所支持的网格计算的另一个关键组件。

"电子商务随需应变(e-business on demand)"业务模型需要构建在开放标准上的操作环境，以允许进行快速的和符合成本效益的创新和重新配置。用以支持电子商务随需应变的基础架构必须是可靠的、可伸缩的且是安全的。DB2 就是这样一种基础架构。

除了强大的和创新的技术之外，DB2 还为所有规模的客户提供了很高的价值。UNIX、Linux 和 Windows 系统中的 DB2 定价被业界分析人员公认为大约是其主要竞争对手定价的一半。DBA 自动化和自我管理增强功能与低价结合，为 DB2 客户提供了卓越的价值。

在 OS/390 和 z/OS 上，DB2 被开发成与操作系统和服务器硬件的增强功能合作。这一紧密集成提供了 DB2"数据共享"——使用 IBM System/390 数据库管理系统和 zSeries Parallel Sysplex 数据库管理系统 硬件体系结构的共享资源群集体系结构。一些世界上最大的数据库就构建在该环境中的 DB2 之上，正如在 Winter Corporation 所进行的大型数据库定期研究中提到的那样。

在 OS/400-IBM iSeries 服务器系列(原先是 AS/400)的操作系统上，DB2 被作为操作系统本身的一部分来实现，支持单服务器和多服务器的并行处理和群集。

在 UNIX、Linux 和 Windows 平台上，DB2 具有"无共享(shared-nothing)"体系结构，它使公共代码库能在所有这些环境中被使用。DB2 无共享群集中的服务器在总体数据的子集和群集所接收到的 SQL 请求子集上独立和并行地进行工作。事务型(比如 TPC-C)和决策支持(比如 TPC-H)工作负载的基准测试结果都证明了：具有这种可移植体系结构的 DB2 具有巨大的可伸缩性。

高可用性和可伸缩性的群集以及对最新处理器和互连技术的支持，都是 DB2 确保客户能够顺利发展的各个方面。DB2 故障转移和备用支持提供了如今所需的高可用性。DB2 对最新的 64 位处理器(Intel Itanium 2 和 AMD Opteron)的支持意味着：可以构建更大型的数据库，并且可以达到更快的性能。诸如 InfiniBand 这样的更简单和更快速的群集和连接技术使 DB2 更容易伸缩。对于所有规模的客户和开发人员都得以顺利发展。

管理更为简单。经济条件和提高底线的愿望意味着：由于受管信息的数量和种类增加，而又没有雇用额外管理员的资源的限制，许多 DBA 的工作负荷正变得越来越重。

DB2 通过许多方法减轻了数据库管理的压力：

它的控制中心(Control Center)为 DBA 提供了一个中心地点，使他们通过 DB2 系

统网络执行工作。

一批顾问工具提供了专业的资源监控、问题诊断和纠正措施。这方面最新的示例是 Configuration Advisor，用于在 UNIX、Linux 和 Windows 上的新安装中快速获得最高 DB2 性能。另一个示例是 Health Center，它担任许多最近的 DB2 自我管理工作的核心件。其基于规则的问题诊断和纠正措施功能增加了新的 DB2 Performance Expert 和 DB2 Recovery Expert 工具(一类新出现的 IBM 数据库工具，提供了前所未有的专业指导和自动操作)。

从 DB2 诞生开始，基于成本的优化和自动查询重写技术方面就一直持续发展，不断为数据库管理员卸去 DB2 性能管理方面的负担。每个 DB2 新版本的目标在于使数据库管理资源的需求越来越少。IBM 整体上对自主计算的重点关注和投资使 DB2 从中受益。

您所选环境的应用程序开发和部署：

如果您是一位应用程序开发人员，则您会在开发将 DB2 用作数据库服务器的应用程序时有多种选择。DB2 团队努力使应用程序的开发变得简单。IBM WebSphere Studio产品团队和 微软 Visual Studio 小组努力开发出了用于 DB2 应用程序开发的插件。最近宣布的与 Borland 的合作达成了这样的协议：在 Borland 开发工具(Kylix、Delphi、C++Builder)中打包 DB2 UDB，DB2 UDB 中也打包 Borland 开发工具。另外，DB2 UDB 附带了 Development Center，以用于构建应用程序的服务器端部件，如存储过程和用户定义的函数。

DB2 与 Java 数据库管理系统有很深的渊源。1996 年年末，在 DB2 中首次提供了 Java 支持。从此存储过程和用户自定义函数都可以用 Java 构建，Java 应用程序和数据库系统之间的编程接口 JDBC 数据库管理系统也得到了充分支持。此后，DB2 Java 支持技术不断发展(包括用于 DB2 与静态 SQL 通信的 SQLJ)，而且 IBM 还参与了 JOLAP(一种基于 Java 的数据分析标准)的创建。用 Java 编写的管理工具使得有可能用 DB2 进行基于 Web 的数据库管理。还有，DB2 全面支持 J2EE 这种应用程序处理环境。

同时，DB2 开发人员与微软的 Windows 和 .NET 团队紧密合作，以确保 DB2 成为该应用程序环境的强势“居民”。IBM 承诺 DB2 支持 J2EE 和 .NET。DB2 对 Windows 的承诺是有力的。这一事实的证据包括 DB2 在客户可使用 Windows 2000 的第一天就支持它，以及 DB2 在微软 Gold Certified Partner Program for Software Products 中的成员资格。要达到 Gold Certified 状态，要在三种 Windows 2000 服务器包上验证 DB2：Server、Advanced Server 和 Datacenter Server。另外，DB2 提供了到微软 OLE DB 数据源的高速本机接口。DB2 目前正跟踪支持 Windows 和.NET 操作系统的使用。

DB2 技术是众多解决方案的核心。

对研究和开发的有力承诺意味着 DB2 是众多信息管理产品和解决方案的核心，包括的领域有：商业智能、内容和记录管理、联邦和信息集成、商业智能。

而 BI 应用程序将 DB2 置于其核心。商业智能工具包括了这几个领域：数据仓库、数据分析和数据挖掘。DB2 Data Warehouse Center 提供了一个用于定义、构建和维护数据仓库的接口。DB2 Warehouse Manager 还提供了管理仓库元数据的 Information

Catalog 以及用于报告和管理复杂的查询执行操作的工具。

通过两种方式可以用 DB2 进行联机分析处理(Online analytic processing，OLAP)，DB2 提供了用于 CUBE 和 ROLLUP(用于研究数据库中信息的流行的 OLAP 操作)的内置函数。DB2 还有一个库，包含了像 rolling sum and rolling average 这样的统计分析函数和聚合函数。

IBM 和 Hyperion 合作创建了 DB2 OLAP Server 数据库管理系统，这是构建在 Hyperion Essbase 分析上的完整的 OLAP 解决方案。DB2 OLAP Server 的最新版本构建在 DB2 UDB 之上，同时提供了多维数据存储和关系数据存储。混合的分析(结合了多维存储的速度和关系存储的可伸缩性)和 OLAP 三维数据中数据的自动偏差检测(数据挖掘)，是最新版的 DB2 OLAP Server 中的功能。IBM 还与各类数据分析软件供应商合作，这些供应商使他们的工具能使用 DB2 数据库。

另一个和合作伙伴 ESRI 共同开发的称为 DB2 Spatial Extender 的分析工具，扩展了 DB2 SQL 语言以理解某些概念，如地图上各点之间的距离或已定义区域“之内”或“之外”之类的关系。

数据挖掘代表了商业智能功能的尖端领域。数据挖掘是发现用其他方式不能发现的数据模式的过程。基于重要属性的群集信息技术和基于以前的行为模式预测客户行为的技术是数据挖掘的两个示例。早在 1996 年，IBM 就已经提供了 DB2 Intelligent Miner。它的算法准备并转换用于挖掘的数据、执行挖掘操作和可视化挖掘结果。2001 年，这些功能以“计分(Scoring)服务”的形式，作为扩展功能在 DB2 中实现。计分服务使得能使用 SQL 实时地对小段数据执行数据挖掘。如今，DB2 Intelligent Miner Modeling、Visualization 和 Scoring 是 DB2 的可选特性。

DB2 UDB 的一些新特性旨在使将 DB2 用作商业智能的客户受益。多维群集(Multi-dimensional clustering)将相关联的信息物理上存储在同一磁盘上，以进行快速检索。实例化的查询表为同时需要大量不同数据源信息的复杂查询提供了显著的更快速的性能。空数据或缺省数据的压缩技术减少了数据仓库以及其他形式的数据库的磁盘存储需求。

内容和记录管理：

信息管理的未来包括管理和联合各种各样的结构化的和非结构化的信息，以解决业务问题。DB2 传统上专注于管理结构化的数据——即以数字和字母表示的行和列。IBM 信息管理软件产品组合的另一部分专注于管理“内容”，或者说是图像和其他多媒体信息、文字处理文档和计算机生成的报告之类的非结构化信息。Content Manager 和 Enterprise Information Portal 产品满足了客户对内容管理解决方案的需求。它们构建在 DB2 之上。

Content Manager 提供了对两种内容管理的支持：媒体资产管理和企业内容管理。媒体资产管理是存储和管理大量大型多媒体对象的业务。客户包括美术馆、大学音乐资料库和电视广播机构。企业内容管理是第二种内容管理，包括像扫描校验图像这样的大量较小型的对象，若是用于银行，还有像银行结单、发票和报表之类的业务。

Enterprise Information Portal(EIP)在 Content Manager 和其他结构化的或非结构化的数据源上提供了编程层，目的是为了使用公共接口在所有这些源中进行访问和搜

索。例如，可以检索所有关于某一特定客户的信息，而不必考虑数据类型或文档类型。EIP 还提供了 Web 搜寻、工作流管理和信息挖掘服务。

与合作伙伴 Tarian Software 进行的合作开发，以及随后对 Tarian 的并购，产生了 IBM Records Manager。该产品将电子记录保留能力和生命周期管理添加到 IBM 内容管理产品组合。

联邦和信息集成：

IBM 信息管理软件理念的核心是客户需求所支持的这种信念：集成异构数据环境中的信息比在单一的大型数据库系统中集中信息来得重要，而且能更快地得到 IT 投资的利润回报。DB2 和相关的信息管理软件将这一信念体现在集成和联邦中。

DB2 支持种类繁多的访问远程信息的方法。这些方法包括 ODBC 和 JDBC、SQLJ 和 OLE DB。DB2 支持 .NET(微软)和 J2EE(Java)应用程序环境。自 1995 年发布 DB2 DataJoiner 数据库管理系统以来，IBM 提供了对非 DB2 数据库中信息(比如那些来自 Oracle、微软和 Sybase 数据库的信息)SQL 访问的优化。DB2 应用程序可以使用 DB2 SQL 查询 DB2 和非 DB2 数据库中的信息。这种联合不同关系数据库的能力从 DB2 DataJoiner 发展成称作 DB2 Relational Connect 的 DB2 特性。

DB2 还提供了数据复制技术。在整个 DB2 系列中支持基于日志的更改获取和新式的复制。DB2 DataJoiner 的异构功能和 DB2 数据复制结合意味着非 DB2 数据库也可以成为复制目标或源。

如今 DB2 可以管理各种各样类型的信息。构建了 DB2 Extenders 数据库管理系统用来管理文本、XML、图像、音频、视频和空间信息。这些 Extender 是 DB2 从纯粹的关系系统发展为对象—关系系统的结果。这些年，DB2 应用程序可用的数据源领域已经进行了扩展，包括 WebSphere MQ 消息队列和基于标准的 Web 服务。DB2 可以管理文件系统中的数据，就好像它是存储在 DB2 表中一样，这是通过 DB2 Data Links Manager(一个可选的 DB2 特性)实现的。DB2 应用程序使用 SQL 操作 DB2 表内外的数据。

XML 日益被用作一种描述、组织和交换信息的方法，这使得 DB2 中产生了各种 XML 支持增强功能。如今，在 DB2 中实现了 100 多个 SQL 语言的扩展，用以支持 XML 数据的管理。DB2 XML Extender，于 1999 年首次提供给客户，提供了本机 XML 数据管理的基础。最新的增强功能包括对由 DB2 中数据组成的 XML 文档进行自动模式验证和使用 XSLT 进行自动样式转换。DB2 还支持 SQLX 发布功能和 XPath 表达式，并且在 2002 年年初通过一个公共原型演示了对 XQuery 的支持。DB2 正逐步成为一个真正的双语数据库，同时支持 SQL 和 XQuery。

这多种联邦和集成技术，以及新的软件封装技术，已经结合在一起成为 DiscoveryLink 数据库管理系统——一种用于生命科学行业的信息管理解决方案。DiscoveryLink 使生命科学应用程序可以使用 SQL 连接来自完全不同的来源的信息，这些信息是该行业所特有的(例如，染色体文件数据、毒理学电子表格、临床试验和调节文本，以及化验结果数据库)。

根据 DB2 和 SQL 语言支持的数据类型、数据源和连接方式的范围，可以证明 DB2 是唯一满足要求的信息集成引擎。将这个性能与前面提到的内容管理功能相结合，那么IBM能帮助客户集成信息(无论什么类型、多少数量或什么位置)的承诺范围就变得很清晰了。

和上面说明的技术功能一样重要的是DB2提供给客户的价格。DB2的定价在各个级别上都对竞争者提出了挑战。为了简单明了起见,DB2的定价很大程度上基于每个处理器模型。在高可用性设置方面,DB2只根据在只有一个处理器的空闲备用服务器上执行不活动的DB2工作来定价。综合考虑价格因素与增强的自我管理功能以及丰富的功能,那么总拥有成本(TCO)优势地位就十分明显了。在几个业界分析人员的报告中记录了五年来DB2领先于其竞争者的TCO优势。

8.3.2 甲骨文公司的Oracle数据库

Oracle前身叫SDL,由Larry Ellison和另两个编程人员在1977年创办,他们开发了自己的拳头产品,在市场上大量销售,1979年,Oracle公司引入了第一个商用SQL关系型数据库管理系统。Oracle公司是最早开发关系型数据库的厂商之一,其产品支持最广泛的操作系统平台。目前Oracle关系型数据库产品的市场占有率名列前茅。Oracle数据库的特点详细如下:

1. 开放式联接

Oracle提供和其他软件联接的开放式接口。使用Oracle Access Manager,用户很容易就能将别的软件商开发的软件所运行的系统集成起来。例如,使用IBM的AS/400平台的管理器,用户在应用中采用如COBOL和C的第三代、第四代语言就能透明地访问Oracle数据,也支持PL/SQL,从用户的AS/400应用程序中可以调用远程的Oracle存储过程。使用Access Manager配之以Oracle的透明网关,企业管理者就可以保护其已经在IBM软硬件上的投资。Access Manager驻留在非Oracle数据库的机器上,用户数据由所在的操作系统决定,工业标准SQL在下列方面支持Oracle数据库:(1) DDL即数据定义语言语法,适用于对Oracle数据库对象的定义(如create table或create index)、修改一个或多个用户的特权(如grant select on)或操纵支持Oracle8i的基础组件(如alter tablespace)。(2) DML即数据操纵语言,用于产生新的数据(如inert into)、处理已存在的数据(如update)、删除已存在的行(如delete)、或者是用非常熟悉的select关键字简单地查看数据。(3)Access Manager能便捷地从Computer Associate的IDMS、Datacom、Ingres、Microsoft的SQL Server、Informix、Teradata的EDA/SQL、Sybase和IBM的CICS中访问数据。

2. 开发工具

Oracle Server通常指数据库引擎,支持一系列开发工具、终端用户查询工具、流行的应用以及办公范围内的信息管理工具。Oracle Form和Oracle report是Oracle提供开发工具的核心,与Web相连进行发布并利用Internet计算的三层体系结构。Oracle企业开发套件中捆绑了一些组件,使得发布灵活、操作性强、易于维护,很容易开发出不同层次的应用。套件中有如下四个主要组件:(1)Oracle Designer用于定义系统元素(也就是数据源及其之间的关系),生成应用和定义数据库。(2)Oracle Developer是一个快速应用开发环境,用于建立交互应用、事务处理或联机事务处理为基础的系统。(3)Oracle Developer Server是一个强壮的为多层次提供的开发环境。(4)Oracle

Application Server 是一个公开的解决方案，它是为分布式事务应用处理而设计的。

3. 空间管理

Oracle 提供了灵活的空间管理。用户可以为存放数据分配所需磁盘空间，也可以通过指示 Oracle 为以后的需求留下多少空间来控制后继的分配。还有一系列为大型的数据库考虑而设计的特殊功能。事实上，在 Oracle8 和 Oracle7.3 中许多功能都是为数据仓库的考虑而设计的。从设计角度来说，数据仓库是典型的非常大的数据库。

4. 备份与恢复

Oracle 提供了高级备份和恢复的子例程。备份创建 Oracle 数据的一个副本，把备份的数据恢复出来。Oracle 的备份和恢复把数据丢失的可能性降到最小，并使出现故障时的排错时间最少。Oracle 的服务器也提供了备份和恢复的机制，允许每天、每周、每年不间断地访问数据。

MySQL 具有功能强大、支持跨平台、运行速度快、支持面向对象、安全性高、成本低、支持各种开发语言、数据存储量大、支持强大的内置函数等特点。但是，在北京时间 4 月 20 日晚，甲骨文宣布，该公司将以每股 9.5 美元的价格收购 SUM 公司，Mysql 也随 SUN 公司归入甲骨文公司旗下。

8.3.3 微软公司的 MS Access 与 MS SQL server 数据库

Access 数据库是美国微软公司于 1994 年推出的微机数据库管理系统。它具有界面友好、易学易用、开发简单、接口灵活等特点，是典型的新一代桌面数据库管理系统。其主要特点如下：(1)完善地管理各种数据库对象，具有强大的数据组织、用户管理、安全检查等功能。(2)强大的数据处理功能，在一个工作组级别的网络环境中，使用 Access 开发的多用户数据库管理系统具有传统的 XBASE(DBASE、FoxBASE 的统称)数据库系统所无法实现的客户服务器(Cient/Server)结构和相应的数据库安全机制，Access 具备了许多先进的大型数据库管理系统所具备的特征，如事务处理/出错回滚能力等。(3)可以方便地生成各种数据对象，利用存储的数据建立窗体和报表，可视性好。(4)作为 Office 套件的一部分，可以与 Office 集成，实现无缝连接。(5)能够利用 Web 检索和发布数据，实现与 Internet 的连接。Access 主要适用于中小型应用系统，或作为客户机/服务器系统中的客户端数据库。

1987 年，微软和 IBM 合作开发完成 OS/2，IBM 在其销售的 OS/2 Extended Edition 系统中绑定了 Database Manager，而微软产品线中尚缺少数据库产品。为此，微软将目光投向 Sybase，同 Sybase 签订了合作协议，使用 Sybase 的技术开发基于 OS/2 平台的关系型数据库。1989 年，微软发布了 SQL Server 1.0 版。2008 年 8 月 7 日微软发布 SQL Server 2008。

SQL Server 2008 在 Microsoft 的数据平台上发布，帮助您的组织随时随地管理任何数据。它可以将结构化、半结构化和非结构化文档的数据(例如图像和音乐)直接存储到数据库中。SQL Server 2008 提供一系列丰富的集成服务，可以对数据进行查询、搜索、同步、报告和分析之类的操作。数据可以存储在各种设备上，从数据中心最大的服务器一直到桌面计算机和移动设备，你可以控制数据而不用管数据存储在哪里。

SQL Server 2008 允许您在使用 Microsoft .NET 和 Visual Studio 开发的自定义应

用程序中使用数据，在面向服务的架构(SOA)和通过 Microsoft BizTalk Server 进行的业务流程中使用数据。信息工作人员可以通过他们日常使用的工具(例如 2007 Microsoft Office 系统)直接访问数据。SQL Server 2008 提供一个可信的、高效率智能数据平台，可以满足你的所有数据需求。

SQL Server 2008 的新增功能

1. 可信

SQL Server 为你的业务关键型应用程序提供最高级别的安全性、可靠性和伸缩性。

(1)保护有价值的信息

透明的数据加密

允许加密整个数据库、数据文件或日志文件，无需更改应用程序。这样做的好处包括：同时使用范围和模糊搜索来搜索加密的数据，从未经授权的用户搜索安全的数据，可以不更改现有应用程序的情况下进行数据加密。

可扩展的键管理

SQL Server 2005 为加密和键管理提供一个全面的解决方案。SQL Server 2008 通过支持第三方键管理和 HSM 产品提供一个优秀的解决方案，以满足不断增长的需求。

审计

通过 DDL 创建和管理审计，同时通过提供更全面的数据审计来简化遵从性。这允许组织回答常见的问题，例如“检索什么数据”。

(2)确保业务连续性

增强的数据库镜像

SQL Server 2008 构建于 SQL Server 2005 之上，但增强的数据库镜像，包括自动页修复、提高性能和提高支持能力，因而是一个更加可靠的平台。

数据页的自动恢复

SQL Server 2008 允许主机器和镜像机器从 823/824 类型的数据页错误透明地恢复，它可以从透明于终端用户和应用程序的镜像伙伴请求新副本。

日志流压缩

数据库镜像需要在镜像实现的参与方之间进行数据传输。使用 SQL Server 2008，可以为参与方之间的输出日志流压缩提供最佳性能，并最小化数据库镜像使用的网络带宽。

(3)启用可预测的响应

资源管理者

通过引入资源管理者来提供一致且可预测的响应，允许组织为不同的工作负荷定义资源限制和优先级，这允许并发工作负荷为它们的终端用户提供一致的性能。

可预测的查询性能

通过提供功能锁定查询计划支持更高的查询性能稳定性和可预测性，允许组织在硬件服务器替换、服务器升级和生产部署之间推进稳定的查询计划。

数据压缩

更有效地存储数据，并减少数据的存储需求。数据压缩还为大 I/O 边界工作量(例如数据仓库)提供极大的性能提高。

热添加 CPU

允许 CPU 资源在支持的硬件平台上添加到 SQL Server 2008，以动态调节数据库大小而不强制应用程序宕机。注意，SQL Server 已经支持在线添加内存资源的能力。

2. 高效率

为了抓住如今风云变幻的商业机会，公司需要能力来快速创建和部署数据驱动的解决方案。SQL Server 2008 减少了管理和开发应用程序的时间和成本。

(1)根据策略进行管理

Policy-Based Management

Policy-Based Management 是一个基于策略的系统，用于管理 SQL Server 2008 的一个或多个实例。将其与 SQL Server Management Studio 一起使用可以创建管理服务器实体(比如 SQL Server 实例、数据库和其他 SQL Server 对象)的策略。

精简的安装

SQL Server 2008 通过重新设计安装、设置和配置体系结构，对 SQL Server 服务生命周期进行了巨大的改进。这些改进将物理位在硬件上的安装与 SQL Server 软件的配置隔离，允许组织和软件合作伙伴提供推荐的安装配置。

性能数据收集

性能调节和故障诊断对于管理员来说是一项耗时的任务。为了给管理员提供可操作的性能检查，SQL Server 2008 包含更多详尽性能数据的集合，一个用于存储性能数据的集中化的新数据仓库，以及用于报告和监视的新工具。

(2)简化应用程序开发

(3)语言集成查询(LINQ)

开发人员可以使用诸如 C# 或 VB. NET 等托管的编程语言而不是 SQL 语句查询数据。允许根据 ADO. NET(LINQ to SQL)、ADO. NET DataSets(LINQ to DataSet)、ADO. NET Entity Framework(LINQ to Entities)，以及实体数据服务映射供应商运行 . NET 语言编写的无缝、强类型、面向集合的查询。新的 LINQ to SQL 供应商允许开发人员在 SQL Server 2008 表和列上直接使用 LINQ。

ADO. NET Object Services

ADO. NET 的 Object Services 层将具体化、更改跟踪和数据持久作为 CLR 对象。使用 ADO. NET 框架的开发人员可以使用 ADO. NET 管理的 CLR 对象进行数据库编程。SQL Server 2008 引入更有效、优化的支持来提高性能和简化开发。

(4)存储任何信息

DATE/TIME

SQL Server 2008 引入新的日期和时间数据类型：

DATE-仅表示日期的类型

TIME-仅表示时间的类型

DATETIMEOFFSET-可以感知时区的 datetime 类型

DATETIME2-比现有 DATETIME 类型具有更大小数位和年份范围的 datetime 类型

新的数据类型允许应用程序拥有独立的日期和时间类型，同时为时间值提供大的数据范围或用户定义的精度。

HIERARCHY ID

允许数据库应用程序使用比当前更有效的方法来制定树结构的模型。新的系统类型 HierarchyId 可以存储代表层次结构树中节点的值。这种新类型将作为一种 CLR UDT 实现，将暴露几种有效并有用的内置方法，用于使用灵活的编程模型创建和操作层次结构节点。

FILESTREAM Data

允许大型二进制数据直接存储在 NTFS 文件系统中，同时保留数据库的主要部分并维持事务一致性。允许扩充传统上由数据库管理的大型二进制数据，可以存储在数据库外部更加成本有效的存储设备上，而没有泄密风险。

集成的全文本搜索

集成的全文本搜索使文本搜索和关系型数据之间能够无缝转换，同时允许用户使用文本索引在大型文本列上执行高速文本搜索。

Sparse Columns

NULL 数据不占据物理空间，提供高效的方法来管理数据库中的空数据。例如，Sparse Columns 允许通常有许多空值的对象模型存储在 SQL Server 2005 数据库中，而无需耗费大量空间成本。

大型用户定义的类型

SQL Server 2008 消除用户定义类型(UDT)的 8 KB 限制，允许用户极大地扩展其 UDT 的大小。

空间数据类型

通过使用对空间数据的支持，将空间能力构建到您的应用程序中。

使用地理数据类型实现“圆面地球”解决方案。使用经纬度来定义地球表面的区域。

使用地理数据类型实现“平面地球”解决方案。存储与投影平面表面和自然平面数据关联的多边形、点和线，例如内部空间。

3. 智能

SQL Server 2008 提供全面的平台，在用户需要的时候提供智能。

(1)集成任何数据

备份压缩

在线保存基于磁盘的备份昂贵且耗时。借助 SQL Server 2008 备份压缩，在线保存备份所需的存储空间更少，备份运行速度更快，因为需要的磁盘 I/O 更少。

已分区表并行

分区允许组织更有效地管理增长迅速的表，可以将这些表透明地分成易于管理的数据块。SQL Server 2008 继承了 SQL Server 2005 中的分区优势，但提高了大型分区表的性能。

星型连接查询优化

SQL Server 2008 为常见的数据仓库场景提供改进的查询性能。星型连接查询优化通过识别数据仓库连接模式来减少查询响应时间。

Grouping Sets

Grouping Sets 是对 GROUP BY 子句的扩展，允许用户在同一个查询中定义多个分组。Grouping Sets 生成单个结果集(等价于不同分组行的一个 UNION ALL)，使得聚集查询和报告变得更加简单快速。

更改数据捕获

使用“更改数据捕获”，可以捕获更改内容并存放在更改表中。它捕获完整的更改内容，维护表的一致性，甚至还能捕获跨模式的更改。这使得组织可以将最新的信息集成到数据仓库中。

MERGE SQL 语句

随着 MERGE SQL 语句的引入，开发人员可以更加高效地处理常见的数据仓库存储应用场景，比如检查某行是否存在，然后执行插入或更新。

SQL Server Integration Services(SSIS)管道线改进

“数据集成”包现在可以更有效地扩展，可以利用可用资源和管理最大的企业规模工作负载。新的设计将运行时的伸缩能力提高到多个处理器。

SQL Server Integration Services(SSIS)持久查找

执行查找的需求是最常见的 ETL 操作之一。这在数据仓库中特别普遍，其中事实记录需要使用查找将企业关键字转换成相应的替代字。SSIS 增强查找的性能以支持最大的表。

(2)发布相关的信息

分析规模和性能

SQL Server 2008 使用增强的分析能力和更复杂的计算和聚集交付更广泛的分析。新的立方体设计工具帮助用户精简分析基础设施的开发，让他们能够为优化的性能构建解决方案。

块计算

块计算在处理性能方面提供极大的改进，允许用户增加其层次结构的深度和计算的复杂性。

写回

新的 MOLAP 在 SQL Server 2008 Analysis Services 中启用写回(writeback)功能，不再需要查询 ROLAP 分区。这为用户提供分析应用程序中增强的写回场景，而不牺牲传统的 OLAP 性能。

(3)推动可操作的商务洞察力

企业报表引擎

报表可以使用简化的部署和配置在组织中方便地分发(内部和外部)。这使得用户可以方便地创建和共享任何规格和复杂度的报表。

Internet 报表部署

通过在 Internet 上部署报表，很容易找到客户和供应商。

管理报表体系结构

通过集中化存储和所有配置设置的 API，使用内存管理、基础设施巩固和更简单的配置来增强支持能力和控制服务器行为的能力。

Report Builder 增强

通过报表设计器轻松构建任何结构的特殊报表和创作报表。

内置的表单认证

内置的表单认证让用户可以在 Windows 和 Forms 之间方便地切换。

报表服务器应用程序嵌入

报表服务器应用程序嵌入使得报表和订阅中的 URL 可以重新指向前端应用程序。

Microsoft Office 集成

SQL Server 2008 提供新的 Word 渲染，允许用户通过 Microsoft Office Word 直接使用报表。此外，现有的 Excel 渲染器已经得以极大地增强，以支持嵌套的数据区域、子报表以及合并的表格改进等功能。这让用户保持布局保真度并改进 Microsoft Office 应用程序对报表的总体使用。

预测性分析

SQL Server Analysis Services 继续交付高级的数据挖掘技术。更好的时间序列支持增强了预测能力。增强的挖掘结构提供更大的灵活性，可以通过过滤执行集中分析，还可以提供超出挖掘模型范围的完整信息报表。新的交叉验证允许同时确认可信结果的精确性和稳定性。此外，针对 Office 2007 的 SQL Server 2008 数据挖掘附件提供的新特性使组织中的每个用户都可以在桌面上获得更多可操作的洞察。

8.3.4 其他公司的数据库产品——Informix、Sybase、PostgreSQL、达梦数据库等

Informix 在 1980 年成立，目的是为 UNIX 等开放操作系统提供专业的关系型数据库产品。公司的名称 Informix 便是取自 Information 和 Unix 的结合。Informix 第一个真正支持 SQL 语言的关系型数据库产品是 Informix SE(StandardEngine)。InformixSE 是在当时的微机 Unix 环境下主要的数据库产品。它也是第一个被移植到 Linux 上的商业数据库产品。

Sybase 公司成立于 1984 年，公司名称“Sybase”取自“System”和“Database” 相结合的含义。Sybase 公司的创始人之一 Bob Epstein 是 Ingres 大学版(与 System/R 同时期的关系型数据库模型产品)的主要设计人员。公司的第一个关系型数据库产品是 1987 年 5 月推出的 Sybase SQLServer1. 0。Sybase 首先提出 Client/Server 数据库体系结构的思想，并率先在 Sybase SQL Server 中实现。

PostgreSQL 是一种特性非常齐全的自由软件的对象——关系型数据库管理系统(OR 数据库管理系统)，它的很多特性是当今许多商业数据库的前身。PostgreSQL 最早开始于 BSD 的 Ingres 项目。PostgreSQL 的特性覆盖了 SQL-2/SQL-92 和 SQL-3。首先，它包括了可以说是目前世界上最丰富的数据类型的支持；其次，目前 PostgreSQL 是唯一支持事务、子查询、多版本并行控制系统、数据完整性检查等特性的开源数据库管理系统。

第9章 软件设计过程

【知识目标】

1. 软件设计的基本概念
2. 常用软件设计的方法
3. 软件设计的步骤和具体任务

【能力目标】

通过一个完整综合的软件设计过程，掌握软件设计的步骤和注意事项。

【重点难点】

软件设计过程的具体实施。

在学习了前面几章软件设计的基础知识之后，应该尝试从全局的角度将所学的知识整合在一起，并且应用于实践之中。这一章采用一个完整的综合的案例来说明软件设计的整个过程。当然作为初学者，这里所说的软件设计是小规模的而非企业级的大型软件设计。所以整个设计过程省略了软件工程中所包含的项目计划与可行性研究和用户界面设计的环节。

9.1 软件设计概述

【知识储备】

1. 什么是软件设计？为什么要进行软件设计

软件设计是软件开发的核心。对于具备了一定软件设计基础知识的人员来说，软件设计可以简单理解为：根据需求分析的“What to do?”，来确定系统“How to do?”的过程。由于软件设计是后续开发步骤和软件维护工作的基础，所以如果没有合理规范的软件设计，就会建立一个不稳定的系统结构(见图9-1)，这是我们不乐见的。

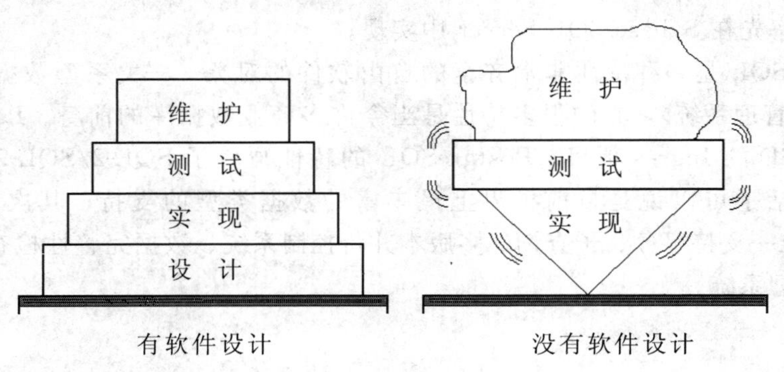

图9-1 软件设计的作用

2. 软件设计内容

(1)从工程管理的角度来看，软件设计分为概要设计和详细设计两个部分，其中：

概要设计需要将软件需求转化为软件系统结构，形成概要设计规格书；

详细设计需要进行过程设计和界面设计，形成详细设计规格书。

(2)从工程技术的角度来看，软件设计分为数据设计、结构设计和过程设计三个部分，其中：

数据设计包括数据结构、文件和数据库的设计；

结构设计需要选择合理的体系结构，对系统进行分解和化分；

过程设计通过对结构表示进行细化，得到软件详细界面、数据结构和程序算法。

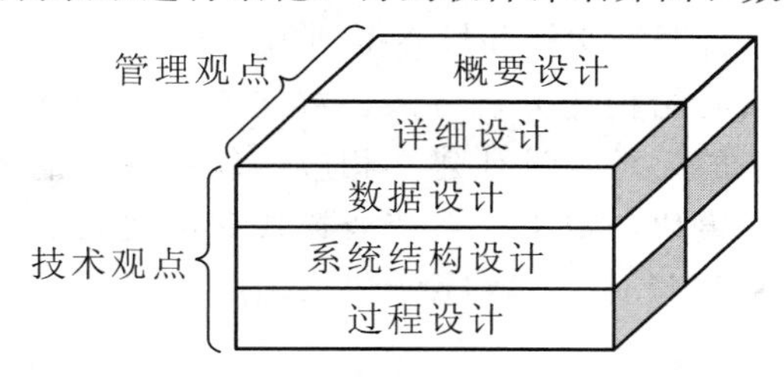

图 9-2　软件设计的内容

3. 软件设计的具体任务

(1)制定规范：在设计之前规定好编码规范、命名规范、设计文档规范和设计方法等，以便协调工作组中各成员的工作。

(2)结构设计：基于功能层次结构建立系统。将系统按功能分成模块，根据需求情况确定每个模块的功能，确定模块间的调用关系，确定模块间的接口，评估模块划分的质量。

(3)处理方式设计：确定算法，评估算法性能，确定模块间的控制方式(周转时间、响应时间、精度等)，确定外部信号的接收发送形式。

(4)数据结构及数据库设计：数据结构设计：保证数据的完整性和安全性。包括确定 I/O 文件的数据结构、确定算法所必须的数据结构、限制和确定各个数据的影响范围等内容。数据库设计：确定数据库的模式、子模式。主要包括概念结构设计、逻辑结构设计和物理结构设计。

数据的保护性设计：包括数据的防卫性、一致性和冗余性设计。

(5)可靠性设计：在软件开发的一开始就该确定可靠性和其他质量指标，同时考虑相应的措施。确保所做的设计有良好的质量特性，易于修改和维护。

(6)编写软件设计文档：包括概要设计规格说明书、数据库设计规格说明书、详细设计规格说明书、用户使用手册和测试计划以及测试标准等。

(7)设计评审：对接口和质量等指标进行评审。

(8)详细设计：确定各个模块的算法和数据结构、选定描述算法的表达形式等。

4. 软件设计的目标

软件设计的最终目标是：通过一系列的工作获得解决问题的最佳方案。例如：

节省开发费用；

降低资源消耗；

缩短开发周期；

获得较高的执行效率；

拥有较高的可靠性；

拥有可维护的方案。

5. 小规模软件设计的步骤

(1)需求分析。

软件需求分析就是回答做什么的问题。它是一个对用户的需求进行去粗取精、去伪存真、正确理解，然后把它用软件工程开发语言(形式功能规约，即需求规格说明书)表达出来的过程。本阶段的基本任务是和用户一起确定要解决的问题，建立软件的逻辑模型，编写需求规格说明书文档并最终得到用户的认可。

需求分析的主要方法有结构化分析方法、数据流程图和数据字典等方法。本阶段的工作是根据需求说明书的要求，设计建立相应的软件系统的体系结构，并将整个系统分解成若干个子系统或模块，定义子系统或模块间的接口关系，对各子系统进行具体设计定义，编写软件概要设计和详细设计说明书，数据库或数据结构设计说明书，组装测试计划。

(2)设计。

软件设计可以分为概要设计和详细设计两个阶段。实际上软件设计的主要任务就是将软件分解成模块，模块是指能实现某个功能的数据、程序说明和可执行程序的程序单元。可以是一个函数、过程、子程序、一段带有程序说明的独立的程序和数据，也可以是可组合、可分解和可更换的功能单元、模块，然后进行模块设计。

概要设计就是结构设计，其主要目标就是给出软件的模块结构，用软件结构图表示。详细设计的首要任务就是设计模块的程序流程、算法和数据结构；次要任务就是设计数据库，常用方法还是结构化程序设计方法。

(3)编码。

软件编码是指把软件设计转换成计算机可以接受的程序，即写成以某一程序设计语言表示的“源程序清单”。充分了解软件开发语言、工具的特性和编程风格，有助于开发工具的选择以及保证软件产品的开发质量。

当前软件开发中除在专用场合，已经很少使用20世纪80年代的高级语言了，取而代之的是面向对象的开发语言。而且面向对象的开发语言和开发环境大都合为一体，大大提高了开发的速度。

(4)测试。

软件测试的目的是以较小的代价发现尽可能多的错误。要实现这个目标的关键在于设计一套出色的测试用例(测试数据和预期的输出结果组成了测试用例)。如何才能设计出一套出色的测试用例，关键在于理解测试方法。不同的测试方法有不同的测试用例设计方法。

(5)维护。

维护是旨在已完成对软件的研制(分析、设计、编码和测试)工作并交付使用以后，对软件产品所进行的一些软件工程的活动。即根据软件运行的情况，对软件进行适当修改，以适应新的要求，以及纠正运行中发现的错误。编写软件问题报告、软件修改报告。

任务 9.1 简易通信录

【任务说明】

要求根据常用通信录软件的基本功能，设计一个基于结构体数组的简易通信录处理程序。该程序具备以下功能：

1. 增加记录，向通信录中添加某个人的通信信息：姓名，地址，E-mail，电话等信息。

2. 删除记录，按记录号删除某个人的通信信息。

3. 列出全部记录，将通信录中的信息全部列出。

4. 退出。

只要求按照软件设计的步骤设计出程序，相关文档暂时不作要求。

【任务目标】

通过一个简单但是完整的任务实现来初步了解小规模软件设计的步骤。

【任务分析】

按照上面介绍的软件设计步骤来分析这个任务。

1. 需求分析：用户的要求即任务要完成的效果简单明了：增加、删除和显示全部记录。划分模块也很清楚：增加模块、删除模块和显示模块是三个必备的子模块。然后在主函数中利用开关语句来实现对子模块的调用。

2. 设计和编码：首先确定用C语言来开发。用到了结构体等知识，不使用单独的数据库。具体设计和编码情况如下：

(1)定义结构体。

我们可以构造一个结构体来存储一个人的通信信息(姓名，地址，E-mail，电话)。为了存储多人的通信信息则需要定义一个结构体数组变量。

```
struct  addr{
     char  name[10];
     char  address[20];
     char  e-mail[20];
     char  tel[10];
} addr_info[MAX];
```

(2)主模块。

依据实训功能，该程序主要由三个子模块(添加、删除、列出全部记录)构成。那在主模块(主函数)中我们主要是利用开关语句调用用户所选择的子模块，以完成不同的功能。

```
void main()
    {
        char  s[80], choice;
        init_list();    //结构数组初始化
        for(;;){
```

```
        choice=menu _ select(); //显示选择菜单并返回选择项
        switch(choice){
        case 1: enter();        //添加新记录
            break;
        case 2: deleteadd();        //删除记录
            break;
        case 3: list();        //列出全部记录
            break;
        case 4: exit(0);        //退出
        }
    }
}
```

(3)初始化结构数组。

在程序开始时需要将结构数组 addr _ info[MAX]初始化，程序约定如果姓名成员的第一个字节为空，则表示该结构数组元素未用。那么我们初始化的工作就是将结构数组中所有元素的姓名成员的的第一个字节赋值为'\0'。

```
void init _ list()
{
    int i;
    for(i=0; i<MAX; i++)
        * addr _ info[i]. name='\0';
}
```

(4)增加记录模块。

该模块主要完成输入信息，并放到下一个空闲结构数组元素里。它应首先在结构数组中搜寻未用元素，再将输入的信息放入到该位置。

```
void enter()
{
    int slot;
    slot=find _ free();    //查找未使用数组元素下标，如全部使用返回-1
    if(slot==-1){
        printf("\nlist full");
        return;
    }
    //输入通信信息
    printf("enter name:");
    gets(addr _ info[slot]. name);
    printf("enter address:");
    gets(addr _ info[slot]. address);
    printf("enter E-mail:");
```

```
    gets(addr_info[slot].e-mail);
    printf("enter tel:");
    gets(addr_info[slot].tel);
}
```

(5)删除记录模块。

输入要删除信息项位于结构数组中的下标，将该数组元素的姓名成员项的第一个字节置为空，以示此元素为空闲。

```
void deleteadd()
{
    int slot;
    char s[80];
    printf("enter record#:");
    gets(s);
    slot=atoi(s); //将输入的字符串转为整型
    if(slot>=0 && slot<MAX)
        *addr_info[slot].name='\0'; //将该数组元素的姓名项置为空
}
```

(6)列出全部信息。

利用循环将数组的全部元素输出，注意在输出前判断数组元素的姓名成员项的第一个字节是否为空，如为空跳过不显示该数组元素内容。

```
void list()
{
    int t;
    for(t=0;  t<MAX; t++){
        //如果姓名项非空则显示信息
        if(*addr_info[t].name ){
            printf("Record #%d\n", t);
            printf("  name:%s\n", addr_info[t].name);
            printf("  address:%s\n", addr_info[t].address);
            printf("  e-mail:%s\n", addr_info[t].e-mail);
            printf("  tel:%s\n", addr_info[t].tel);


            printf("\n\n");
        }
    }
    printf("\n\n");
}
```

3. 测试：运行程序，从键盘输入一些信息，来测试是否可以成功的实现增加、删

除和显示全部的功能。

【参考代码】

```
#define MAX   100
#include   "stdio. h"
#include   "stdlib. h"

struct   addr{
    char   name[10];
    char   address[30];
    char   e-mail[30];
    char   tel[15];
} addr _ info[MAX];

void init _ list(); //定义初始化结构数组函数原型
int menu _ select(); //定义菜单选择项显示函数原型
void enter(); //定义添加记录函数原型
int find _ free(); //定义查找未使用数组元素下标函数原型
void list(); //定义列出全部通信信息函数原型
void deleteadd(); //定义删除通信信息函数原型

void main()
{
    char   s[80], choice;
    init _ list();    //结构数组初始化
    for(;;){
        choice=menu _ select(); //显示选择菜单并返回选择项
        switch(choice){
        case 1: enter();       //添加新记录
            break;
        case 2: deleteadd();       //删除记录
            break;
        case 3: list();       //列出全部记录
            break;
        case 4: exit(0);       //退出
        }
    }
}
```

```
//结构数组初始化函数，将数组中每个元素的姓名项置为空
void init_list()
{
    int i;
    for(i=0; i<MAX; i++)
        *addr_info[i].name='\0';
}

//显示选择菜单并返回选择项
int menu_select()
{
    char s[80];
    int c;
    printf("1. Enter a name\n");
    printf("2. Delete a name\n");
      printf("3. List the file\n");
    printf("4. Quit\n");
    do{
        printf("\nEnter your choice:");
        gets(s);
        c=atoi(s);    // 将输入字符串转化为整数
    }while(c<0 || c>4);     //控制输入在1～4之间
    return c;
}

//添加新记录
void enter()
{
    int slot;
    slot=find_free();    //查找未使用数组元素下标，如全部使用返回-1
    if(slot==-1){
        printf("\nlist full");
        return;
    }
    //输入通信信息
    printf("enter name:");
    gets(addr_info[slot].name);
    printf("enter address:");
    gets(addr_info[slot].address);
```

```
    printf("enter E-mail:");
    gets(addr_info[slot].e-mail);
    printf("enter tel:");
    gets(addr_info[slot].tel);
}

//查找未使用数组元素下标，如全部使用返回－1
int find_free()
{
    int t;
    //依次找第一个空闲元素的下标
for(t=0; *addr_info[t].name && t<MAX; t++);
    if(t==MAX)
        return  -1;
    return t; //返回空闲元素的下标
}

void list()
{
    int t;
    for(t=0;    t<MAX; t++){
        //如果姓名项非空则显示信息
if( *addr_info[t].name ){
        printf("Record #%d\n", t);
        printf("  name:%s\n", addr_info[t].name);
        printf("  address:%s\n", addr_info[t].address);
        printf("  e-mail:%s\n", addr_info[t].e-mail);
        printf("  tel:%s\n", addr_info[t].tel);

        printf("\n\n");
      }
    }
    printf("\n\n");
}

void deleteadd()
{
    int slot;
    char s[80];
```

```
    printf("enter record# :");
    gets(s);
    slot=atoi(s); //将输入的字符串转为整型
    if(slot>=0 && slot<MAX)
        *addr_info[slot].name='\0'; //将该数组元素的姓名项置为空
}
```

【能力拓展】

简易通信录升级版

问题：要求在前边设计常用通信录软件的基础上，设计一个基于文件的简易通信录处理软件。该系统在前边程序功能的基础上增加以下功能：

(1)导入记录，能够将文件中保存的通信录信息导入到程序中使用。

(2)保存记录，能够将程序中数组中的通信录信息保存到文件中，供以后使用。

设计和编码：

1. 导入通信录信息模块

使用二进制方式打开文件后，利用 fread()函数来读取文件中的记录。

```
void load()
{
    FILE  *fp;
    int i;

    if((fp=fopen("maillist","rb"))==NULL){   //打开文件

        printf("cannot open file\n");
        return;
    }

    init_list();
    for(i=0; i<MAX; i++)
    if(fread(&addr_info[i], sizeof(struct addr), 1, fp)!=1){   //从文件中读取信息
            if(feof(fp))  return;
            printf("file read error\n");
        }
}
```

利用循环将文件中的数据读到结构数组中。

2. 保存通信录信息模块

使用二进制方式打开文件后，利用 fwrite()函数来向文件中保存记录。

```
void save()
{
    FILE  *fp;
    int i;

    if((fp=fopen("maillist","wb"))==NULL){      //打开文件

        printf("cannot open file \n");
        return;
    }

    for(i=0; i<MAX; i++)
        if(*addr_info[i].name)
            if(fwrite(&addr_info[i], sizeof(struct addr), 1, fp)!=1){  //将信息
保存到文件中

                printf("file read error \n");
    }
}
```

利用循环将结构数组中的记录保存到文件中，注意在写文件之前判断一下该记录是否记录了信息。完整代码略。

9.2 常用软件设计文档标准

【知识储备】

不论编写软件规模的大小，都要有配套的规范的文档，这对于设计者和使用者而言都是很有益处的，文档要按照统一的标准的格式编写，这里列出需求分析说明书、概要设计说明书和详细设计说明书的格式，供参考。

《需求分析说明书》的格式

1. 引言

1.1 编写的目的

说明编写本说明书的目的。

1.2 背景说明

给出待开发系统的全名及项目提出者，开发者，及用户。同时说明该软件系统将做什么和不做什么。

1.3 术语定义

1.4 参考资料

列出本文档所引用的全部资料以及资料的来源。

2. 任务概述

2.1 功能概述

简要叙述本系统预计实现的主要功能及功能之间的相互关系，最好用图表明。

2.2 约束条件

简要说明对系统设计产生影响的限制条件，如管理模式、硬件限制、技术或工具的制约等。

3. 数据流图与数据字典

3.1 数据流图

3.1.1 数据流图图形

将需求分析构造的数据流图按层次逐层画出。

3.1.2 加工说明

对数据流图中的每一个加工，按编号、加工名、输入流、输出流及加工过程逐一说明。

3.2 数据字典

本节对数据流图中使用的数据项，数据结构，文件的内容及组织结构逐项说明。

3.2.1 数据项说明

3.2.2 数据结构说明

3.2.3 文件说明

4. 系统接口

4.1 用户接口

说明人机交互界面的用户需求，如屏幕格式，报表，菜单的格式与内容及功能键定义。

4.2 硬件接口

说明本软件系统与硬件设备的接口信息的内容，格式以及运行软件的硬件设备特征。

4.3 软件接口

说明本软件系统与其他支持软件之间的接口规格，支持软件应明确其版本号。

5. 性能需求

5.1 精度要求

说明输入/输出数据以及传输数据的精度要求。

5.2 时间特征

定量说明系统应达到的响应时间，更新处理时间，数据传输转换时间，计算时间的特征值。

5.3 灵活性

说明本软件在需求发生变化时(操作方式、精度要求、时间特征等)的适应能力。

6. 软件属性

6.1 可使用性

规定系统的某些特殊需求，如检查点设置、恢复方法和重启动方法，以确保软件

可使用。

6.2 系统安全性

规定系统为保证运行安全，信息安全面而采用的技术措施，如密码、防病毒、防黑客等。

6.3 可维护性

规定系统为提高系统的可维护性将采取的措施。

6.4 可移植性

规定程序以及其他方面的兼容性、扩充性的约束。

7. 其他需求

7.1 数据库需求

对数据库的静态结构，动态组织，访问信息的方式，使用频率以及数据的存储等方面提出需求。

7.2 系统操作要求

列出系统所要求的正确或特殊的操作方式，如用户的操作方式和系统的后援和恢复操作。

7.3 故障及其处理

尽量列出能够预测的系统故障(包括软硬件及其他系统)，并指出故障可能造成的影响及故障排除的方法。

8. 附录

《概要设计说明书》格式

1. 引言

2. 编写目的

阐明编写概要设计说明书的目的，指明读者对象。

3. 项目背景

项目背景包括：

(1)项目的委托单位、开发单位和主管部门；

(2)该软件系统与其他系统的关系。

4. 任务概述

5. 定义

列出本文档中用到的专门术语的定义和缩写词的原义。

6. 运行环境

7. 需求概述

8. 条件与限制

9. 模块设计

(1) 系统功能设计；

(2) 模块划分；

(3) 模块之间的调用关系。

10. 接口设计

(1) 外部接口：包括用户界面、软件接口与硬件接口；

(2) 内部接口：各模块之间的接口。

11. 数据结构设计

(1)逻辑结构的设计；

(2) 物理结构的设计；

(3)数据结构与程序的关系。

12. 运行设计

(1)运行模块的组合；

(2)运行控制；

(3)运行时间。

13. 异常处理设计

(1) 异常输出信息；

(2) 异常处理对策；如设置后备、性能降级、恢复及再启动等。

14. 安全保密设计

维护设计，说明为方便维护工作的设施，如维护模块等。

15. 参考资料

列出有关资料的作者、标题、编号、发表日期、出版单位或资料来源。

《详细设计说明书》格式

下面给出详细设计说明书的格式，供参考。

1. 引言

2. 编写目的

阐明编写详细设计说明书的目的，指明读者对象。

3. 项目背景与需求概述

项目背景应包括项目来源和主管部门等；

简要描述需求的主要功能要求等。

4. 定义

列出文档中用到的专门术语的定义和缩写词的原义。

5. 参考资料

列出有关资料的作者、标题、编号、发表日期、出版单位或资料来源。

6. 软件结构

给出软件系统的结构图。

7. 程序描述

对于每个模块应给出以下的说明：(1)功能；(2)性能；(3)输入项；(4)输出项；(5)算法：模块所选用的算法；(6)程序逻辑描述；(7)程序流程图。

8. 接口描述

9. 模块目录结构描述。把模块按照某种结构进行分类存储，以便于软件的配置管理

10. 数据库设计(可以单独作为一个文档)

11. 限制条件

12. 测试要点：给出测试模块的主要测试要求

13. 尚未解决的问题

任务9.2　学生成绩管理系统

【任务说明】

要求根据管理学生成绩中常用的功能，设计一个简易学生成绩处理程序。该程序应该具备以下功能：

1. 学生成绩录入，能够将一个班的学生成绩录入到程序，并计算学生成绩的总分、平均分，按学生成绩排名次，最后将结果写入到一个文件中。

2. 修改学生成绩，能够根据学号修改学生的某科成绩。

3. 查询学生成绩，能够按学生学号、名次，以及成绩查询学生成绩。

4. 退出。

【任务目标】

通过完整的任务的实现，深入体会软件设计过程中各个步骤的具体工作，从而提高编码能力。

【任务分析】

1. 需求分析

这个系统要求实现成绩的录入、修改和查询功能，其中还包括成绩的排序、根据学号修改和查询成绩、根据名次以及成绩查询成绩。不需要使用数据库，将所有信息写入一个文件中即可。写出需求分析说明书、概要设计和详细设计说明书。

2. 设计和编码

根据需求划分出功能模块，如下所示。

(1)成绩的记录。

我们在这里只记录学生的语文、数学、英语、物理、化学五科成绩，再加上学生学号、总分、平均分、名次。这样可以使用一个100×10的整型二维数组记录上述内容。

```
int a[100][10];     //定义一个二位数组用来存放学生成绩、学号、总分、平均分、名次
```

(2)成绩的录入模块。

首先，要确定该班的学生人数。因为在很多地方都要用到学生人数这个变量，所以我们将这个变量定义为全局变量。

```
int stu;    //学生人数，全局变量
void inputx()
{
    printf("请输入你们班的学生数:");
    scanf("%d", &stu);
}
```

其次，根据学生人数输入学生学号以及语文、数学、英语、物理、化学五科成绩。

```
int a[100][10];            /*定义一个二位数组用来存放学生成绩*/
```

```
void input() /* 输入学生成绩 */
{
    int i;
    for(i=1; i<=stu; i++)
    {
    scanf("%8d%8d%8d%8d%8d%8d", &a[i][1], &a[i][2], &a[i][3], &a[i]
[4], &a[i][5], &a[i][6]);
    }
    }
```

再次，根据刚才输入的学生成绩，计算每个学生的总分、平均分。并根据总分排列出每个学生的名次。将学生成绩并同总分、平均分、名次写入文件。

```
    void print1() /* 输出成绩表，并求总分，平均分和排名次 */
    {
        int i, j;
        int b[100], c[100];
        int t, loc, k;
        fp=fopen("成绩表.txt","w");
        for(i=1; i<=stu; i++) /* 求总分和平均分 */
            {
            a[i][7]=0;
             for(j=2; j<=6; j++)
                a[i][7]=a[i][7]+a[i][j];
            a[i][8]=a[i][7]/5;
                }
    /* 排名 */
    for(i=1; i<=stu; i++)
    {
    b[i]=a[i][7];
      c[i]=i;
    }
    for(i=1; i<=stu-1; i++)
    {
    loc=i;
      for(j=i+1; j<=stu; j++)
      if(b[j]>b[loc])
    loc=j;
      if(loc! =i)
    {
     t=b[i]; b[i]=b[loc]; b[loc]=t;
```

```
      t=c[i]; c[i]=c[loc]; c[loc]=t;
            }
      }
    for(i=1; i<=stu; i++)
      for(k=1; k<=stu; k++)
        if(c[k]==i)
          {
      a[i][9]=k;
       break;
         }
    for(i=1; i<=stu; i++) /*输出成绩表*/
      {
      for(j=1; j<=9; j++)
         printf("%-6d", a[i][j]);
      printf("\n");
      }
    /*以下输出成绩表存到一个文件中*/
    fprintf(fp,"学号  语文  数学  英语  物理  化学  总分  均分  名次\n");
    for(i=1; i<=stu; i++)
    {
     for(j=1; j<=9; j++)
       fprintf(fp,"%-6d", a[i][j]);
     fprintf(fp,"\n");
    }
}
```

(3)学生成绩修改模块。

要修改某个学生的成绩，首先要知道他的学号；其次要知道他要修改哪科成绩。修改完成后，要重新计算总分、平均分以及全班的名次(只要重新调用上边的print1()函数)。

```
void change()    /*修改学生成绩*/
{
    int m, b, c, i, n=0;
    printf("请输入您要修改的学生的学号:");
    scanf("%d", &m);
    printf("1, 语文; 2, 数学; 3, 英语; 4, 物理; 5, 化学; \n");
    printf("请选择您要修改的科目:");
    scanf("%d", &b);
    printf("请输入新的学生成绩:");
    scanf("%d", &c);
```

```
    for(i=1; i<=stu; i++)
       if(m! =a[i][1])
           n++;
       else
       {
           n++;
           break;
       }
    a[n][b+1]=c;
    printf("\n重新输出成绩表\n");
    printf("学号  语文  数学  英语  物理  化学  总分  均分  名次\n");
    print1();
    go();
}
```

(4)学生成绩查询模块。

①按学生考试名次查询。

```
    void find1()          /*按名次查询学生成绩*/
    {
        int n, i;
        printf("请输入您要查询的学生的名次:");
        scanf("%d", &n);
        printf("名次  学号  语文  数学  英语  物理  化学  总分  均分\n");
        for(i=1; i<=stu; i++)
        if(n==a[i][9])
        {
        printf("%-6d%-6d%-6d%-6d%-6d%-6d%-6d%-6d%-6d", a[i]
[9], a[i][1], a[i][2], a[i][3], a[i][4], a[i][5], a[i][6], a[i][7], a[i][8]);
            break;
        }
        printf("\n");
        go();
}
```

②按学号查询学生成绩。

```
void find2()          /*按学号查询学生成绩*/
{
    int n, i;
    printf("请输入您要查询的学生的学号:");
    scanf("%d", &n);
```

```
    printf("学号  语文  数学  英语  物理  化学  总分  均分  名次\n");
    for(i=1; i<=stu; i++)
    if(n==a[i][1])
    {
    printf("%-6d%-6d%-6d%-6d%-6d%-6d%-6d%-6d%-6d", a[i][1],
a[i][2], a[i][3], a[i][4], a[i][5], a[i][6], a[i][7], a[i][8], a[i][9]);
        break;
    }
    printf("\n");
    go();
}
```

③查询某科成绩在90分以上的学生的情况。

```
void find3()      /*科目选择菜单*/
{
    int n;
    printf("现有以下五种科目供查询：\n");
    printf("1，语文；2，数学；3，英语；4，物理；5，化学；\n");
    printf("请按键选择:");
    scanf("%d", &n);
    find3_1(n);
}
void find3_1(int n)      /*输出科目查询结果*/
{
    int i;
    printf("学号  名次  语文  数学  英语  物理  化学  总分  均分\n");
    for(i=1; i<=stu; i++)
    if(a[i][n+1]>=90)
      {
        printf("%-6d%-6d%-6d%-6d%-6d%-6d%-6d%-6d%-6d", a[i]
[1], a[i][9], a[i][2], a[i][3], a[i][4], a[i][5], a[i][6], a[i][7], a[i][8]);
        printf("\n");
      }
    go();
}
```

(5)主模块及其他选择菜单显示模块。

①主模块中首先输入学生成绩，接下来输出学生成绩，其中包含经过计算的总分、平均分、名次等内容，以及每科的总分、平均分。

```
void main()              /* 主函数运用文本编辑对欢迎界面进行排版 */
{
int i;
    inputx();    //输入学生人数
    printf("\n学生成绩管理系统\n\n");
    printf("一，输入成绩\n");
    printf("请输入学生的成绩：\n" );
    printf("学号    语文    数学    英语    物理    化学\n");
    input();    //输入学生成绩
    printf("\n");
    printf("二，输出成绩表\n");
    printf("学号  语文  数学  英语  物理  化学  总分  均分  名次\n");
    print1();    //输出学生成绩，并计算总分、平均分、名次
    printf("\n");
    printf("三，输出各科总分及平均分\n");
    printf("语文  数学  英语  物理  化学\n");
    print2();
    printf("\n");
    printf("四，查询\n");
    find();
}
```

②功能选择菜单显示模块中包含对成绩修改、成绩查询、退出等功能的选择。

```
void go()      /* 选择菜单 */
{
    int n;
    printf("\n现在您将会遇到以下几种情况：\n");
    printf("1，继续查询；2，修改数据；3，结束程序；\n");
    printf("请您根据需要按键选择:");
    scanf("%d", &n);
    if(n==1)
    find();
    if(n==2)
    change();
    if(n==3)
    {
      printf("*********感谢您使用本程序**********\n");
      printf("-----------ByeBye-------------");
    }
    getch();
```

```
}
```

③查询选择菜单显示模块中包含对各种查询的选择。

```
void find()      /*查询方式菜单*/
{
    int m;
    printf("根据您的要求，有以下3种查询方式：\n");
    printf("1，按名次查询；\n");
    printf("2，按学号查询；\n");
    printf("3，查询某科成绩在90分以上的学生的情况；\n");
    printf("现在，按照您的需要请按键:");
    scanf("%d", &m);
    if(m==1)
        find1();
    if(m==2)
        find2();
    if(m==3)
        find3();
}
```

【参考代码】

```
/*这是一个学生管理系统，它有输入，输出，求和，查询等几项功能*/
#include <conio.h>
#include <stdio.h>
FILE *fp;
int a[100][10];         /*定义一个两位数组用来存放学生成绩*/
int stu;        //学生人数，全局变量

void go() ;
void find();

void inputx()
{
    printf("请输入你们班的学生数:");
        scanf("%d", &stu);
}

void input() /*输入学生成绩*/
{
    int i;
    for(i=1; i<=stu; i++)
```

```
            {
             scanf("%8d%8d%8d%8d%8d%8d", &a[i][1], &a[i][2], &a[i]
[3],
                                                    &a[i][4], &a[i][5], &a[i][6]
    );
        }
    }

    void print1() /* 输出成绩表，并求总分，平均分和排名次 */
    {
        int i, j;
        int b[100], c[100];
        int t, loc, k;
        fp=fopen("成绩表.txt","w");
        for(i=1; i<=stu; i++) /* 求总分和平均分 */
            {
            a[i][7]=0;
             for(j=2; j<=6; j++)
                a[i][7]=a[i][7]+a[i][j];
            a[i][8]=a[i][7]/5;
            }
        for(i=1; i<=stu; i++) /* 排名 */
            {
            b[i]=a[i][7];
            c[i]=i;
            }
        for(i=1; i<=stu-1; i++)
            {
            loc=i;
            for(j=i+1; j<=stu; j++)
                if(b[j]>b[loc])
                    loc=j;
                if(loc! =i)
                    {
                    t=b[i]; b[i]=b[loc]; b[loc]=t;
                    t=c[i]; c[i]=c[loc]; c[loc]=t;
                }
          }
        for(i=1; i<=stu; i++)
            for(k=1; k<=stu; k++)
```

```
            if(c[k]==i)
              {
               a[i][9]=k;
              break;
              }
      for(i=1; i<=stu; i++) /* 输出成绩表 */
          {
          for(j=1; j<=9; j++)
            printf("%-6d", a[i][j]);
            printf("\n");
            }
   /* 以下输出成绩表存到一个文件中 */
      fprintf(fp,"学号  语文  数学  英语  物理  化学  总分  均分  名次\
n");
      for(i=1; i<=stu; i++)
      {
        for(j=1; j<=9; j++)
          fprintf(fp,"%-6d", a[i][j]);
        fprintf(fp,"\n");
      }
   }

   void print2() /* 求各科总分和平均分 */
   {
      int i, j;
      int m[3][6];
      for(j=2; j<=6; j++)
      {
        m[1][j-1]=0;
        for(i=1; i<=stu; i++)
           m[1][j-1]=m[1][j-1]+a[i][j];
        m[2][j-1]=m[1][j-1]/stu;
      }
      for(i=1; i<=2; i++)
      {
         for(j=1; j<=5; j++)
           printf("%-6d", m[i][j]);
         printf("\n");
      }
   }
```

```
void change()      /*修改学生成绩*/
{
    int m, b, c, i, n=0;
    printf("请输入您要修改的学生的学号:");
    scanf("%d", &m);
    printf("1,语文;2,数学;3,英语;4,物理;5,化学;\n");
    printf("请选择您要修改的科目:");
    scanf("%d", &b);
    printf("请输入新的学生成绩:");
    scanf("%d", &c);
    for(i=1; i<=stu; i++)
      if(m! =a[i][1])
          n++;
      else
      {
          n++;
          break;
      }
    a[n][b+1]=c;
    printf("\n重新输出成绩表\n");
    printf("学号  语文  数学  英语  物理  化学  总分  均分  名次\n");
    print1();
    go();
}

void go()      /*选择菜单*/
{
    int n;
    printf("\n现在您将会遇到以下几种情况:\n");
    printf("1,继续查询;2,修改数据;3,结束程序;\n");
    printf("请您根据需要按键选择:");
    scanf("%d", &n);
    if(n==1)
    find();
    if(n==2)
    change();
    if(n==3)
     {
       printf("*********感谢您使用本程序*********\n");
       printf("————————————ByeBye————————————");
```

```
    }
    getch();
}

void find1()          /*按名次查询学生成绩*/
{
    int n, i;
    printf("请输入您要查询的学生的名次:");
    scanf("%d", &n);
    printf("名次  学号  语文  数学  英语  物理  化学  总分  均分\n");
    for(i=1; i<=stu; i++)
    if(n==a[i][9])
    {
    printf("%-6d%-6d%-6d%-6d%-6d%-6d%-6d%-6d%-6d", a[i]
[9], a[i][1], a[i][2], a[i][3], a[i][4], a[i][5], a[i][6], a[i][7], a[i][8]);
        break;
    }
    printf("\n");
    go();
}

void find2()          /*按学号查询学生成绩*/
{
    int n, i;
    printf("请输入您要查询的学生的学号:");
    scanf("%d", &n);
    printf("学号  语文  数学  英语  物理  化学  总分  均分  名次\n");
    for(i=1; i<=stu; i++)
      if(n==a[i][1])
      {
      printf("%-6d%-6d%-6d%-6d%-6d%-6d%-6d%-6d%-6d",
a[i][1], a[i][2], a[i][3], a[i][4], a[i][5], a[i][6], a[i][7], a[i][8], a[i][9]);
        break;
    }
    printf("\n");
    go();
}

void find3_1(int n)       /*输出科目查询结果*/
{
```

```
        int i;
        printf("学号  名次  语文  数学  英语  物理  化学  总分  均分\n");
        for(i=1; i<=stu; i++)
        if(a[i][n+1]>=90)
            {
printf("%-6d%-6d%-6d%-6d%-6d%-6d%-6d%-6d%-6d", a[i][1],
a[i][9], a[i][2], a[i][3], a[i][4], a[i][5], a[i][6], a[i][7], a[i][8]);
            printf("\n");
          }
        go();
    }

    void find3()        /*科目选择菜单*/
    {
        int n;
        printf("现有以下五种科目供查询: \n");
        printf("1, 语文; 2, 数学; 3, 英语; 4, 物理; 5, 化学; \n");
        printf("请按键选择:");
        scanf("%d", &n);
        find3_1(n);
    }
    void find()        /*查询方式菜单*/
    {
        int m;
        printf("根据您的要求, 有以下3种查询方式: \n");
        printf("1, 按名次查询; \n");
        printf("2, 按学号查询; \n");
        printf("3, 查询某科成绩在90分以上的学生的情况; \n");
        printf("现在, 按照您的需要请按键:");
        scanf("%d", &m);
        if(m==1)
            find1();
        if(m==2)
            find2();
        if(m==3)
            find3();
    }

    void main()            /*主函数运用文本编辑对欢迎界面进行排版*/
```

```
{
int i;

    inputx();
    printf("\n学生成绩管理系统\n\n");
    printf("一，输入成绩\n");
    printf("请输入学生的成绩：\n" );
    printf("学号    语文    数学    英语    物理    化学\n");
    input();
    printf("\n");
    printf("二，输出成绩表\n");
    printf("学号  语文  数学  英语  物理  化学  总分  均分  名次\n");
    print1();
    printf("\n");
    printf("三，输出各科总分及平均分\n");
    printf("语文  数学  英语  物理  化学\n");
    print2();
    printf("\n");
    printf("四，查询\n");
    find();
}
```

下面是程序运行中的几个截图：

```
F:\wqr\c教材\cpp\3\Debug\Cpp2.exe

一，输入成绩
请输入学生的成绩:
学号     语文     数学     英语     物理     化学
1  56    89  94  78   98
2  86    67   87  96  89
3  89    89  78  89   98

二，输出成绩表
学号  语文  数学  英语  物理  化学  总分  均分  名次
1     56    89    94    78    98    415   83    3
2     86    67    87    96    89    425   85    2
3     89    89    78    89    98    443   88    1

三，输出各科总分及平均分
语文  数学  英语  物理  化学
231   245   259   263   285
77    81    86    87    95

四,查询
根据您的要求,有以下3种查询方式:
1,按名次查询;
2,按学号查询;
3,查询某科成绩在90分以上的学生的情况;
现在,按照您的需要请按键:
```

```
F:\wqr\c教材\cpp\3\Debug\Cpp2.exe

二. 输出成绩表
学号  语文  数学  英语  物理  化学  总分  均分  名次
1     56    89    94    78    98    415   83    3
2     86    67    87    96    89    425   85    2
3     89    89    78    89    98    443   88    1

三. 输出各科总分及平均分
语文  数学  英语  物理  化学
231   245   259   263   285
77    81    86    87    95

四.查询
根据您的要求,有以下3种查询方式:
1,按名次查询;
2,按学号查询;
3,查询某科成绩在90分以上的学生的情况;
现在,按照您的需要请按键:1
请输入您要查询的学生的名次:2
名次  学号  语文  数学  英语  物理  化学  总分  均分
2     2     86    67    87    96    89    425   85

现在您将会遇到以下几种情况:
1,继续查询;2,修改数据;3,重新运行;4,结束程序;
请您根据需要按键选择:
```

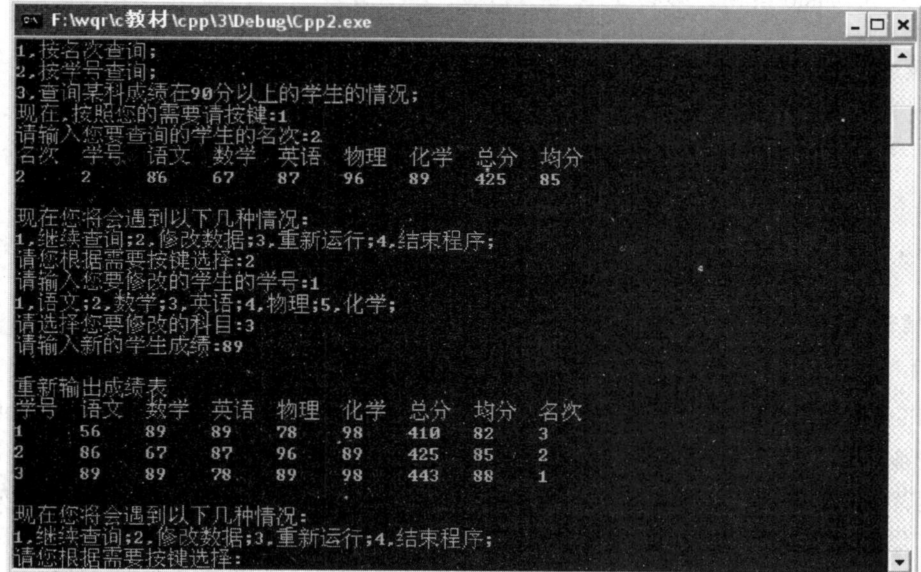

第 10 章　Visio 绘制工具

【知识目标】

1. 掌握 Visio 基本操作
2. 掌握程序流程图的绘画标准及注意事项
3. 学会分析跨职能流程图中的各部门之间的业务关系
4. 了解如何规划网络

【能力目标】

1. 会用 Visio 绘制软件模块图
2. 会用 Visio 绘制软件开发流程图
3. 会用 Visio 绘制跨职能流程图
4. 会用 Visio 绘制网络拓扑图

【重点难点】

1. 绘制软件开发流程图
2. 绘制跨职能流程图

10.1　Visio 概述

【知识储备】

10.1.1　Visio 简介

Microsoft Visio 是一款非常流行的专业绘图软件，适合于各个行业，它提供了大量各行业所需的专业绘图模板模具，通过简单的连接、拆解，快速建立各种图形图表，大大提高了绘图的效率。Visio 改变了绘图过程中频繁使用的图形构建过程，它为各种不同工作需求的人们设计了大量的常用图形符号，并将这些常用图形符号归类放置于不同的模板中，通过图形符号的拖放完成基本的绘图，大大提高了绘图的效率，这也是 Visio 流行的原因。

1990 年 ShapeWare 公司(后改名为 Visio 公司)推出了早期的 Visio1.0 版本，随后不断完善加强。1999 年 Microsoft 并购了 Visio 公司，并发布了 Visio 2000，随后陆续发布了 Visio 2003、Visio 2007 等。Visio 分 4 个版本：标准版、专业版、技术版和企业版，主要是为了满足各种环境、各个行业的绘图需求。

自 Microsoft 并购了 Visio，除了保持原有高效简单的操作，还实现了和 Microsoft Office 的无缝集成，在 Visio 中使用 Office 的资源，同样也在 Word、Excel 中加入 Visio 图形。

10.1.2 Visio 环境的基本介绍

1. 工作窗口

单击“开始”按钮 | “程序” | “Microsoft Visio”，启动 Visio2003 后，如图 10-1 所示，工作窗口由菜单栏、工具栏、形状区及绘图区和页面标签等几部分构成。

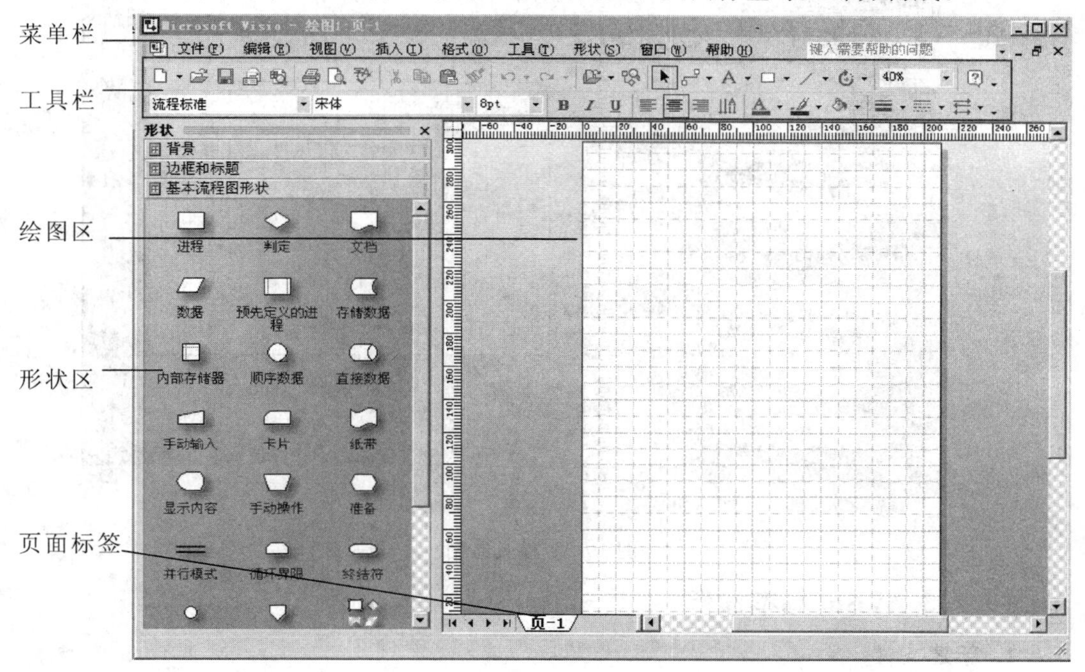

图 10-1　工作窗口

菜单栏：菜单栏里的菜单提供了 Visio 的全部功能及设置。

工具栏：几乎所有的 Visio 绘图工具都可以在工具栏中找到，工具栏根据功能分类组合了多组工具栏，每组工具栏根据需要可随意显示隐藏。

其中提供了经常使用工具，可以快速执行其功能。

形状区：提供了当前绘图类型中所有的模具，以及模具里的各种主控形状。

绘图区：包括绘图页面、页面标签、标尺等，绘图的主要的工作是在这里完成的。在该区域内，通过右键可以快速完成常用的操作。

2. 模板、模具和主控图形状

Visio 提供了大量的专业绘图模板，模板里面有一个或者多个模具，每个模具包含很多绘图所需要的主控形状。模板是模具和绘图文件的组合，如图 10-3，每个类型里面都有多个模板。模具是一类相关主控形状的集合，一般在 Visio 工作窗口的左侧。在新建文件完成后，如图 10-2，在当前模版中有设备—常规、设备—热交换器、设备—泵、设备—容器、仪表、管道、工序批注、阀门和管件 8 个模具，单击每个模具的名字，它的主控形状就会展开显示出来。绘图过程中，用户只需把主控形状从模具里拖放到绘图页面上，在拖放时，Visio 会把主控形状进行备份并将备份移动到绘图页面的指定位置，不影响原有的主控形状，而且主控形状可以被拖放多次。在绘图页面上的主控图形备份可以进行添加文本、改变大小、填充、翻转等操作。

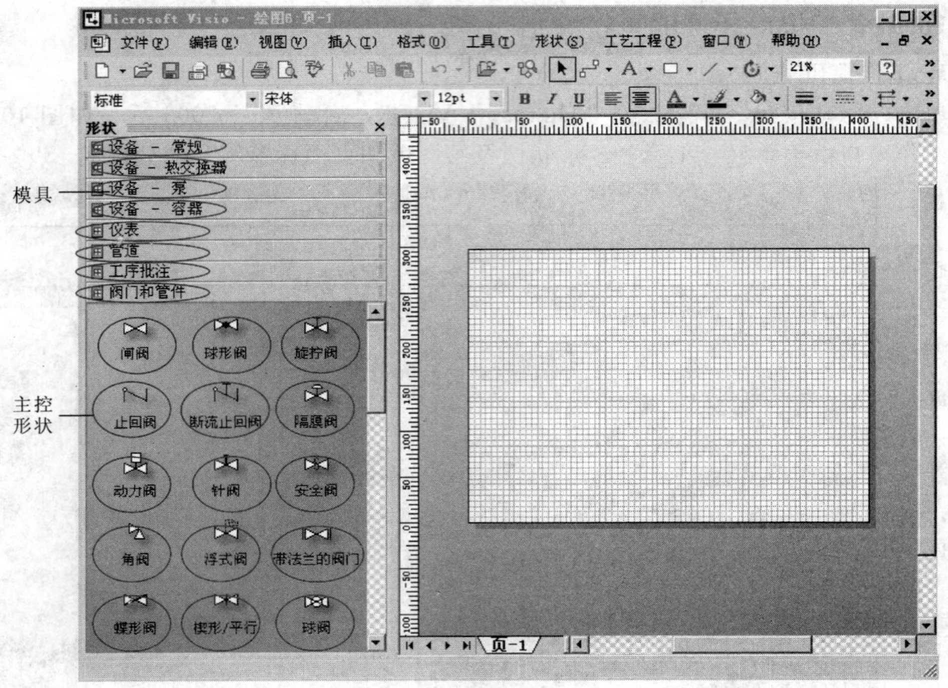

图 10-2　模具绘制

10.1.3　Visio 基本操作

1. 新建文件

(1)启动 Visio 后，选择“类别”选项区中的“工艺工程”，再选择“模板”选项区的“工艺流程图”，如图 10-3 所示。

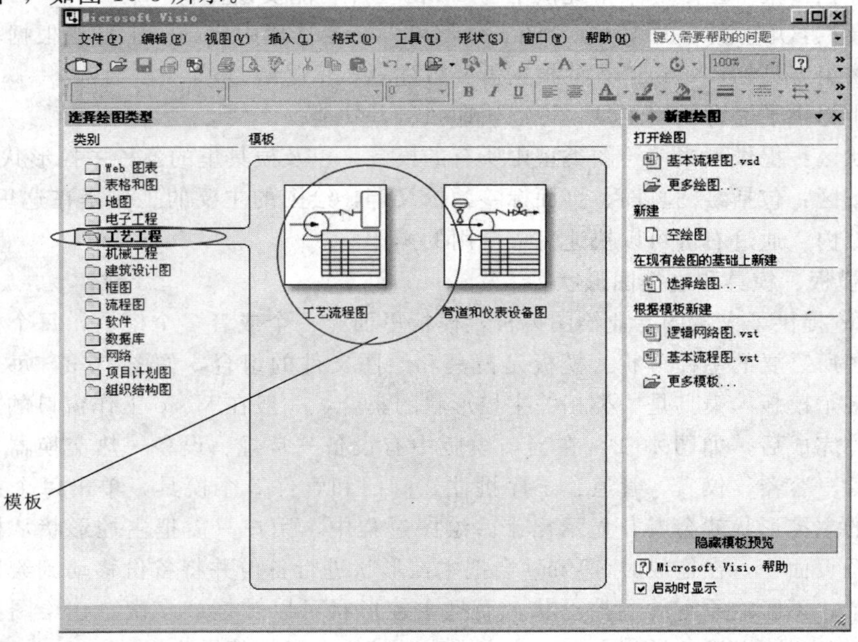

图 10-3　模板

(2)点击“文件”菜单中“新建”级联菜单，从中选择所需绘图“类型”，再从“类型”中选择具体的绘图模板。

(3)从工具栏中直接点击“新建”按钮。

2. 保存文件

点击“文件”菜单下“保存”的命令或者直接单击工具栏中“保存”按钮。保存文件时，可以保存为 Visio 的专门绘图类型：*.vsd(绘图)、*.vss（模具)、*.vtx(模板)；还可以保存为*.vdx(XML 绘图)类型及其他一些常见的类型：*.bmp 、*.wmf 、*.htm、*.html、*.jpg、*.png、*.gif 等。

任务 10.1 绘制学生信息管理系统功能模块图

【任务说明】

学生信息管理系统一般由系统管理、学生档案管理、课程管理、成绩管理等模块组成，各功能规划如下：

1. 系统管理模块

系统管理模块的主要任务是维护系统的正常运行和安全性设置，包括添加用户、删除用户和修改密码。

2. 学生档案管理模块

学生档案管理模块的主要功能是实现对学生的个人信息的管理工作，包括学生信息添加、学生信息查询、学生信息修改等功能，从而方便学校管理部门对学生信息的快速查询。

3. 课程管理模块

课程管理模块对各班的课程进行设置，并可在其中设置各门课程的教材选用情况，包括基础课程设置和专业课程设置两个模块。

4. 成绩管理模块

成绩管理模块包括考试类型设置和考试科目设置，考试类型可设置为期中考试和期末考试，还设置了成绩添加、成绩修改、成绩查询等功能模块。

【任务目标】

通过制作学生信息管理系统功能模块图，熟悉 Visio 的基本环境，掌握 Visio 的基本操作。

【任务分析】

系统功能模块图就是让人看起来一目了然，非常清楚。可以采用矩形框来代表每个模块，用箭头来表示其隶属关系。

【操作步骤】

(1)启动 Visio 后，点击“文件”菜单中“新建”级联菜单里“新建绘图”。

(2)使用工具栏 中的矩形工具、线条工具和连接线工具在绘图区绘制系统功能模块图，例图如图 10-4 所示。

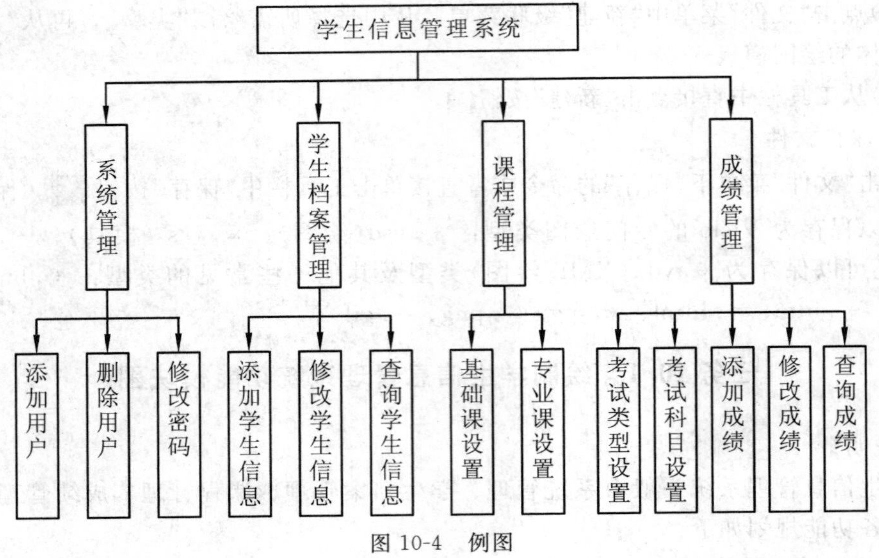

图 10-4　例图

10.2　程序流程图的绘制

【知识储备】

10.2.1　流程图标准

流程图就是以流程的形式反映工作、事件的进度的图标，简单地说，就是将我们的工作进度，依照一定的次序，一步步地通过这些框图来表达。而程序流程图表示程序的执行顺序，它是把算法图形化，它是一种十分有效的表示算法思路的方法，一般的程序设计之初都要画出流程图，通过流程图，开发人员能比较容易地找出程序设计的不足之处，通过改进使程序更合理。

它应包括：

(1)指明实际处理操作的处理符号，包括根据逻辑条件确定要执行的路径的符号。

(2)指明控制流的流线符号。

(3)便于读写程序流程图的特殊符号。

以下程序流程图常用符号及其简要说明：

图形符号	符号名称	说　　明
	起始、终止框	表示程序流程开始或结束
	输入、输出框	框中标明输入输出的内容

续表

图形符号	符号名称	说　明
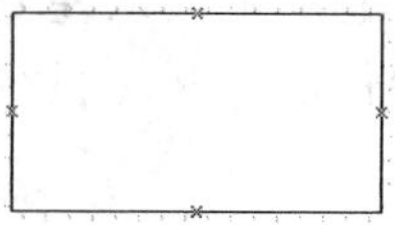	处理框	表示各种处理功能，执行一个或一组特定的操作
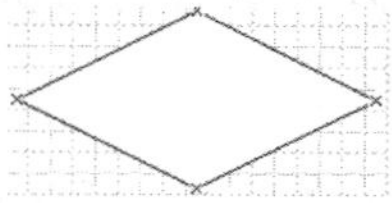	判定框	根据某些条件进行判定，判定的结果决定程序的流向。框中标明判定的条件，框外标明判定后两种不同的流向
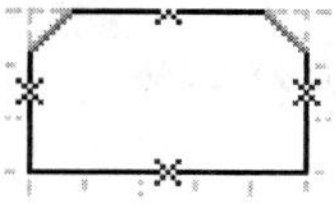	循环界限	表示循环开始或结束，一对符号内应注明同一循环标识符。终止循环条件可以在循环的开始也可以在循环的末尾，如果终止条件在循环的开始处，那么当终止条件成立时进入循环；如果终止条件在循环的末尾处，那么当终止条件成立时，退出循环
	注解符	由纵边线和虚线构成，用来标识注解的内容。虚线需连接到被注解的符号或符号组合上，注解的正文写在纵边线后
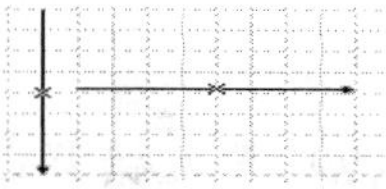	流线	直线表示控制流的流线。流线上的箭头表示流向
	虚线	虚线用于表明被注解的范围或连接被注解部分与注解正文
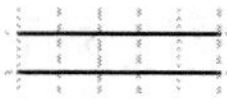	并行方式	一对平行线表示同步进行两个或两个以上并行方式的操作
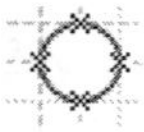	连接符	圆表示连接符，用以表明转向流程图的它处，或从流程图它处转入。它是流线的断点。在图内注明某一标识符，表明该流线将在具有相同标识符的另一连接符处继续下去

10.2.2 画程序流程图一般注意事项

1. 图的布局

图的布局是以主程序流程为图中心线的位置，程序流程图从上到下或从左到右以中心线为轴，图中所用的符号应该合理地分布，连线保持合理的长度，并尽量少使用长线。

2. 符号的形状

流程图中多数符号内的可以标注说明性文字。应注意符号的外形和各符号大小的统一，避免使符号变形或各符号大小比例不统一。

3. 符号内的说明文字

符号内的说明文字尽可能简明。通常按从左向右或从上向下方式书写，且与流向无关。如果说明文字较多，符号内写不完，可以使用注解符。

4. 符号标识符

为符号规定标识符是为了便于其他文件引用该符号，符号标识符一般写在符号的左上角。

5. 流线

(1)标准流向与箭头的使用

流线的标准流向是从左到右和从上到下，沿标准流向的流线可不用箭头指示流向，但沿非标准流向的流线需用箭头指示方向。

(2)流线的交叉

应当尽可能避免流线的交叉。如出现流线的交叉，交叉的流线之间也没有任何逻辑关系，并不对流向产生任何影响，如图 10-5 所示。

(3)流线的汇集

两条或两条以上进入线可以汇集成一条输出线，此时各连接点应要互错开以提高清晰度，并用箭头表示流向，如图 10-6 所示。

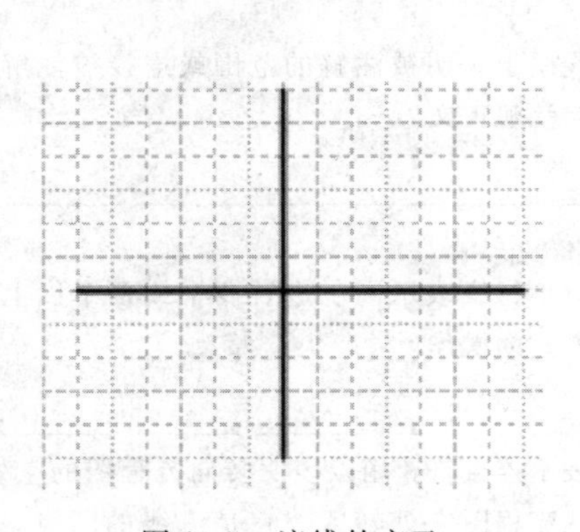

图 10-5 流线的交叉

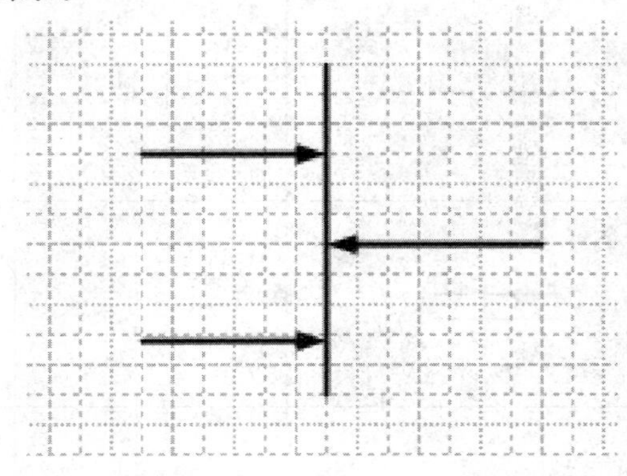

图 10-6 流线的汇集

(4)符号流线进出

一般情况下，流线应从符号的左边或上端进入，并从右边或底端离开。其进出点均应对准符号的中心。

任务 10.2　绘制成绩查询程序流程图

【任务说明】

在编写程序代码前，一般先绘制程序流程图，通过流程图，可以使程序员更好、更快地填写代码。在 Visio 中提供了基本流程图模板，该模板中有绘制程序流程图的各种符号，即通过 Visio 可以快速绘制出程序流程图。

【任务目标】

通过画成绩查询程序流程图，了解程序流程图绘制标准，掌握 Visio 绘制程序流程图的步骤。

【任务分析】

成绩数据一般存放到文件内或者存放到后台数据里，成绩查询程序可以简单的分以下步骤。

1. 启动程序。

2. 先输入查询的关键字(如：学号、姓名)。

3. 执行查询。

4. 程序根据关键字去存放成绩数据的文件或对后台数据库进行查询。

5. 如果查询到了符合关键字的数据，把符合条件的数据进行读取并显示出来，退出程序。

6. 如果查询不到符合关键字的数据，就会提示是否重新查询，否，退出程序；是，就回到第 1 步再次进行新的查询。

总结了以上步骤后，我们就可以试着用 Visio 软件画成绩查询程序流程图了。

【操作步骤】

1. 新建绘图文件

启动 Visio 后，看到如图 10-1，先在“类别”选项区中选择“流程图”，再在“模板”选项区选择“基本流程图”；或选择“文件”菜单中的“新建”|“流程图”|“基本流程图”。新建绘图文件完成后，如图 10-7 所示。

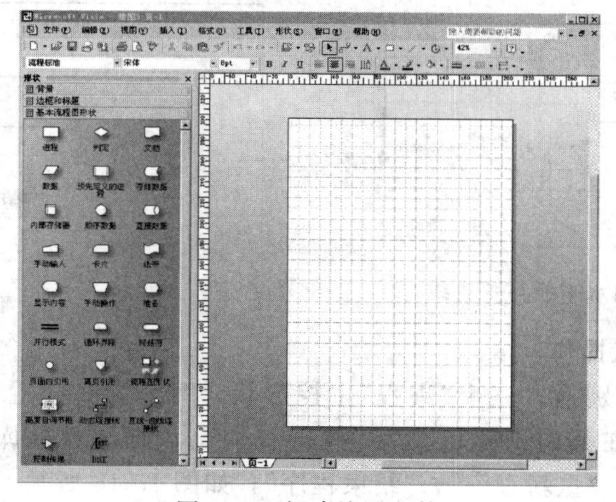

图 10-7　新建绘图文件

2. 终结符的设置

拖动主控形状“终结符”到绘图页面上，鼠标选中终结符移动到绘图页面的上部中间的位置作为程序的开始，如图 10-8 所示；拖动它周围 8 个方块调整合适的大小，如图 10-9 所示；双击在其内部标注上“开始程序”，如图 10-10 所示。

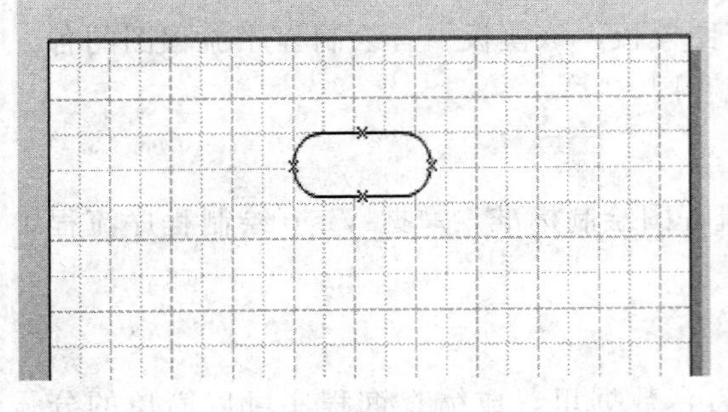

图 10-8　终结符

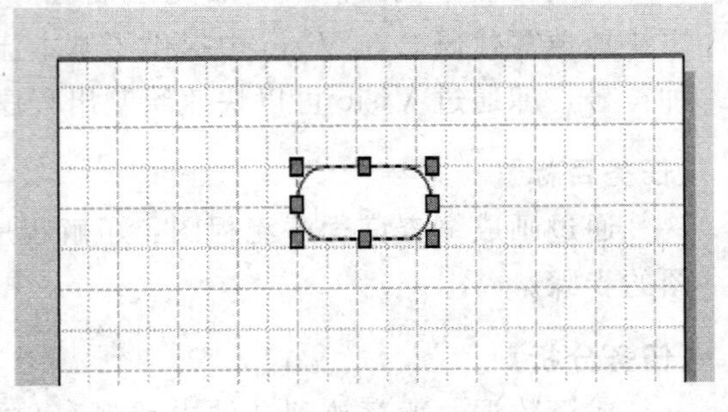

图 10-9　调整

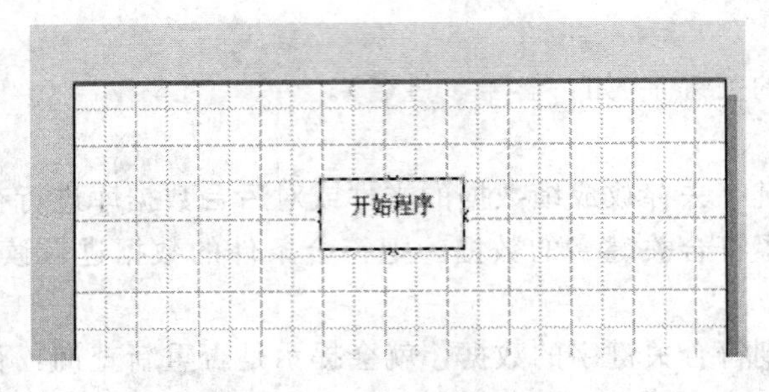

图 10-10　标注“开始程序”

3. 数据的设置

拖动“数据”主控形状到开始程序下方，当它移动到开始程序正下方时，对齐动态网格会显示出一条水平线和一条垂直线，表示这两个主控形状在同一垂直线上，如图 10-11 所示；调整大小；双击“数据”主控形状，在内部输入文字“输入关键字”，如图 10-12 所示。

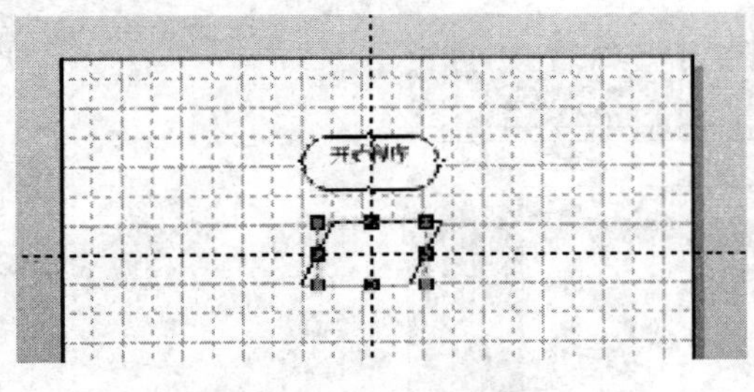

图 10-11　显示出水平线与垂直线

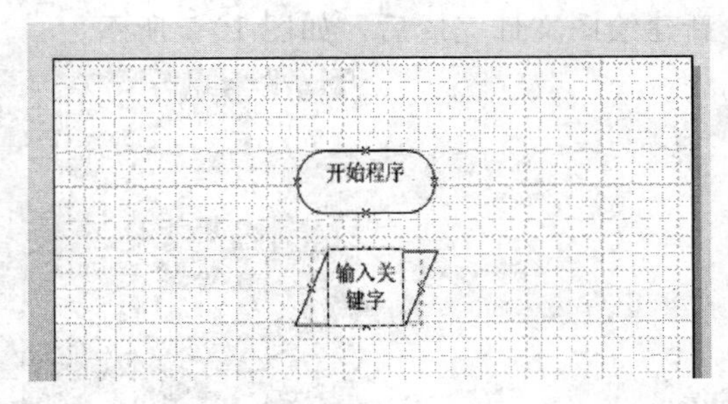

图 10-12　输入关键字

4. 多个主控形状操作

类似以上操作分别拖入三个“进程”主控形状，两个“判定”主控形状和一个“终结符”主控形状，分别在其内部输入文字“执行查询”、“查询数据库或文件”、“显示数据”、“是否查询到”、“重新查询”、“结束程序”，如图 10-13 所示。

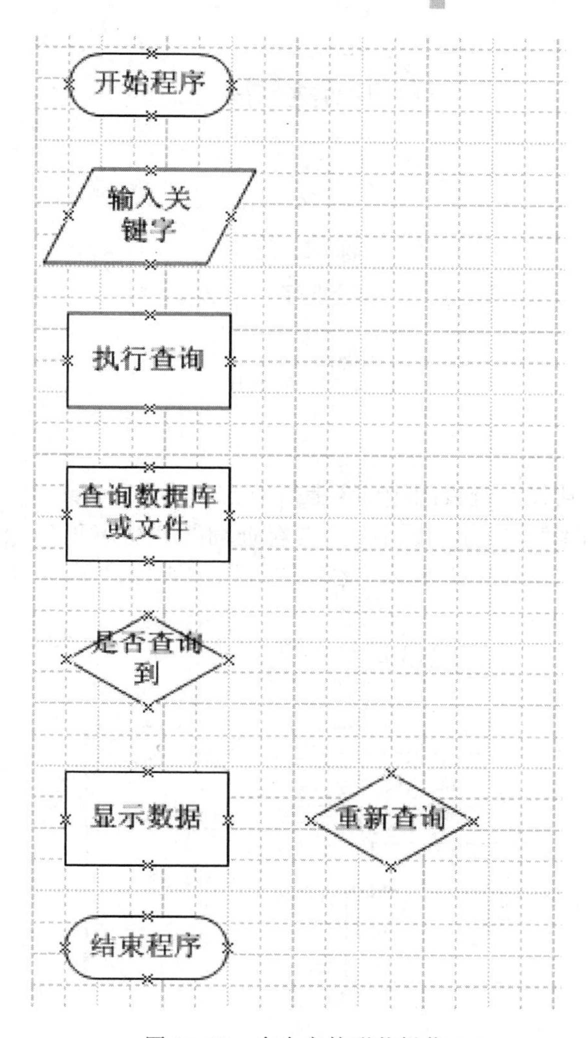

图 10-13　多个主控形状操作

5. 使用连接线

拖动“动态连接线”主控形状到“开始程序”下面，让连接线的一端链接到“开始程序”的下部连接点，如图 10-14 所示；然后选中连接线的箭头的位置，拖动箭头到“输入关键字”的上部连接点，如图 10-15 所示；完成操作后，如图 10-16 所示。

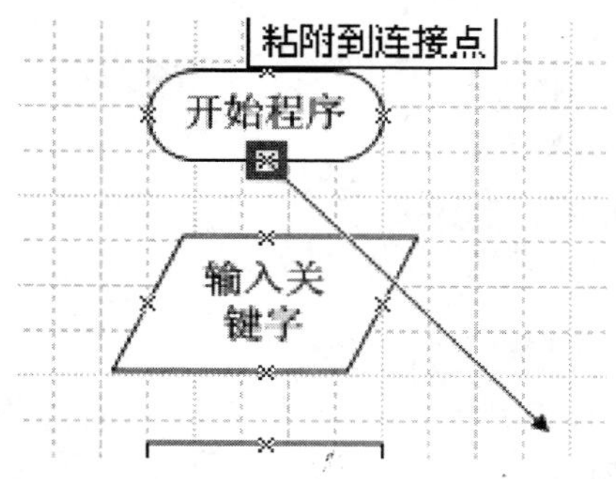

图 10-14　键接到“开始程序”的下部连接点

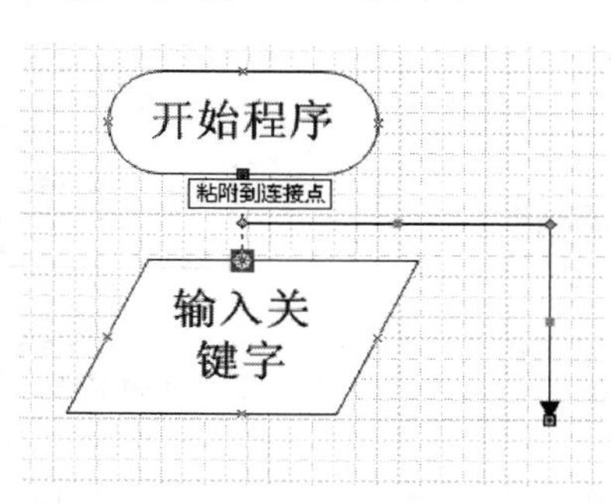

图 10-15　拖动箭头到“输入关键字”的上部连接点

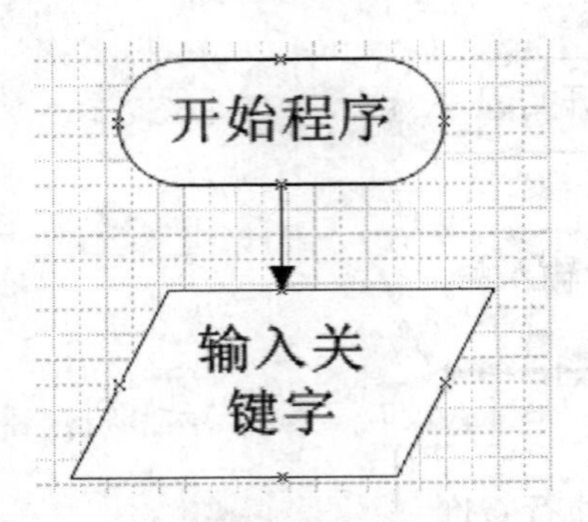

图 10-16　完成操作

6. 添加逻辑值

类似以上操作用连接线链接图 10-13 上所有主控形状，然后在“是否查询到”—“显示数据”、“是否查询到”—“重新查询”、“重新查询”—“结束程序”和“重新查询”—“输入关键字”的连接线上分别双击输入“是”、“否”、“否”、“是”，最终效果如图 10-17 所示。

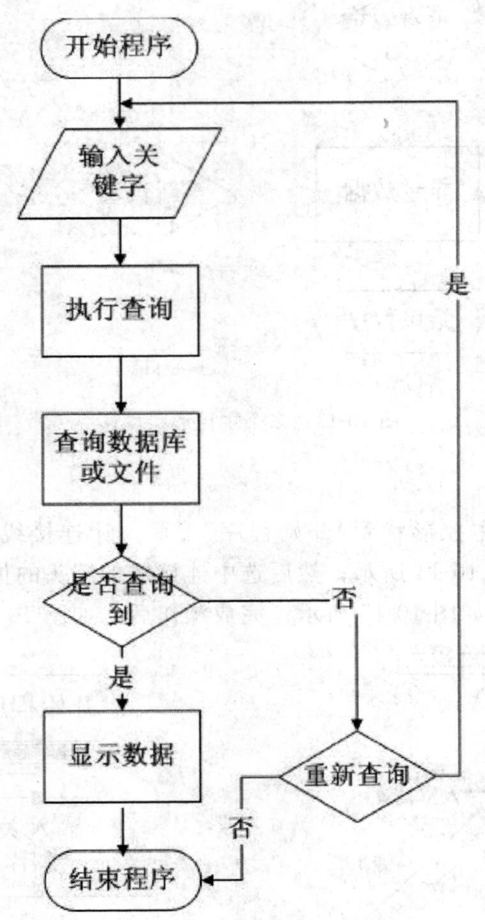

图 10-17　用连接线链接

10.3 跨职能流程图的绘制

【知识储备】

跨职能流程图主要用于表示一个业务流程与负责该流程的职能单位(部门、岗位)之间的关系。跨职能流程图是在企业中最常用的一种办事流程图，这样明确各部门、岗位的职责，使其各尽其责。跨职能流程图能够清楚表达出流程的运作情况，对于从来没有接触过该业务的人员来说，通过流程图能够了解业务如何展开。

在 Visio 中提供了跨职能流程图模板，它利用带区表示职能单位，流程中的各个步骤则放置在相应的负责该步骤的职能单位的带区内。

任务 10.3 绘制软件公司跨职能流程图

【任务说明】

绘制跨职能流程图前，必须要知道：

1. 这个业务流程到底涉及几个职能部门或岗位。

2. 它们之间的合作事务及方式。

软件公司一般有调研部、技术部经理、开发部、测试部和客服部等，必须了解各部门之间的合作关系。

【任务目标】

通过绘制跨职能流程图，学会分析各职能部门之间的关系，掌握 Visio 绘制跨职能流程图的步骤。

【任务分析】

只有通过观测整个软件制作的流程，才能发现各部门的职责及它们的合作事务等，才能更好的绘制出跨职能流程图。如某软件公司软件制作过程如下。

1. 调研组与客户积极沟通，根据客户的需求，写出需求分析报告初稿。

2. 调研组拿需求分析报告初稿与技术部经理进行讨论，是否符合客户的需求？是，把需求分析报告送开发部；否，调研组进一步与客户沟通，并修改需求分析报告，再与部门经理讨论，直到写出完善的需求分析报告。

3. 开发部接到需求分析报告，根据报告设计出软件的框架及各个功能模块，把设计报告书拿与技术部经理讨论是否合理？是，直接进行开发，功能模块代码填充等工作；否，再次进行设计，直至得到最合理优化的设计。

4. 开发部软件开发完后，把软件送到测试部进行测试，如通过，把软件直接送到客服部；如不能通过，则开发部进一步解决软件中的问题。

5. 客户部拿到软件后就可以进行部署，然后由技术部经理进行验收。

【操作步骤】

1. 新建绘图

点击“文件”菜单中“新建”级联菜单里“流程图”的“跨职能流程图”，弹出如图 10-18

所示的对话框，在“带区方向”选择垂直，“带区的数目”栏中输入 5，单击“确定”按钮，就打开了跨职能流程图模板及相关模具，同时创建了一个具有 5 个带区的垂直流程图，如图 10-19。

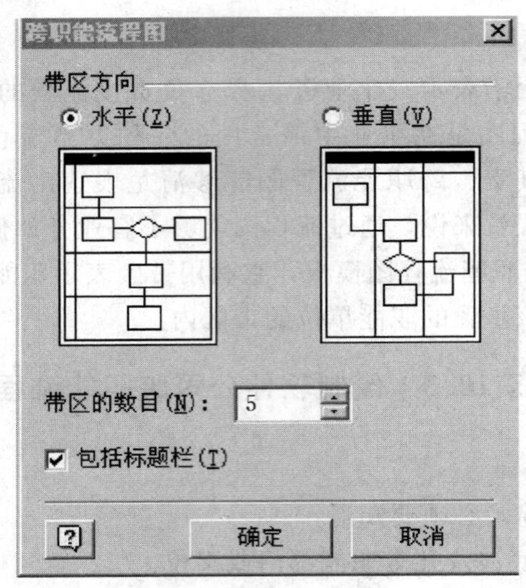

图 10-18　输入“带区的数目”

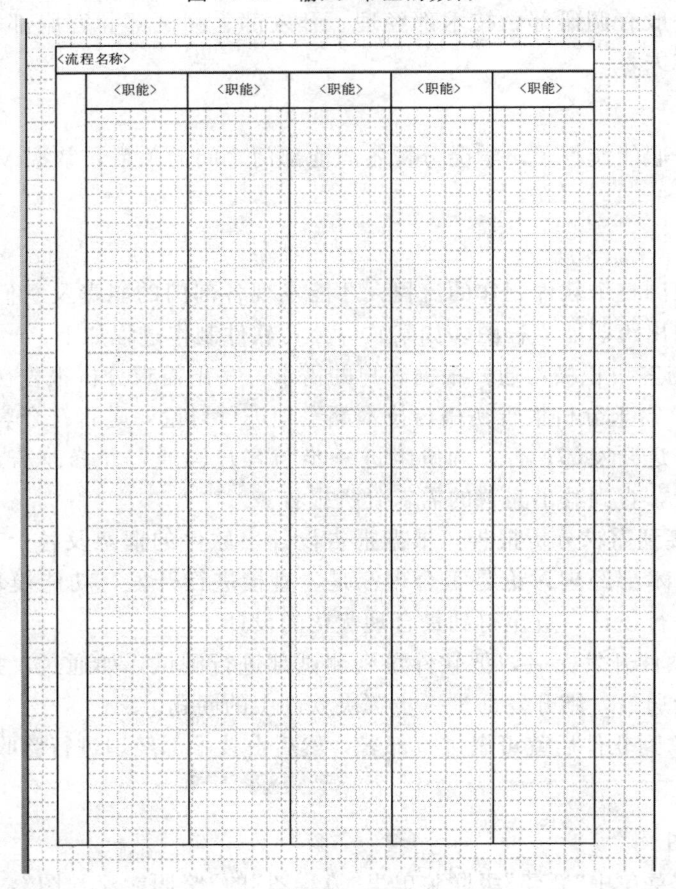

图 10-19　创建 5 个带区的垂直流程图

2. 标注职能带区

双击上面的“职能”占位符，分别输入相应文字，如图 10-20 所示。

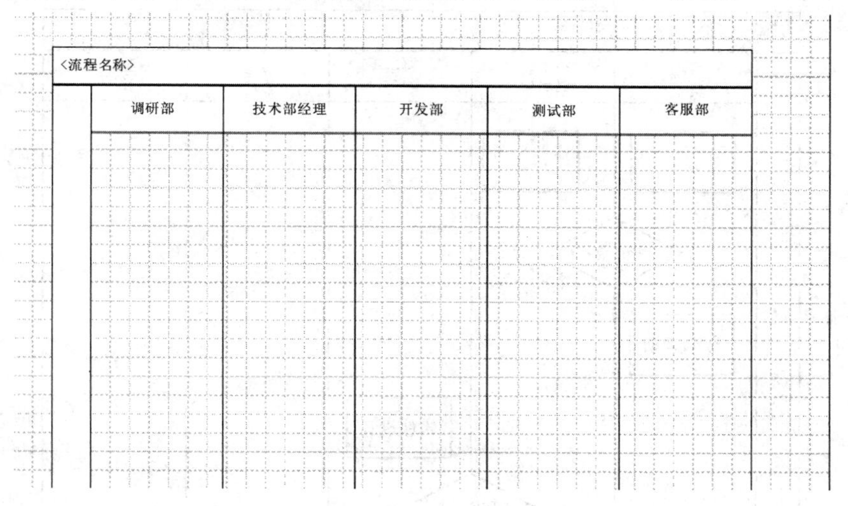

图 10-20　标注职能带区

3. 添加流程环节

从“基本流程图形状”模具中拖出“进程”、“判定”和“终结符”形状，摆放的位置如图 10-21 所示。

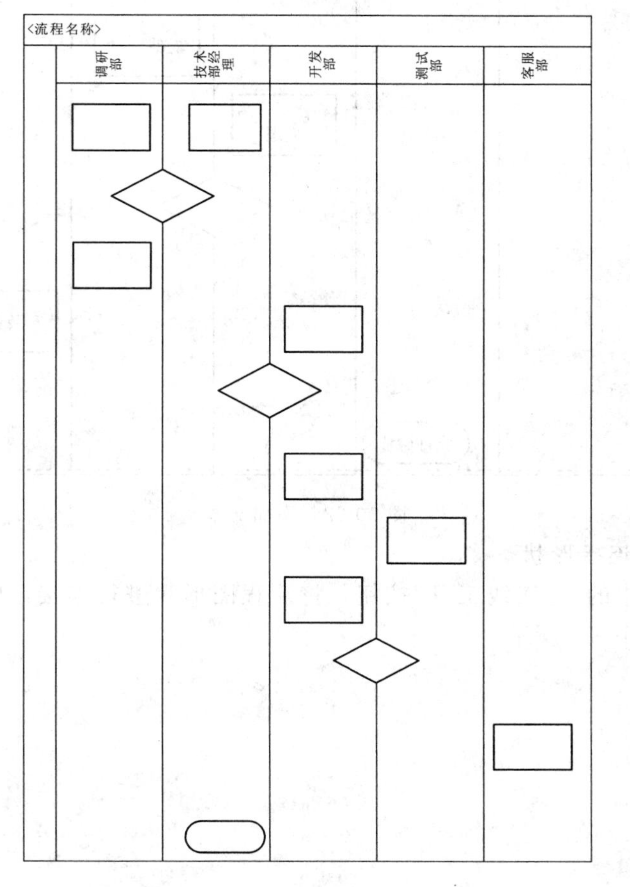

图 10-21　添加流程环节

4. 给各个流程环节添加文本

双击各个流程图形状，进入文本编辑模式，输入相应的文本，如图 10-22 所示。

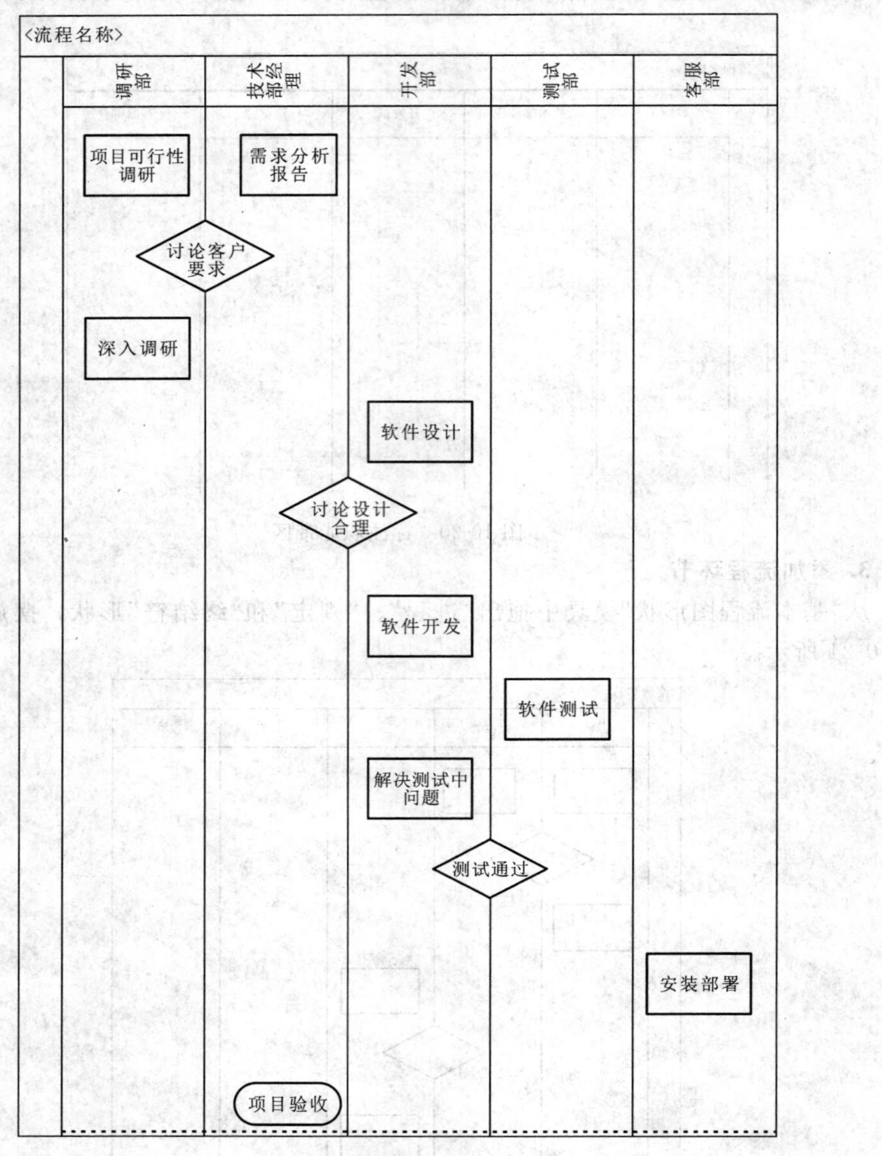

图 10-22　添加文本

5. 用连接符连接形状

使用工具栏中的“连接线工具”按钮，将流程图形状进行连接，应该注意连接线的箭头方向，如图 10-23 所示。

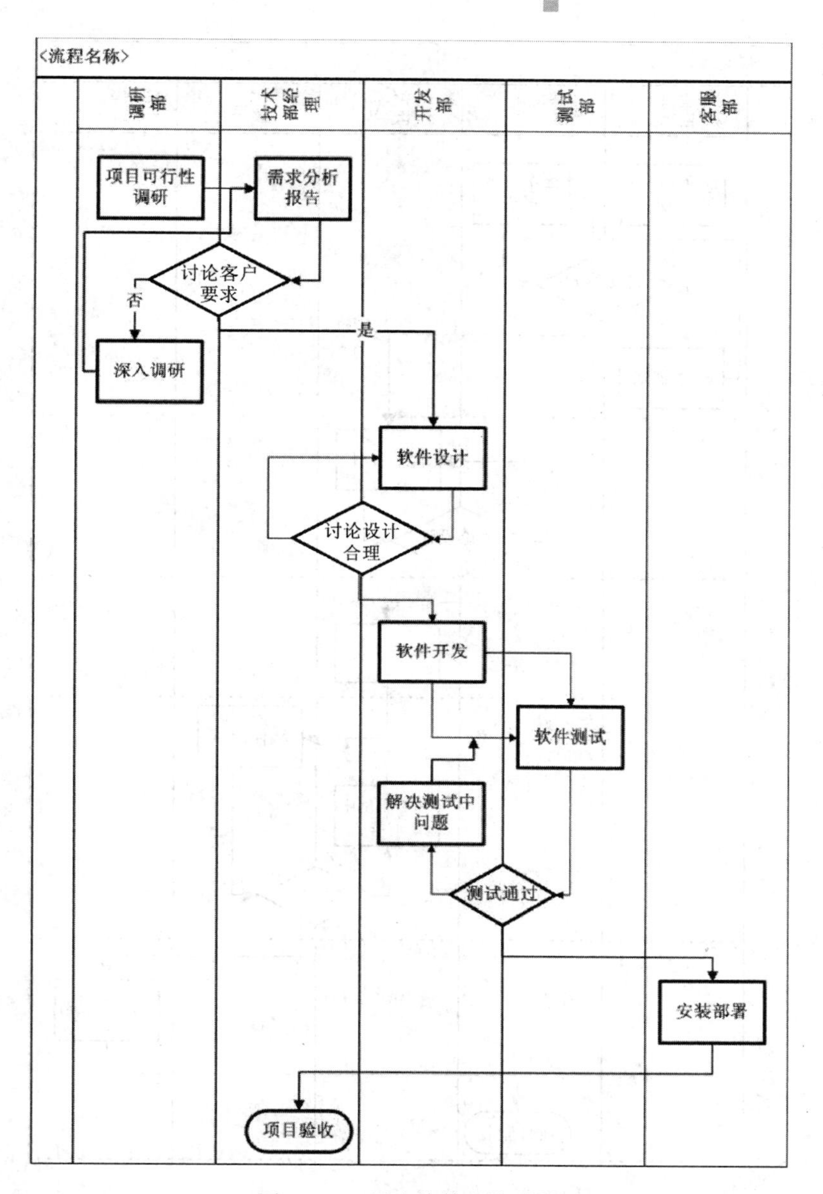

图 10-23　用连接符连接形状

6. 为流程图添加分隔符

从“垂直跨职能流程图形状”模具中拖出“分隔符”到合适的位置，并输入标签文字“调研阶段”、“设计阶段”、“开发阶段”、“测试阶段”和“部署验收阶段”，最终效果图如图 10-24 所示。

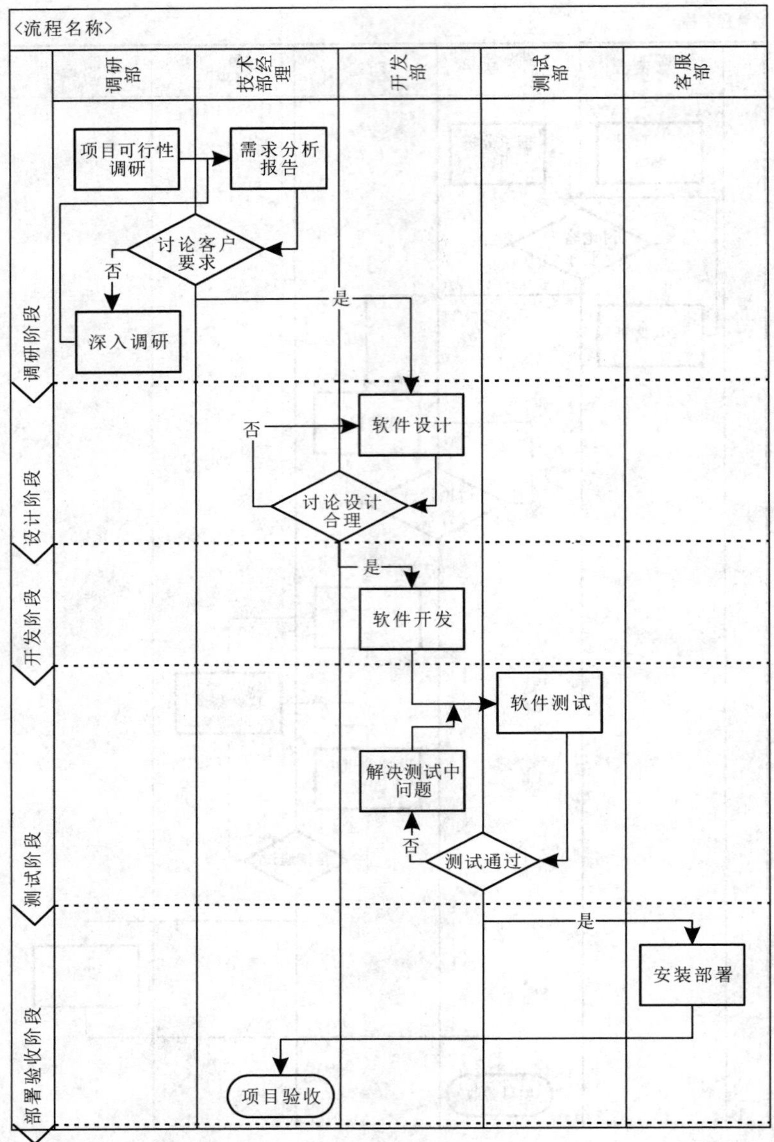

图 10-24　添加分隔符

10.4　网络拓扑图的绘制

【知识储备】

网络拓扑图是关于某个计算机网络的拓扑结构图，是网络中各种网络元素(网络设备、端点、链路等)的布局和分布。一般来说，按照网络元素间的连接方式，可将网络拓扑分为物理拓扑和逻辑拓扑。拓扑图一般绘画出计算机网络上的路由器、交换机、服务器、工作站等网络设备和相互间的连接，它的结构主要有星型拓扑结构、环型拓扑结构、总线拓扑结构、分布式拓扑结构、树型拓扑结构、网状拓扑结构等。

1. 星型拓扑结构

星型拓扑结构是最早的一种连接方式，网络有中心节点，其他节点都与中心节点直接相连，如图 10-25 所示。这种结构便于集中控制，所有通信必须经过中心站。但非常不利的一点是，中心节点必须具有极高的可靠性，因为中心系统一旦损坏，整个网络处于瘫痪状态。

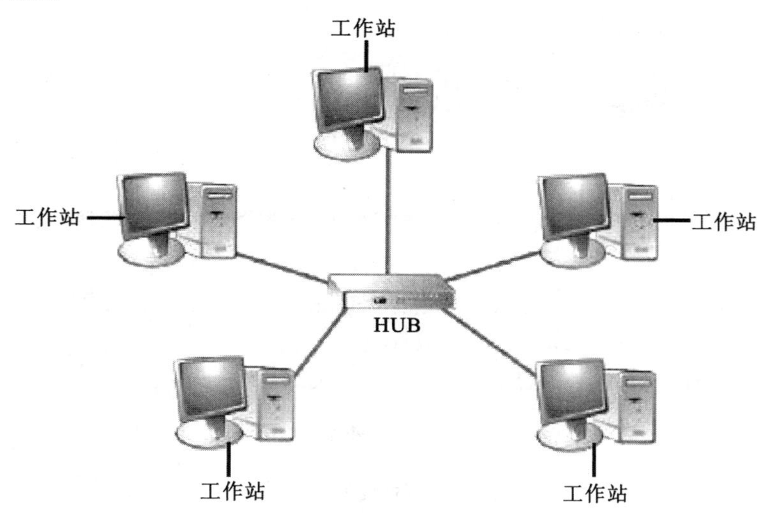

图 10-25　星型拓扑结构

2. 环型拓扑结构

环型拓扑结构中的传输介质从一个端用户到另一个端用户，直到将所有的端用户连成环型。数据在环路中沿着一个方向在各个节点间传输，从一个节点传到另一个节点，如图 10-26 所示。这种结构环路是封闭的，不便于扩充，可靠性低，一个节点故障，将会造成全部网络瘫痪；维护难，对分支节点故障定位较难。

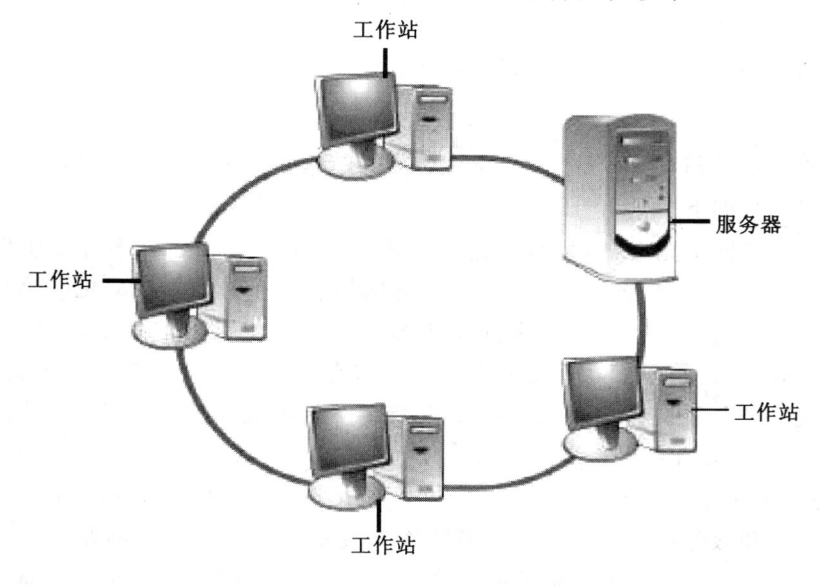

图 10-26　环型拓扑结构

3. 总线拓扑结构

总线拓扑结构是使用同一传输媒体连接所有端用户。连接端用户的物理媒体由所有设备共享，各工作站地位平等，无中心节点控制，如图 10-27 所示。这种结构费用低、端用户入网灵活，但是一次仅能一个端用户发送数据。

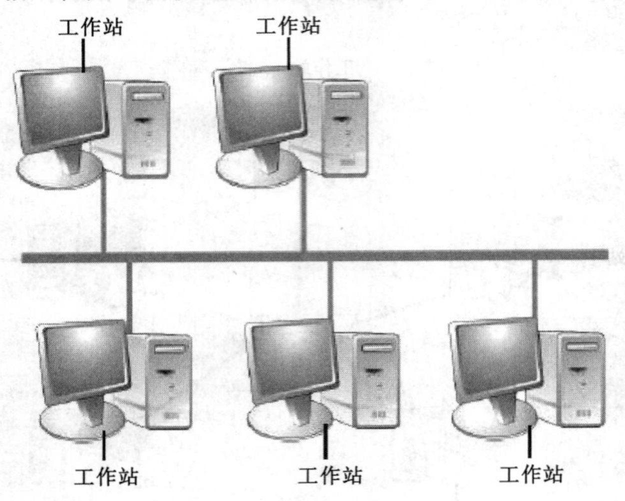

图 10-27　总线型拓扑结构

任务 10.4　绘制某中学网络拓扑图

【任务说明】

该中学预建立校园网，来满足广大师生日常学习、教学等活动。学校分为初中部、高中部，办公和学习建筑分别是：高中教学楼、高中办公楼、初中办公楼、初中教学楼和综合服务楼(实验室、图书馆、网络中心等部门)。

【任务目标】

尝试规划网络，学会用 Visio 绘制网路拓扑图。

【任务分析】

学校有 400 多教职员工，6 000 多学生，要想能满足广大师生日常学习、教学的网络需求，可以规划如下：

1. ①接入因特网带宽选择 32 M 光纤；②需有 FTP 服务器，供老师学生保存自己的资料文档；③需有 Web 服务器，提供学校内的信息发布、办公自动化(OA)等服务；④教学资源管理系统，这套系统主要是跟随教学课本提供大量的教学素材(文字、图片、声音、视频等)；⑤方正电子图书系统；⑥需有防火墙；⑦需有 1 中央交换机(三层带光纤模块)，25 个二层交换机，组成 5 个交换机堆叠，共大约 600 个网络节点；⑧需有1 个无线 54 M 无线路由器(AP)。

2. 把校园网根据建筑物可划分为 6 个子网，分别是：高中教学、高中办公、初中办公、初中教学和服务楼 5 个子网，还有 1 个是无线子网，来补充网路到达不了的地方(如操场)，还有一点就是无线是发展的趋势，将来可以用于升级、更新校园网。

3. 网络节点的安排：每个教室有 1 个网络节点，每个办公室有 4 个网络节点。

4. 网络连接方法：外部网络光纤接入到 Cisco3800 路由器，路由器下面连接到防火墙，再由防火墙连接到中心交换机(Cisco4600)，中心交换机通过光纤分别链接到各子网的交换机堆叠、各种服务器和无线网络路由器。

5. 无线网络路由器作为发射端，应放到校园中心建筑的楼顶上，以达到传输信号的最优化。

【操作步骤】

1. 新建绘图。启动 Visio 后，点击“文件”菜单中“新建”级联菜单里“网络”的“逻辑网络图”，如图 10-28 所示。

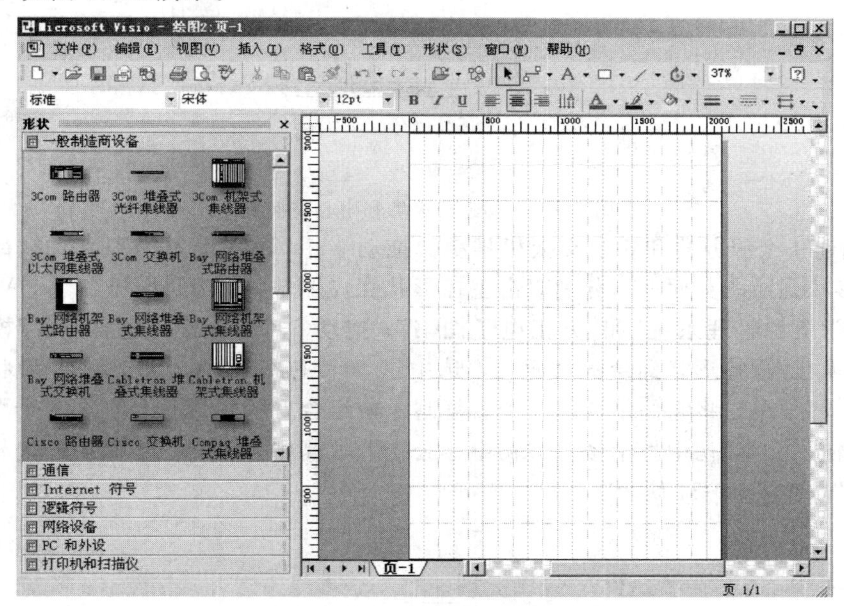

图 10-28　新建绘图

2. 创建中心路由器。拖动“逻辑符号”模具中的“云型”主控形状到绘图页面上，双击主控形状在左侧输入“Internet”；拖动“一般制造商设备”模具中的“CISCO 路由器”主控形状到页面上，也双击主控形状在左侧输入“CISCO3800”，如图 10-29 所示。

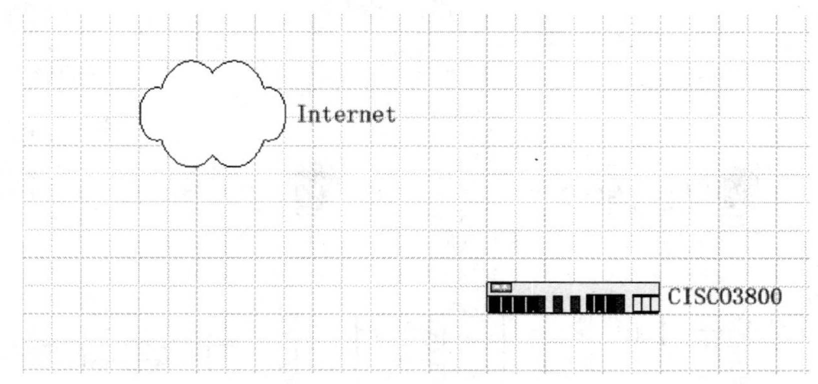

图 10-29　创建中心路由器

3. 创建防火墙和中心交换机。拖动“Internet 符号”模具中的“通用防火墙”主控形状到绘图页面上，双击主控形状在左侧输入“防火墙”；拖动“网络设备”模具中的“第 3 层交换机”主控形状到绘图页面上，双击主控形状在左侧输入“中心交换机 4600”，如图 10-30 所示。

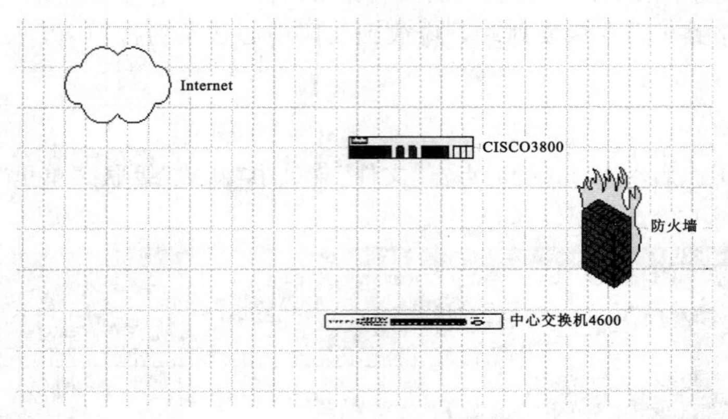

图 10-30　创建防火墙和中心交换机

4. 创建 4 个服务器和 5 个交换机堆叠。拖动 4 个“网络设备”模具中的“部门服务器”主控形状到绘图页面上，分别双击主控形状在左侧输入“FTP 服务器”、“Web 服务器”、“教学资源管理系统”和“方正电子图书”；拖动 5 个“一般制造商设备”模具中的“Cisco 交换机”主控形状到绘图页面上，选中这 5 个主控图形，点击菜单“形状”中“组合”中“组合”菜单，将它们组合成一个。复制 4 份组合好的图形，分别在 5 个图形下用文本工具输入文本“初中教学楼”、“初中办公楼”、“高中教学楼”、“高中办公楼”和“综合服务楼”，如图 10-31 所示。

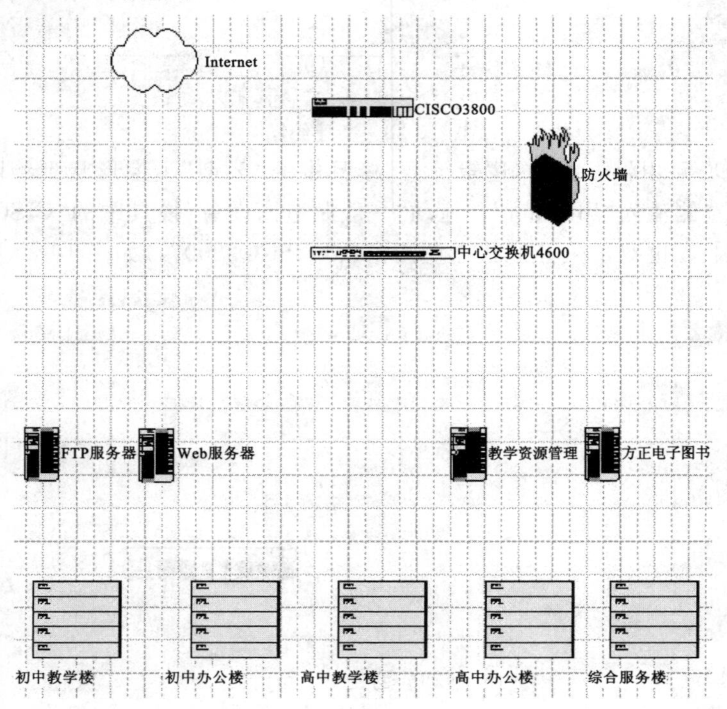

图 10-31　创建服务器和堆叠

5. 创建无线路由器。可以从网络上找一个无线路由器图像，点击“插入”下“图片”里“来自文件”，把无线路由器图像导入到绘图页面上，如图10-32所示。

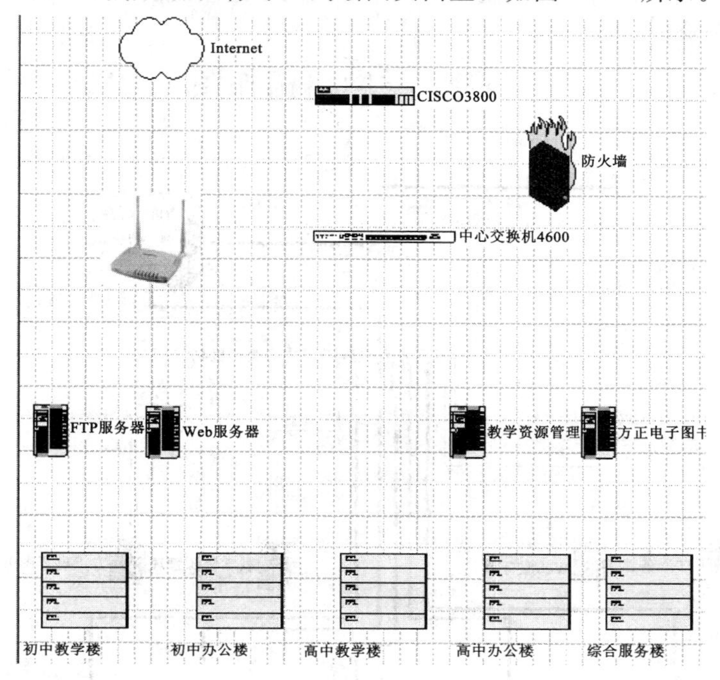

图10-32　创建无线路由器

6. 创建终端客户机。拖动“PC和外设”模具中的“普通终端”主控形状到绘图页面上，双击主控形状在左侧输入“终端客户”，如图10-33所示。

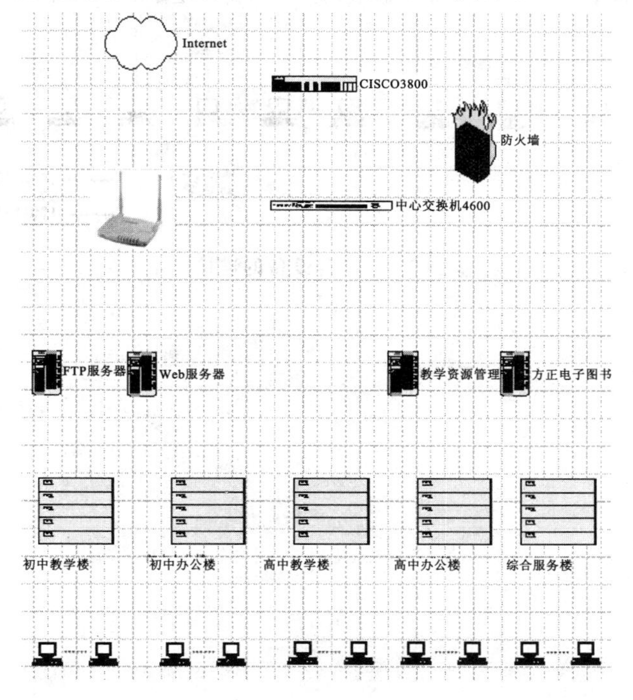

图10-33　创建终端客户机

7. 常见各个设备间的连接。拖动“逻辑符号”模具中的“网络连接线”主控形状到绘图页面上，统一设置粗网络连接线表示光纤，细网络连接线表示100M以太网，最终效果如图10-34所示。

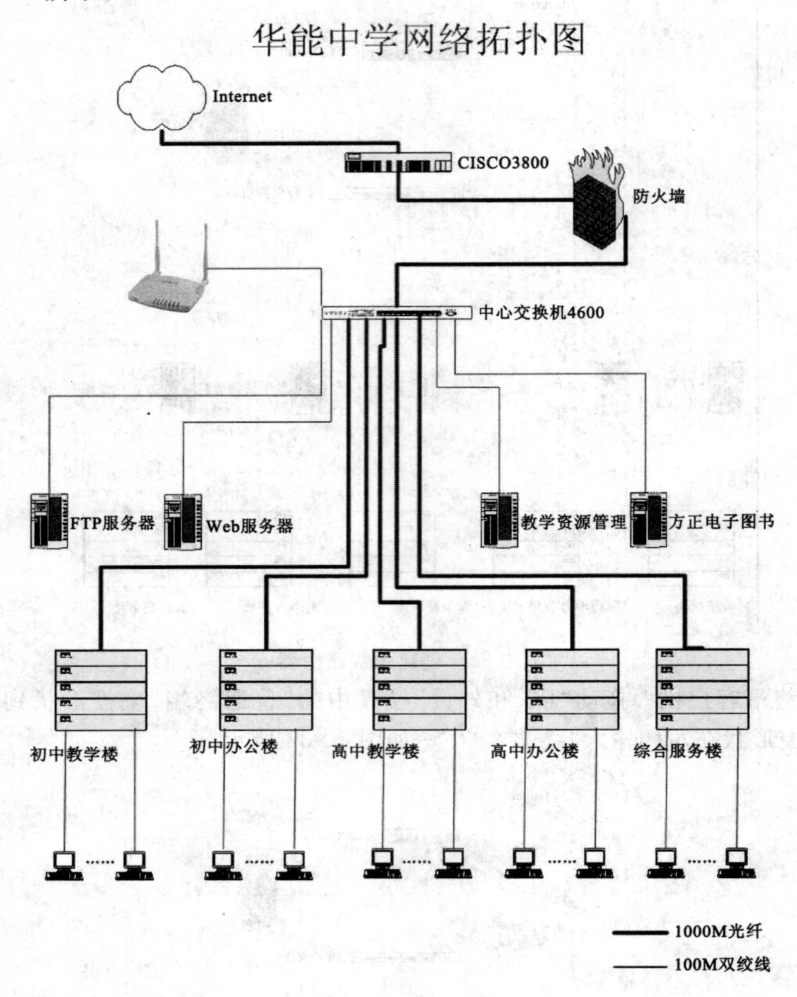

图 10-34　各设备的连接